KB074208

마음이 단단한 아이로 키우는
엄마의 말

마음이 단단한 아이로 키우는
엄마의 말

아비가일 게위르츠 지음
이선주 옮김

세상이 무서울 때
내 아이를 지키는 10분 대화법

로그인

차례

4부 더 나누어야 할 대화

트램펄린

2001년 9월 11일.

새 학기가 시작된 지 며칠 지나지 않은 그날 9·11 테러가 일어났다. 당시 나는 세 아이를 키우며 심리학자로 일하고 있었다. 그날 이후 며칠 동안 하늘은 믿을 수 없을 만큼 고요했고, 전 미국이 공포에 휩싸였다. 우리 부부는 한동안 텔레비전 앞에 붙어 있었다. 나는 테러로 인해 충격을 받은 사람들을 연구하는 임상심리학자로 텔레비전에 출연했다. 아이들에게 이 일을 어떻게 설명해야 할지 지역 방송과 신문들이 나에게 도움을 구했다. 테러 공격을 받은 뉴욕과 워싱턴DC, 납치된 비행기가 추락한 펜실베이니아에서 수천 킬로미터 떨어진 곳에 사는 아이들을 위해 강연을 했다. 어린아이들은 시간과 거리 같은 개념을 아직 이해하지 못했다. 아이들 눈에는 날마다 되풀이되는 장면이 자신의 동네를 비롯한 미국 여기저기에서 벌어지는 테러로 보이는 듯했다.

우리 집도 마찬가지였다. 이제 막 2학년이 된 아들은 테러가 일어난 지 며칠 뒤 "사람들이 무역센터 꼭대기에서 뛰어내리는 모습을 보았어요."라고 말했다. 친구 집에 놀러 갔다가 보았다고 했다. 그 말에 나는 충격을 받았다. 우리 부부는 아이들이 그 뉴스를 보지 못하게 하려고 꽤나 애쓰고 있었기 때문이다. 그 장면을 보고 어떤 기분이 들었는지 걱정되는 마음으로 물었다. 그리고 아이의 대답에 우리 부부는 더 깜짝 놀랐다.

"음, 사람들이 창문 밖으로 뛰어내리고 있었어요. 나도 창문 밖으로 뛰어내릴래요. 모두 창문 밖으로 뛰어내려야 해요!"

정신을 차리고 "왜?"라고 물었다. 그 말에 아이는 이렇게 대답했다.

"트램펄린이 있으니까요!"

아이의 머리로는 죽을 줄 알면서도 빌딩에서 뛰어내리는 상황을 상상할 수 없을 것이다. 그러니 뉴욕시 소방관들이 분명 떨어지는 사람들을 받아줄 트램펄린을 놓아두었을 것이라 결론 내린 것이다. 그렇게 아이는 아홉 살의 시선으로 자신이 목격한 끔찍한 장면을 이해하는 방법을 생각해냈다.

충격을 줄여줄 트램펄린을 아이 스스로 마련하도록 돕는 것이 부모의 역할 가운데 하나다. 물론 아이의 눈에 세상이 어떻게 보일지 알기란 어렵다. 어린아이에게는 시간과 공간, 그리고 인간 조직이 모두 왜곡되고, 뒤틀리고, 이상하게 보일 수 있기 때문이다. 또 아이들이 상상하기조차 힘든 끔찍한 사건을 마주하고 불안해하고 힘들어할 때 안정을 찾을 수 있도록 정신적인 쿠션(세상을 이해하는 방법)을 제공하는 것이 부모의 책임이다. 나는 이 책을 통해 우리 아이들이 가혹한 현실과 마주할 때 각자의 방법으로 스스로를 위로하면서 안심할 수 있는 수단을 제공하고 싶다.

본질적인 대화

이 책은 우리 아이들이 각자 '트램펄린', 그러니까 무시무시한 세상으로부터 받는 충격을 줄여줄 완충재를 마련할 수 있게 해주는 가장 기본적인 도구인 '대화'를 활용한다. 회복 탄력성이 좋고, 자신감이 넘치며, 마음이 따뜻한 아이로 키우기 위해서는 대화가 중요하다. 이 책은 아이들이 부정적인 감정을 이해하고 다스리는 데 도움이 되는 대화에 초점을 맞췄다.

감정이 없다면 우리 삶은 무척 삭막할 것이다. 특히 위험이 다가올 때 감정은 위험을 알리는 중요한 신호 역할을 한다. 하지만 사건이 벌어지는 순간 우리는 자신은 물론 아이들에게 도움이 되지 않는 방식으로 생각하고 행동하곤 한다. 무언가 나쁜 일이 생겼을 때 반응을 보이는 것은 당연하다. 악의에 찬 트위터 메시지에 분노가 치솟고, 화가 나는 것은 자연스런 반응이다. 그런데 우리 아이들도 그런 메시지를 읽고 있다면? 유치원에 다니는 아이가 이제 세상이 너무 뜨거워져서 더는 살 수 없을 거란 얘기를 스쿨버스에서 들었다며 울면서 이야기한다면? 아이 때문에 마음이 아프기도 하겠지만 그보다 아이에게 지구의 기후 변화에 관한 얘기를 한 대상에게 화가 날 것이다. 10대 딸이 처음으로 아르바이트를 시작해 뿌듯해하고 있다. 그런데 집에 돌아온 딸이 첫날부터 총기 난사 대비 훈련을 했다고 말한다면?

이처럼 우리는 좋지 않은 사건이나 사고에 대한 얘기를 들을 때마다 절망하고, 그 소식을 들었을 아이가 어떻게 반응할지 걱정한다.

25년 넘는 시간 동안 심각한 스트레스로 고통 받는 사람들을 만나면서 그게 얼마나 힘든지, 그런 상황에서도 감정에 휘둘리지 않는 게 행복에 얼마나 중요한지 지켜봤기에 이 책을 썼다. 그때그때 벌어지는 사건에 어떻게 대응할지, 당장은 위험하지 않지만 그로 인한 위협과 현실을 어떻게 구분할지 알기 위해서는 연습이 필요하다.

감정을 깨닫고 조절하는 방법을 배우는 일로 연습을 시작하려 한다. 우리는 나쁜 소식을 들었을 때 보통 '도망치거나' '싸우려' 한다. 침실로 가 이불을 뒤집어쓰고 아무 문제가 없다거나 나쁜 일이 아니라고 부정하기도 한다. 이렇게 하면 대처하고 있다는 느낌은 들겠지만 과연 아이들도 그런 감정을 느낄까? 아직 어려서 제대로 이해할 수 없는 거대하고 실존적인 문제 앞에서 아이들은 공포에 휩싸일 수 있다. 그래서 아이와 대화할 때는 어른의 생각은 제쳐두고 아이가 자신의 기분을 이해하면서 얘기할 수 있도록 해야 한다. 마음을 진정시키는 것을 넘어 세상이 무섭게 느껴질 때 감정을 다스릴수 있다는 사실을 아이가 깨닫도록 하는 것이 '본질적인 대화'의 목표다. 기후 변화가 지구를 위협하고, 아직도 세계 곳곳에서 인종 차별이 벌어지고있으며, 소셜 미디어에는 악의적인 내용이 넘쳐난다. 우리의 능력으로는 이런 현실을 바꿀 수 없지만 이런 일들을 대하는 마음은 조절할 수 있다. 어른이 먼저 감정을 조절하면 된다.

이 책에 나오는 대화가 짧은 순간 아이의 마음을 가라앉히는 데서 끝나지 않기를 바란다. 대화를 통해 아이들이 더 많은 것들을 알게 되길 바란다. 나아가 이것이 바탕이 되어 궁극적으로 유능하고, 활기차고, 인정 많은 어른으로 성장하기를 기대한다.

1부

불안의 시대

1장

부모의 역할이 중요한 이유

가장 중요한 부모의 의무란?

사회적 배경과 문화를 불문하고 부모라면 내 아이가 문제나 위험에 빠지지 않도록 애지중지 돌보는 일이 부모의 가장 중요한 의무라고 생각할 것이다. 실제로 우리는 아이들이 안전하다고 느끼면서 주변 세상을 탐구하고 즐기기를 바란다. 그런데 바람과 달리 바깥세상이 안전하지 않다고 느껴지는 순간들이 많다. 이럴 땐 어떻게 해야 할까? 세상이 무섭다고 생각하거나 실제로 무서움을 느끼는 아이에게 어떻게 하면 안정감을 줄 수 있을까?

심리학자인 나는 충격적인 사건으로 심한 스트레스를 겪고 있는 가족이 어떻게 변화하는지를 조사하는 일을 한다. 더 중요하게는, 힘든 시기에 부모가 가족을 지킬 수 있는 방법을 찾는 작업이다. 지난 10년 동안 나와 내 연구팀은 사랑하는 사람을 전쟁터로 보내거나 전쟁터에서 돌아온 가족이 있는 가정을 상대로 연구를 진행했다. '병사 한 명이 복무하는 것은 한 가족이 복무하는 것과 같다'라는 속담이 있다. 이라크전, 아프가니스탄전이 시작된 2000년대 초부터 이들 군인 가족은 전쟁터에 나간 다른 가족과 거의 똑같은 수준의 스트레스를 받았다. 그리고 이들 중 일부는 몸과 마음에 상처를 입은 채 돌아왔고, 일부는 영원히 돌아오지 못했다.

이는 여러 가지 면에서 안타까운 일이다. 한편 이런 상황에서도 아이들이 어려움을 헤쳐 나갈 수 있도록 도우려고 애쓰는 모습을 보면 다행이라는 생각이 든다. 배우자를 전쟁터로 보내야 하는 30명과 첫 모임을 했을 때의 일이다. 우리는 그들에게 각자 자기소개를 한 뒤 자신의 고민에 대해 얘기해 달라고 부탁했다. 한 여성이 먼저 입을 열었다.

"많은 분들이 저와 같은 고민을 할 거라 생각해요. 제가 겪는 정신적 고통을 아이들에게 얼마나 이야기해야 할지 모르겠어요. 아이들을 혼란스럽게 하고 싶지 않거든요. 아빠가 이라크에 가 있는 동안에도 우리 가족은 한자리에 모이고, 일상을 유지하고, 기념일을 지키면서 잘해낼 수 있다는 걸 아이들에게 보여주고 싶어요. 하지만 종종 군인들이 죽거나 다쳤다는 소식, 공격이나 사고를 당했다는 소식을 들으면 마음이 흔들려요. 남편이 임무를 수행하는 동안 연락이 되지 않을 거라고 말할 때도요. 집에는 저와 아이들밖에 없으니까요. 아이들에게 어떻게 말해야 할까요?"

다른 사람이 말을 이었다.

"언젠가 제 아들이 놀이터에서 친구들에게 우리 아빠는 아프가니스탄에서 싸우고 있다는 말을 했어요. 아들의 말에 한 아이는 '멋지다'라고 말했고, 다른 아이는 '너희 아빠가 사람을 죽이는 거야?'라고 물었어요. 그 모습을 보는 순간 저는 할 말을 잃었어요. 제가 어떻게 했어야 하나요?"

말이 끝나자 다른 사람들이 수긍하듯 말을 이었다.

"실수로 아이들 마음을 어지럽힐까봐 대화를 피해요."

"우는 모습을 아이들에게 들킬까 두려워 마음을 터놓지 못해요."

그러면서 이들은 물었다.

"아이들이 불안하지 않도록 하려면 어떻게 말해주어야 할까요?"

"아이들이 아닌 제 마음이 흔들릴 땐 어떻게 하면 될까요?"

가족을 전쟁터로 보낸 사람들의 스트레스와 평범한 가족이 느끼는 불안감을 비교할 수는 없다. 하지만 이 둘 사이에는 비슷한 점도 있다. 통계에 따르면 30~40년 전에 비해 세상은 더 안전해졌다. 하지만 우리는 그렇게 생각하지 않는다. 오히려 우리가 느끼는 불안은 더 커졌다. 2010년부터 2015년까지 5년간 청소년 우울증과 자살률은 증가했다. 언제 어디서나 뉴스를 접할 수 있다 보니 사건 사고로 인한 충격을 넘어 확대 보도로 인한 충격도 크다. 게다가 이런 뉴스는 아주 어린아이들에게도 쉽게 노출된다.

나는 아동 심리학자로서 전문성을 갖췄으니 다른 사람에 비해 부모 노릇이 조금은 쉬울 거라 기대했다. 하지만 현실은 달랐다. 남편과 나는 둘 다 일을 해야 했고, 가까이에 사는 친척도 없었다. 우리 부부는 쓸 수 있는 휴가는 모두 이용하여 아이들을 양육했다. 짐작하겠지만, 전문가라고 해서 부모 노릇이 쉬웠을 리 없다. 우리 부부는 9년간 네 명의 아이를 낳아 시간과 일에 쫓기며 키웠다. 그러는 동안 항상 뒤처지고 있다는 기분이 들었다. 우리는 주간계획표를 세워 바쁘게 생활했다. 주방은 마트에서 사온 생필품과 기저귀로 가득했고, 육아에 들어가는 비용이 우리 부부의 수입보다 많은 건 아닐까 고민하던 날들도 많다. 다행히 아이들이 성장해 가면서 이런 고민은 줄어들었다. 아이들을 돌보고 대화를 나누면서 조금씩 여유가 생겼다. 아이들이 어떤 생각을 하고, 세상과 어떻게 소통하는지 지켜보는 것은 놀랍고 즐거운 일이었다.

남편과 나는 아이들이 태어나기 전부터 텔레비전은 한 대만, 그것도 지하실에 두자고 약속했다. 저녁 준비를 하면서 뉴스를 틀어놓거나 아이들을 조용히 시키기 위해 텔레비전 앞에 앉히고 싶지 않았다. 결과적으로 더 시끄러워졌지만 대화는 더 많아졌다. 그리고 우리는 아이들과 더 많이 놀아주어야 했다. 텔레비전 같은 기기들을 치운 덕분에 먼 곳에서 벌어지는 사건이나 모르는 사람에 관한 소식은 덜 듣는 대신 더 많은 대화를 나눌 수 있게 된 것이다.

한편으론 그 시절에는 스마트폰이 없었던 것이 다행이었다고 생각한다. 큰아이는 열여섯 살 때 처음으로 스마트폰을 가졌다. 하지만 둘째, 셋째, 넷째는 열네 살, 열세 살, 열두 살에 스마트폰을 가졌다. 아이들이 아날로그로 지낸 시절조차 우리와 우리 부모 세대가 성장하던 때와는 달랐다. 우리 부모님 그리고 조부모님 시대는 지금보다 더 안전하지도, 안정되지도 않았다. 하지만 우리의 부모 세대는 바깥세상으로부터 우리를 지키기가 쉬웠다. 그때는 집에 전화기가 한 대밖에 없었고, 뉴스는 대부분 신문이나 방송을 통해 접했다. 어떤 정보가 집으로 들어오고, 아이들이 그 정보를 어떻게 받아들이게 할 것인지를 부모가 관리하거나 최소한 지켜볼 수 있었다.

물론 지금도 부부 갈등, 질병, 이혼, 재혼, 경제 문제는 여전하다. 하지만 지금 벌어지는 사건들은 이전에는 경험할 수 없었던 방식으로 우리 생활을 침범하고 있다. 나는 이런 문제를 크게 다섯 가지로 나눴다. 폭력과 괴롭힘, 기후와 환경의 위협, 전자 기기의 위협(스마트폰, 소셜 미디어, 24시간 뉴스), 경제적·사회적 불평등 그리고 사회 양극화다.

보기만 해도 한숨이 나올 것이다. 하지만 이것은 실제로 우리가 지금 걱정하고 있는 문제들이다. 2019년 초, 여론조사 기관인 퓨 리서치센터가 조사한 결과에 따르면 계층을 불문하고 미국 10대 청소년 중 70%가 불안과 우울증이 또래 집단을 괴롭히는 '중대한 문제'라고 대답했다. 눈여겨볼 것은 괴롭힘이나 중독, 범죄 조직이 문제라는 대답보다 이 대답이 훨씬 많았다는 점이다.

무엇 때문에 스트레스를 받는가?

그렇다면 이전 세대와 비교해 요즘 부모들을 어려움에 빠뜨리는 걱정거리는 무엇일까? 먼저 경제적 불안정이다. 비정규직이 많은 오늘날의 현실에서 우리는 우리 부모나 조부모 때처럼 평생직장에 다니기 어렵다. 고등교육을 받지 않은 사람은 더더욱 그렇다. 부모의 고용 안정이 떨어지니 아이들의 현재는 물론 미래를 걱정하지 않을 수 없다. 아이들의 장래를 좌지우지하는 문제이기에 운에 맡길 수도 없다. 안타깝게도 점점 커지는 소득 격차는 이런 문제들을 더 키운다.

2011년 '월가를 점령하라'라는 구호와 함께 월가에서 벌어진 시위를 기억하는가? 미국 임금 노동자 90%의 평균 임금은 24년간 15%밖에 상승하지 않았는데, 상위 1%의 소득은 폭발적으로 증가했다고 시위대는 항의했다. 연구에 따르면, 부자는 더 부자가 되고 자신은 위로 올라갈 길이 보이지 않는다고 생각할 때 사람들은 사회에 대한 소속감을 느끼지 못한다. 당연히 사회는 더 병들고 분노로 가득 찬다.

사회심리학자 키스 페인Keith Payne은 『부러진 사다리Broken Ladder』에서 가난 자체보다 뚜렷한 소득 격차 그리고 축소된 사회적 유동성이 공동체 의식을 망가뜨린다고 했다. 빈부 격차가 심하지 않은 사회에 사는 사람들과 비교할 때 미국인은 어떤 소득 수준이든 만성 질환에 걸리기 쉽고, 수명도 짧다고 페인은 지적한다. 상대적으로 속도가 느리긴 하지만 이런 변화는 북유럽이나 다른 선진국에서도 일어나고 있다.

소득 격차가 커지면서 정치적 분열도 심해지고 있다. 또 많은 나라에서 사회적 불안과 극단주의가 자라나고 있다. 2014년 이후 매년 증오 범죄가 늘어나면서 인종 차별과 인종 간 폭력 사건도 상당히 많아졌다. 2017년 8월 버지니아주 샬러츠빌에서 벌어진 백인 우월주의자들의 시위인 '우파여, 단결하라'는 피로 얼룩진 폭력으로 끝났다. 백인 우월주의자들은 그날 이후 73건이 넘는 살인을 저질렀으며, 텍사스주 엘패소의 월마트에서는 심지어 총기 난사 사건을 일으켰다. 미국 이민 세관 집행국이 불시 단속으로 불법 이민자들을 체포해 강제 추방하는 장면을 자주 보여주는 것은 외국인이나 라틴아메리카 출신 사람들에게 공포심을 불어넣고 이민자들을 겁주려는 목적이다.

인종에 대한 뿌리 깊은 편견이 심해지면서 미국 형법 제도와 법 집행 체제에서 백인과 유색 인종의 차별도 커지고 있다. 한 예로 흑인이 경찰의 총에 맞거나 살해당할 가능성은 백인보다 2배 이상 높고, 심지어 저지르지 않은 범죄로 유죄 판결을 받을 가능성도 높다.

다시 우리 아이들에게로 돌아와 보자. 그렇다면 어떻게 아이들이 거짓말과 진실을 구별하도록 가르칠 수 있을까? 이렇게 무례한 세상에서 어떻게 하면 아이들에게 예절을 가르칠 수 있을까? 인종과 지역을 불문하고 누구나 한 번쯤은 기상 이변으로 인한 현상을 겪었을 것이다. 그러면서 나와 내 가족이 언제든 기상 이변으로 인해 비상사태를 겪을 수 있다는 사실을 인지했을 것이다. 겪지 않았더라도 위험에 대해 생각했거나 재해를 당한 사람을 한두 명쯤은 알고 있을 것이다.

그런데 뉴스만 걱정스러운 게 아니다. 이것을 받아들이는 방식도 걱정스럽다. 안타깝게도, 두려움은 아이들에게 걱정을 심어준다. 그런데 인터넷, 동영상, 뉴스를 통해 우리는 멀리 떨어진 곳에서 벌어지는 사건들을 수시로 접할 수 있다. 휴대 전화에서 눈을 떼지 못하는 시간만큼 다른 사람이나 주변과 소통하는 시간은 줄어들고 있다. 심지어 부모 세대에는 시끌벅적한 술집에서조차 쉽게 하지 않았던 말들을 웹사이트나 동영상, 소셜 미디어에서는 쉽게 접할 수 있다. 괴롭힘이나 성희롱 요소도 많다. 어린 아이와 10대를 희생양으로 삼는 일도 종종 발생한다.

이런 무서운 세상에서 아이들이 안심하도록 하려면 어떻게 해야 할까? 어떻게 하면 위험이나 위협 속에서도 자신감 있고 독립적인 아이로 키울 수 있을까?

아이들에게 감정 가르치기

아이가 불안에 잘 대처하게 하려면 부모의 역할이 중요하다. 사회는 부모가 아이들에게 바람직한 행동을 가르치기를 기대한다. 그렇다면 사람들 앞에서 드러나는 아이의 감정을 언제 어떻게 알 수 있을까? 아이가 못된 행동을 하거나 교실에서 가만히 앉아 있지 못하면 선생님이 부모에게 연락을 한다. 하지만 발표할 때 얼굴이 빨개지거나 말을 더듬고 손톱을 물어뜯는다고 해서 연락하는 선생님은 많지 않다.

아이들이 감정에 관해 배우는 과정을 '감정의 사회화'라고 한다. 애리조나 주립대학의 심리학자 낸시 아이젠버그Nancy Eisenberg 박사는 아이들이 감정을 어떻게 이해하는지, 언제 어떻게 표현할지를 어떻게 배우는지 연구한 끝에 세 가지 결정적인 영향을 찾아냈다. 첫째, 아이들은 부모가 감정을 어떻게 처리하는지를 지켜본다. 화가 나서 심한 말을 했다가 아이에게 똑같은 말을 들어본 적이 있는가? 아이들이 보고 배우는 것은 말뿐만이 아니다. 아이들은 예리한 관찰자여서 집에서 어떤 감정이 지지 받고 어떤 감정이 지지 받지 못하는지, 좋은 소식이나 나쁜 소식을 듣고 부모가 어떻게 반응하는지를 유심히 지켜본다. 또 부모가 언제 감정을 회피하는지, 당황해서인지, 수치심 때문인지 아니면 다른 이유에서인지도 살핀다.

둘째, 아이들은 부모가 아이의 기분이나 감정 폭발에 어떻게 반응하는지를 지켜본다. 아이들은 부모가 자신의 감정을 인정해주기 원하고, 부모의 말을 가슴에 새긴다. "그만 울어, 다 큰 아이는 울지 않는 거야!"라는 말에 감정을 꾹꾹 누르고 참아야 한다고 생각한다. "그만해, 걱정할 것 없어."라는 말을 들은 아이는 자신의 걱정이 중요하지 않다고 생각한다. 물론 부모는 전혀 그런 의도가 아니겠지만 말이다.

셋째, 아이들은 대화를 통해 감정에 관해 배운다. 대화는 감정에 관해 배울 수 있는 가장 좋은 방법인데, 제대로 배우는 경우는 많지 않다. 감정에 관해 대화를 나누는 경우는 거의 없기 때문이다. 하지만 아이들은 대화를 통해 자신과 다른 사람의 감정에 적절하게 대처하는 힘을 키울 수 있다.

부모가 감정을 어떻게 처리하는지 지켜보기, 아이의 감정에 부모가 어떻게 반응하는지 경험하기, 감정에 관해 대화하기. 이 세 가지는 전적으로 부모가 감정의 세계를 어떻게 이해하는지에 달려 있다. 누구도 당신에게 감정을 사회화하는 방법을 가르쳐주지 않았다면 당신 또한 당신의 아이들에게 감정을 사회회하는 법을 제대로 가르치지 못할 것이다.

나는 이 책을 통해 아이들을 가르칠 수 있는 감정의 기술을 알려줄 것이다. 무시무시한 일들로 가득한 세상에서 길을 찾아갈 수 있도록 준비시키는 기술로, '감정 코치'라고도 부른다. 가족 심리학의 권위자 존 가트맨John Gottman 박사가 만든 용어다. 감정 코치는 아이들이 자신의 감정을 깨달아 적절히 대처하면서 정서적으로 건강해지도록 부모가 효과적으로 가르치는 과정이다.

감정 코치에는 다섯 가지 핵심 기술이 있다. 이 다섯 가지를 명심해야 한다.

1. 자신의 감정을 먼저 조절하는 방법을 배워야 한다.
2. 아이들이 자신의 감정을 알아차리고 구분할 수 있도록 도와야 한다.
3. 아이들의 감정에 귀 기울이고 인정해야 한다.

4. 아이들이 자신의 감정적인 문제를 해결하는 방법을 찾을 수 있도록 도와야 한다.

5. 필요하면 한계를 정한다.

이 기술들은 우리가 본질적인 대화를 통해 아이를 코치하도록 해주고, 세상이 무섭게 느껴지는 일이 생겼을 때 아이들이 무너지지 않도록 도와준다.

대화는 최고의 방어 수단

이제 핵심적인 이야기를 하려고 한다. 대화는 마음의 평화를 해치는 걱정을 줄여주는 최고의 해독제다. 그래서 걱정이 많을수록 많은 대화가 필요하다. 하지만 가족 간의 대화는 점점 줄어들고 있다. 이렇게 된 데는 부모가 양육과 회사일로 시간에 쫓기는 것도 한몫했다. 미국 노동통계국이 2014년부터 2018년까지 미국인이 시간을 어떻게 사용하고 있는지 조사한 바에 따르면, 부모가 18세 이하 자녀를 돌보는 데 쓰는 시간은 1시간 30분이었다. 그리고 이 중 대화에 쏟는 시간은 고작 3분이었다. 3분이라고? 잘못 쓴 게 아니다. 통계가 말해주는 가족의 평균 대화 시간이다. 더 놀라운 사실은, 부모 중 9%만이 자녀와의 대화가 양육에서 주된 일이라고 대답했다는 것이다. 이 9%는 나머지 부모에 비해 상당히 많은 하루 37분을 온전히 아이들과 대화하는 데 사용했다.

하지만 요즘 현실을 보면 3분이라는 숫자가 그리 놀랍지 않을 수도 있다.

전화와 컴퓨터, 집안일, 취미활동을 비롯한 온갖 일에 관심이 분산되고 여러 가지 일을 동시에 하는 게 일상이 되어 있기 때문이다.

그렇다면 무섭고 어려운 일들을 헤쳐 나가야 하는 3세부터 18세까지 아이들을 어떻게 코치할 것인가? 아이들의 말에 어떻게 귀 기울이고, 아이들과 언제 어떻게 대화하고, 무슨 말을 해줘야 할 것인가? 이 책을 통해 우리는 아이들이 스트레스에 어떻게 반응하는지 관찰하고, 아이들이 감정을 조절할 수 있도록 도울 것이다. 어려운 주제를 아이의 눈높이에 맞춰 알려주면서 아이가 걱정을 덜어낼 수 있도록 할 것이다. 주제별 대화를 통해서는 실제로 아이와 대화할 때 어떻게 해야 하는지 알게 될 것이다.

이 대화들은 지침이다. 그러므로 외워서 그대로 따라할 필요가 없다. 기후 전문가만 지구 온난화에 관해 얘기할 수 있는 게 아니다. 사회학자만 증오 범죄에 관해 얘기할 수 있는 게 아니다. '본질적인 대화'는 아이 말에 귀 기울이면서 아이가 느끼는 감정에 집중하는 것이다. 세상을 무서운 곳으로 느끼게 하는 일들이 가져오는 공포, 분노, 불안, 걱정, 절망 모두 결국은 감정이기 때문이다. 무서운 일들이 우리 마음을 억누를 때 대화는 최고의 방어 수단이 되어 준다.

2장

나쁜 소식을 들었을 때
부모의 태도

먼저 내 감정을 깨닫고 조절하는 것이 아이에게 감정 조절을 가르치는 첫 번째 단계다. 비행기 승무원이 "기압이 떨어지면 여러분이 먼저 산소마스크를 쓴 다음 다른 사람을 도와주세요."라고 말하는 것과 같다.

나쁜 소식은 사람들에게 다양한 방식으로 영향을 끼친다. 그것을 어떻게 인식하느냐에 따라 스트레스에 반응하는 방식도 달라진다. 폭풍이 다가온다는 뉴스에 스트레스를 느끼는가? 사람마다 다를 것이다. 자연이 위세를 떨치는 광경을 볼 기회라고 생각하는 사람도 있을 것이고, 예보만 듣고 두려움에 떠는 사람도 있을 것이다. 이처럼 누군가에게는 자극적인 일이 다른 사람에게는 악몽 같을 수 있다.

스트레스를 받는 방식은 그 사람의 성격, 그리고 과거의 경험과 관련이 많다. 당신이 무엇 때문에 스트레스를 받고, 그것이 당신에게 어떤 영향을 주는지 파악하고 있기만 해도 우리 아이들이 스트레스를 조절하고 세상에 대해 안정감을 느낄 수 있도록 도울 수 있다.

대초원에서 사자와 맞닥뜨렸다고 가정해 보자. 이때 우리 몸은 '위험해!' 라고 외친다. 동시에 우리 몸은 아드레날린과 코르티솔 같은 호르몬을 내보내면서 심장 박동 수와 혈류량을 늘려 도망치거나 싸울 준비를 한다. 이렇듯 우리 몸은 공포를 느끼면 심장 박동이 빨라지고 땀을 흘리거나 떤다. 또한 공포는 우리의 생각까지 조정한다. '아뿔싸, 사자잖아! 과연 내가 사자와 싸울 수 있을까? 도망쳐야 할까? 살아남을 방법은 없을까? 저 나무에 얼마나 빨리 올라갈 수 있을까? 싸우면 누가 이길까? 죽은 척할까?' 이렇게 행동을 조정해서 우리로 하여금 달리거나 맞서 싸우거나 아무것도 하지 못하게 만든다. 그리고 우리가 이렇게 반응하는 데는 세 가지 요소의 영향을 받는다. 유전자 구성, 기질과 성격, 그리고 삶의 경험이다. 이 요소들의 상호작용은 복잡한데, 무엇 때문에 스트레스를 받는지는 각각 다르다. 이 장에는 사람들이 스트레스에 대응하는 여러 가지 방식이 등장한다.

짐과 메리는 두 아이(열 살 마리아, 여덟 살 캐시디)와 함께 산다. 교사인 짐은 남는 시간에 사회 활동에 적극적으로 참여한다. 그는 재활용 단체의 결성을 돕기 위한 글과 기후 변화에 관한 글을 자신의 sns에 자주 올린다. 그런데 짐이 가르치는 학생의 부모가 그의 트위터 활동에 관해 교장에게 항의하는 일이 발생한다. 교장은 짐에게 트위터 계정을 삭제하라고 요구한다. 짐은 화가 나서 집으로 돌아왔고, 메리는 무슨 일이냐고 묻는다.

"바보 같은 놈. 내일 교장을 만나서 얘기할 거야! 기다려봐. 변호사에게 오늘 일을 다 말할 거니까. 아니면 학교 이사회에 공개할 거야. 내가 당한 부당함을 알릴 거야!"

메리가 짐을 진정시키며 말한다.

"짐, 잠시 진정해. 숨을 돌리고 무슨 일이 있었는지 말해봐!"

짐은 목소리를 높이면서 자신에게 벌어진 일을 설명한다. 메리는 짐의 그런 반응이 걱정스럽다.

"짐, 가만있어봐. 우린 지금 당신의 직업에 관해 말하고 있어. 당신이 좋아하는 일이잖아. 이렇게 감정적으로 대응해선 안 돼!"

결국 말다툼이 시작되고, 짐은 뛰쳐나간다. 메리가 뒤에서 소리친다.

"짐, 제발 바보 같은 짓 하지 마!"

밖으로 나간 짐은 밤이 늦도록 돌아오지 않는다. 메리는 짐을 걱정하느라 밤새 뒤척인다. 짐은 sns 계정을 삭제하지 않는다. 변호사를 만나지만 수임료가 너무 비싸 감당하기 어렵다.

짐은 학부모의 항의를 위협으로 받아들인다. 공격받았다고 느끼고, 결국 맞서 싸울 준비를 한다. 짐은 항상 공격적이었다. 어린 시절 그는 강한 것이 좋은 것이라고 배웠다. 초등학교 때 그가 학교에서 괴롭힘을 당하자 그의 형은 아이들이 더는 괴롭히지 않을 때까지 맞서 싸우는 방법을 가르쳐주었다. 반면 메리가 스트레스나 위협에 반응하는 방법은 다르다. 그녀는 싸움을 피하려고 한다. 싸우는 것은 서로에게 전혀 도움이 되지 않는다고 믿기 때문이다. 험악한 동네에서 어린 시절을 보낸 그녀는 싸움이나 말다툼의 끝은 항상 좋지 않다고 생각한다.

어느 날 아침, 사라는 열네 살 딸이 친구들과 함께 노출이 심한 비키니를 입고 찍은 사진들을 sns에 올려놓은 것을 보고 깜짝 놀랐다. 그 사진 밑에는 아무리 좋게 보려 해도 봐지지 않는 외설적인 댓글이 달려 있었다. 사라는 가슴이 철렁 내려앉았다. 사라는 댓글을 단 아이들에게 화를 내야 할지, 딸에게 이런 일이 생길지 몰랐던 자신에게 화를 내야 할지 혼란스럽다. 소중한 딸이 그런 댓글의 대상이 되니 슬픈 동시에 딸을 보호하지 못했다는 자책감이 밀려왔다. 눈물이 흐르고 불안한 마음이 들면서 손에 땀이 났다. 이 사진들을 지우고 딸을 도와주려면 어떻게 해야 할까? 하지만 sns에 그녀가 할 수 있는 일은 없었다. 그러면서 속으로 생각했다. '순진한 시절은 이제 지나간 건가?' 그러는 한편 자신이 모르는 게 또 있지 않을까 걱정했다. '혹시 우리 아이가 성적으로 매우 개방적인 것은 아닐까?'

사라는 분노, 슬픔, 수치심, 죄책감, 불안을 느끼면서 심리학자들이 '인지 왜곡'이라고 부르는 상태에 도달했다. 그렇다면 진짜로 사라가 상상하는 것처럼 문제가 심각할까? 사실 아이가 SNS에서 경계를 넘으면 불안할 수 있다. 하지만 아이가 조금 자극적인 사진을 올린 것 이상의 일에 관련되었다고 믿을 근거는 없다. 그런데도 사라의 마음은 최악의 시나리오로 치닫고 있다. 이것은 사라만의 문제가 아니다. 우리 역시 이런 왜곡된 생각에 빠질 수 있다. 깜짝 놀랄 일이 생기면 특히 더 그렇다. 뒤범벅된 감정으로 인해 이성적인 판단을 하기가 어렵다. 문제는 이로 인해 비합리적으로 행동하고 나중에 후회할 말이나 행동을 할 수 있다는 데 있다.

사라는 마음을 가라앉힐 시간을 갖는 대신 곧장 전화기를 들어 교장에게 전화를 걸었다. 그러고는 음성 사서함에 학교가 아이를 안전하게 지켜주지 못하는 것에 강력하게 항의하는 메시지를 남겼다. 그런 다음 남편에게 전화하여 sns에 올라간 사진을 어떻게 삭제하느냐고 물었다. 회의 중에 전화를 받은 남편은 짜증을 냈다. 사라는 이 일로 출근이 늦은 데다 운동까지 하지 못해 기분이 엉망이었다. 일에도 집중하지 못했다. 딸에게 계속 메시지를 보냈지만 딸은 "무슨 일이에요? 지금 학교니까 나중에 얘기해요."라고 딱 한 번 답장이 왔다.

그날 저녁, 사라는 집에 온 딸을 보자마자 몰아세웠다.

"어떻게 그런 사진을 sns에 올릴 수 있니? 도대체 무슨 생각인 거야?"

그렇게 싸움이 시작되고, 딸은 문을 쾅 닫고 자기 방으로 들어갔다. 절망에 싸인 사라는 울음을 터뜨렸다.

사라는 스트레스 앞에서 '싸우는' 반응을 보였다. 딸의 SNS를 본 지 몇 시간 만에 교장에게 싸움을 걸고, 딸을 몰아세우고, 남편과 말다툼을 했다. 그날 내내 모두와 싸우고 난 뒤에야 사라는 자신을 되돌아보았다.

제이미와 마틴은 유치원생인 딸 에스텔과 함께 산다. 하지만 에스텔은 혼자 잠을 이루지 못하는 날이 많아 제이미와 마틴의 침대로 오거나 둘 중 한 명이 에스텔에게로 가서 재워주는 날이 많다. 제이미와 마틴은 에스텔이 왜 그러는지 궁금하다. 에스텔은 유치원에 잘 적응했고, 이미 학기의 절반 이상이 지났기 때문이다.

어느 날 아침, 유치원 버스를 기다리고 있는데 한 학부형이 자신의 아이가 버스에서 큰 아이들에게 괴롭힘을 당하고 있다는 말을 했다. 버스에 앉은 에스텔에게 손을 흔들며 마틴은 자신의 딸도 괴롭힘을 당하면 어쩌나 하는 걱정이 들었다. 자신이 어렸을 때 괴롭힘을 당한지라 딸이 괴롭힘을 당한다고 생각만 해도 몸서리가 쳐졌다. 그러나 곧 "유난 떨지 마! 에스텔은 네가 아니야. 자신감 넘치고 훌륭한 아이라고."라며 스스로를 꾸짖었다. 소란을 피웠다가 괜히 에스텔을 걱정시킬 뿐이다. 회사일로 고민이 많은 제이미를 속상하게 할 수도 있다. 그러면서 마틴은 에스텔이 밤에 잠을 이루지 못하는 문제만 해결하면 된다고 생각한다. 에스텔은 어떻게든 문제를 극복해낼 테니까.

마틴은 도망가는 사람이다. 나쁜 소식을 접했을 때 싸우기보다 도망가려고 한다. 일을 키우고 싶어 하지 않고, 상황에 맞서기보다 피하길 원한다. 그렇다면 도망치기와 싸우기 중 무엇이 더 나을까? 둘 다 좋지 않다. 양쪽 모두 긍정적인 면과 부정적인 면이 있기 때문이다. 그래서 대부분의 사람들은 그때그때 상황에 따라 반응한다.
이젠 스트레스 앞에서 아무것도 하지 못하는 사례를 보자.

존은 대서양에서 가까운 미국 동해안에 산다. 그는 그곳에서 성장했고 그곳을 좋아하지만 커다란 허리케인을 경험한 뒤 생각이 바뀌었다. 그런데 지금 또다시 폭풍우가 다가오고 있다. 일기예보도 심상치 않다. 재난구조본부에서는 대피 명령을 내렸다. 허리케인이 다가오는 속도가 빠른 만큼 존과 가족은 빨리 결정해야 하지만 존은 어떻게 해야 할지 모르겠다. 반려동물을 데리고 갈 수 없는데 아이들은 강아지를 두고 갈 수 없다고 우긴다. 집을 떠나지 않으면 무섭게 휘몰아치는 허리케인과 직면해야 할지 모른다.

이렇게 망설이는 사이 대피할 시간을 놓쳤고, 존의 가족은 집에서 폭풍우를 맞아야 했다. 다행히 폭풍우는 예상보다 약했고, 그들은 모두 안전했다. 하지만 존은 시시각각 다가오는 폭풍우 앞에서 아무것도 하지 못했다. 존의 우유부단함 때문에 그의 가족은 위기에 대처하지도, 적응하지도 못했다.

네 가지 사례를 통해 기질과 경험 말고도 감정과 생각이 행동을 어떻게 좌우하는지 볼 수 있다. 짐은 어린 시절처럼 싸우고, 마틴은 문제가 커질까 봐 두려워하며, 사라는 극단적인 추측을 하면서 딸을 비난하고, 존은 과거의 기억에 묶여 옴짝달싹하지 못한다. 나쁜 소식을 듣는다고 무조건 합리적인 생각과 계획적인 행동을 하지 못하는 것은 아니다. 스트레스에 사로잡혀 나중에 후회할 말이나 행동을 하지 않으려면 자신이 느끼는 감정을 의식하고 계획적으로 행동해야 한다. 끓어오르는 감정을 알아차리면 그런 감정이 폭발해 가족 전체에게 영향을 끼칠 수 있는 부정적인 생각과 행동의 악순환에 빠지는 일을 피할 수 있다. 그럼, 첫 번째 사례인 짐과 메리의 이야기로 돌아가 대안을 생각해보자.

짐이 sns에 올린 내용 때문에 학부모가 항의하고, 교장은 짐에게 그 내용을 삭제하라고 요구했다. 교장을 만난 짐은 흥분했다. 그는 걱정이 되는 한편 화가 나는 자신의 감정을 깨닫는다. 그의 심장은 빨리 뛰고 있다. 얼마나 화가 나는지 깨닫기도 전에 짐은 교장에게 소리를 지르고 싶은 충동을 느낀다. 그는 나사가 풀려 제멋대로 행동하기 전에 멈춘다.

대신 그는 교장이 이야기하는 동안 심호흡을 한다. 교장이 말을 멈추자 짐은 "좀 더 생각해 볼게요. 제가 sns에 올린 글을 보고 스미스 씨가 왜 그렇게 흥분했는지 알겠어요. 좀 더 생각해 보고 싶어요."라고 말한다. 두 사람은 다시 만나기로 약속한다.

그날 저녁 메리와 충분히 상의한 짐은 다음 날 교장에게 이렇게 제안한다.

"이 일을 교육의 기회로 활용할 수 있다고 생각해요. 학생들이 sns의 힘을 이해하는 데 도움이 될 거에요."

교장은 그의 제안에 관심을 보이고 두 사람은 이틀 뒤에 다시 만나 아이디어를 모은다. 학생들을 트위터로 초대해 기후 변화와 다른 사회 문제들에 관해 의견을 나누며 온라인 소통에 관해 이해하도록 돕는 것이 목표다. 교장은 스미스 씨에게도 이 계획에 참여해 달라고 부탁한다. 사회적인 문제에 관한 세 사람의 의견은 각각 다르지만 학생들에게 sns에 관한 교육을 해야 한다는 점에서는 의견이 일치한다.

위 시나리오에서 짐은 자신의 감정을 깨닫고 부정적인 생각을 조절한 덕에 냉철하면서도 계획적으로 행동할 수 있었고, 좋은 결과도 얻었다. 자신의 글을 삭제하지 않아도 되었을 뿐 아니라 항의했던 학부모까지 자신의 일에 참여하게 만들었다. 한마디로 짐은 감정에 휘둘리지 않고 이 일의 주도권을 쥐었다.

딸이 sns에 올린 사진 때문에 평정심을 잃었던 사라는 어떨까? 앞의 시나리오에서 사라는 흥분한 나머지 어떻게 해야 할지 충분히 생각하거나 계획하지 못했다. 사진과 댓글을 보자마자 감정이 격렬해져 최악의 상황까지 생각했다. 그러면서 상황을 더 악화시키는 행동을 했다. 사라가 만약 그날 딸의 SNS를 보고 자신의 감정을 들여다보았다면 어떻게 달라졌을까?

사라는 뱃속이 요동치고 몸이 떨리는 것을 느낀다. 눈물이 흐르고 심장박동이 빨라진다. 이러다간 실수를 저지를 수 있다고 생각한 사라는 밖으로 나가 달리기 시작한다. 뺨에 부딪히는 세찬 바람, 지나가는 자동차 소리, 바닥에 떨어져 바스락거리는 나뭇잎.

집으로 돌아온 사라는 샤워를 한다. 그러곤 옷을 입으면서 딸의 sns 사진에 대해 거리를 두고 생각한다. 무슨 일이든 해야 한다는 것은 알지만 계획적으로 행동하고 싶다. 무슨 일인지 조금 더 알아봐야겠다고 마음먹는다.

그녀는 먼저 함께 사진에 찍힌 다른 아이들의 부모님들께 전화해서 아는 게 있는지 묻는다. 그리고 그중 자신과 같은 걱정을 하는 엄마를 만난다. 둘은 그 일을 어떻게 지역사회의 문제로 접근할지 의논한다. 자신의 아이뿐 아니라 그 학교의 많은 아이들과 관련되어 있는 일이기 때문이다. 그들은 교장에게 이메일을 보내고, 교장은 학부모 회의를 여는 데 동의한다. 학교 관계자와 학부모들은 그 후 며칠에 걸쳐 sns에서의 사생활 보호에 관해 아이들을 교육할 계획을 세운다. 사라는 훗날 그 사건을 되돌아보면서 자신의 개입으로 딸과 딸의 친구들에게 sns에 본인의 사진을 올리는 일의 긍정적인 면과 부정적인 면을 가르칠 수 있어서 다행이라고 생각한다.

이 시나리오에서 사라는 그저 몇 가지만 다르게 행동했다. 먼저 충동적으로 행동하지 않기 위해 감정을 조절할 시간을 가졌다. 그리고 자신이 어떤 결과를 원하는지도 판단했다. 그 덕에 딸이 친구들과 함께 SNS의 위험에 대해 배우는 게 가장 좋은 해결책이라는 사실을 깨달았다. 또한 공동의 힘을 빌려 학생들에게 효과적으로 메시지를 전달했다. 아이들은 그 문제를 심각하게 여기는 게 자신의 부모만은 아니라는 사실을 알게 되었을 것이다. 사라는 딸과의 대화도 피하지 않았다. 그 후 사라는 몇 주에 걸쳐 딸과 SNS의 장단점, SNS에 올린 내용으로 원치 않게 인신공격을 당할 수 있다는 점에 관해 이야기를 나누었다. 사라는 사생활 보호, 사춘기, 자신을 소중히 여기는 것과 같은 주제로 한 대화를 좋아했다. 사라는 이때도 자신이나 딸이 차분한 상태일 때, 대화에 집중할 수 있을 때만 대화하려고 노력했다.

이제 마지막으로 마틴의 사례를 보자. 그의 딸 에스텔은 잠을 잘 이루지 못하고, 그 때문에 부모도 제대로 잠을 이루지 못한다. 마틴은 스쿨버스를 기다리다가 아이들 사이의 괴롭힘에 관한 이야기를 듣는다. 하지만 마틴은 걱정이 되는 마음을 숨긴다. 이제 다른 해결책을 찾아보자.

에스텔을 버스에 태워 보내고 집으로 돌아온 마틴은 그제야 두려운 감정이 밀려왔다. 자신의 어린 시절이 떠올랐다. 스쿨버스에서 한 아이에게 괴롭힘을 당했고, 부모님께 털어놓았다. 하지만 돌아온 대답은 "복수해."였다. 지금까지도 마틴은 사람이 어떻게 다른 사람에게 그렇게 잔인할 수 있는지 상상이 안 된다. 소중한 에스텔이 괴롭힘을 당한다고 상상하니 공포가 솟구친다. 자신의 숨소리가 거칠어지고 있다는 사실을 깨달은 마틴은 싱크대 모서리를 꽉 움켜잡았다. 토할 것처럼 속이 메스껍다. 마틴은 지금 자신이 정신을 차리지 않으면 통제력을 잃을 수 있다고 생각한다.

심호흡 끝에 냉정을 되찾은 마틴은 손, 발, 입, 그리고 혀까지 자신의 감각을 하나하나 점검한다. 그런 다음 주변을 천천히 둘러본다. 이제 음악을 들으며 기분을 바꿔야겠다고 마음먹는다. 동시에 출근할 시간이라는 사실을 깨닫는다. 커피를 든 채 차에 탄 그는 라디오를 켠다. 회사에 도착해 일을 시작하기 전, 마틴은 무슨 일이 있었는지 에스텔에게 묻고 제이미와도 이 일을 의논해야겠다고 생각한다. '제이미는 나보다 침착하니까 명쾌한 답을 내놓을 수 있을 것이다.'

점심시간이 되자 그는 밖으로 나가 제이미에게 전화를 건다. 전화를 받자마자 제이미는 남편이 화가 났다는 사실을 알아차린다. 두 사람은 에스텔에게 어떻게 물어볼 것인지, 만약 그게 사실이라면 그다음에는 어떻게 해야 할 것인지를 상의한다. 두 사람은 침착한 성격의 제이미가 먼저 대화를 시작해야 한다는 데 동의한다. 마틴이 옆에서 대화를 돕긴 하겠지만 평정심을 잃으면 방에서 나갈 수도 있다. 에스텔을 집으로 데려와 마틴이 저녁 식사를 준비하는 동안 제이미는 에스텔과 마주 앉아 학교와 스쿨버스에 관해 묻는다.

이번에는 시나리오가 어떻게 달라졌는가? 이전 시나리오에서 마틴은 에스텔이 괴롭힘을 당할지도 모른다는 생각에 걱정과 슬픔, 두려움에 사로잡혔다. 게다가 어린 시절에 괴롭힘을 당했던 자신의 기억까지 더해져 에스텔에 대한 걱정이 극에 달했고, 이 문제를 무시하겠다고 결정했다. 하지만 자신의 감정을 알아차린 이번 시나리오에서 마틴은 잠시 숨을 돌리면서 감정을 조절했고, 걱정에 충동적으로 반응하지 않았다. 마음을 진정시키며 심호흡을 하고, 음악을 듣고, 아내인 제이미와 사건에 관해 의논한 덕에 그는 자신의 감정을 조절할 수 있었다.

우리는 스트레스에 어떻게 대처하는가?

좋지 않은 뉴스가 연달아 나올 때 우리는 게임 속 목표물이 된 것 같은 기분을 느낀다. 빗발치는 총탄 속에서 어떻게 하면 살아남을 수 있을까? 어떻게 하면 침착함을 유지할 수 있을까? 어떻게 하면 상황이 더 악화되는 것을 막을 수 있을까?

불안은 진화론적으로 중요한 신호다. 위험이 닥친다고 경고해주기 때문이다. 하지만 때때로 우리의 뇌는 우리를 속이기도 한다. 그래서 실제로 닥칠 위험이 아닌 위험이 다가오고 있다는 생각만으로도 불안하게 만든다.

부모로서 우리는 우리 아이들이 어떤 일에 스트레스를 많이 느끼는지 알아야 한다. 무엇 때문에 불안한지, 불안을 느끼는 방식이 어떤지 이해하고 나면 대응하는 데 도움이 된다.

연습 몸의 어느 부분에서 스트레스를 느끼는가?

이 연습을 통해 우리가 '사자'(싸우거나 도망치는 반응을 일으키는 두려움의 대상)와 맞닥뜨렸을 때 어떻게 반응하는지를 살필 수 있다. 그리고 그 반응을 살피는 과정에서 왜 그렇게 반응하는지 조금은 더 이해할 수 있을 것이다.

먼저, 이번 주에 받은 스트레스를 떠올려보라. 국가적인 사건이나 지역사회에서 벌어진 일일 수도 있고, 배우자나 아이와 벌인 말다툼일 수도 있으며, 학교나 직장에서 벌어진 일일 수도 있다. 그 일을 생각할 때 몸이 어떻게 느끼는지를 살펴보라. 몸의 어느 부분에서 증상이 나타나는가? 아래 실루엣 그림 중 첫 번째를 보자. 나쁜 소식을 떠올릴 때 몸의 어느 부분에서 반응이 나타나는가? 심장 박동이 빨라지는가? 손에 땀이 나는가? 무릎이 떨리는가? 얼굴 표정은 어떤가? 그렇다. 당신은 스트레스를 받았다. 그런데 실제로 느끼는 감정은 무엇인가? 화가 나는가? 두려운가? 좌절감을 느끼는가? 당황했는가? 몸의 감각과 얼굴 표정을 살피면서 당신의 감정을 확인할 수 있다.

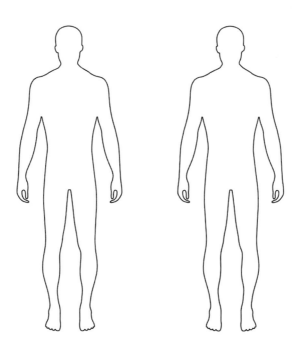

감정을 알아차리기 어렵다면 심호흡을 하면서 몸의 각 부분에 집중하라. 눈을 감고 느껴라. 손이 떨리는가? 땀이 나는가? 심장이 빠르게 뛰는가? 근육이 딱딱하게 뭉친 곳이 있는가? 몸의 어느 부분에서 스트레스를 느끼는지 기록해보자. 그 증상에 관련된 감정을 읽을 수 있는가? 그 감정은 어떤 것인가? 슬픔? 두려움? 걱정? 당혹감? 수치심? 분노? 죄책감? 아니면 다른 감정인가?

이렇게 자세히 떠올릴 수 없다면 당분간 이 연습을 미루어두자. 그리고 다음번에 스트레스를 받는 일이 생겼을 때 다시 시도해보라. 사건이 벌어진 바로 그 순간에는 내가 어떤 반응을 보이는지 파악하기 어렵다. 하지만 이렇게 미리 준비해두면 스트레스를 받을 때 내가 어떤 반응을 보이는지 알아차리는 데 많은 도움이 된다. 이렇게 알아낸 반응은 뒷부분에서 활용할 것이다.

이제 당신의 배우자도 똑같이 해볼 차례다. 문제가 생겼을 때 배우자는 어떤 반응을 보이는가? 걱정이 생겼을 때 배우자의 몸에는 어떤 반응이 나타나는가?

배우자에게는 두 번째 실루엣 그림을 보여주자. 그리고 나쁜 소식을 들었을 때 몸의 어느 부분에서 증상이 나타나는지 표시하라고 해보라.

당신과 당신의 배우자가 어떤 감정을 느끼고, 그 감정으로 인해 몸에 어떤 증상이 나타나며, 어떤 표정을 짓는지 목록을 만들어 그게 생각하는 방식에 어떤 영향을 끼치는지 생각해보라. 부정적인 감정에 휘말리지 않고 거리를 두기 위해 꼭 필요한 단계다. 이렇게 스스로의 행동을 느끼고 알아챌수록 자기 자신은 물론 다른 사람의 감정, 생각, 행동에 침착하게 대처할 수 있다.

연습   나쁜 소식을 듣고 어떻게 반응하는가?

당신과 당신의 배우자는 나쁜 소식을 들을 때 어떻게 반응하는가? 이 연습에는 10~15분이 소요된다. 먼저 두 사람이 방해받지 않고 집중할 수 있는 시간(예를 들면 아이들이 잠든 이후)을 선택하라. 그런 다음 나쁜 소식을 들었을 때 어떻게 반응하는지를 각자 적는다. 그러고는 다른 종이를 준비해 나쁜 소식을 들었을 때 배우자가 어떻게 반응하는지 각자 관찰한 것을 기록한다.

이제 두 사람이 기록한 목록을 나란히 놓는다. 각자 자신에 관해 기록한 내용은 서로 얼마나 다르거나 비슷한가? 그리고 각자가 생각하는 상대방의 반응은 얼마나 비슷하거나 다른가? 당신이 당신 자신에 관해 기록한 내용과 배우자가 당신에 관해 기록한 내용을 비교해보라. 비슷한가? 아니면 너무 다른가?

연습   거울 게임

연구자들은 인간에게 다섯 가지 감정이 있다는 데 동의한다. 기쁨, 분노, 슬픔, 혐오감, 그리고 공포다. 물론 이 외에 당황, 흥분, 놀라움, 수치심처럼 더 많은 감정을 생각할 수 있다. 또 스트레스를 받을 때 나타나는 생리적인 반응으로도 감정을 살필 수 있다.

거울 앞에 서서 감정을 한 가지씩 표현해보라. 먼저 기쁨이다. 무엇이 보이는가? 대부분 웃는 표정을 지을 것이다. 입꼬리가 올라가고 입술을 벌리는 것 외에 눈 주위의 변화가 느껴지는가? 눈이 가늘어지는 게 보이는가? 입가에 주름이 나타나는가? 콧구멍이 옆으로 벌어지는가? 다른 감정들도 연습해보면서 표정이 어떻게 변하는지 보라.

이것을 게임처럼 만들어 배우자나 친구와 해볼 수도 있다. 한 사람이 감정을 표현하면 상대방이 어떤 표정인지 알아맞히는 게임이다. 몇 번 이렇게 해본 다음 방법을 바꿔라. 두 사람이 한 가지 감정을 각자 표현하면 된다. 그리고 서로 바라보면서 두 사람의 표정을 비교한다. 똑같은 감정을 표현하는 방식에서 비슷한 점을 찾을 수 있는가? 얼굴에 어떤 변화가 생기는가? 눈썹, 입, 눈, 코, 이마를 움직이는 방식에서 많은 게 드러날 것이다. 몇 가지 감정을 가지고 이렇게 해보자. 감정이 얼굴과 몸으로 어떻게 나타나는지 살피는 연습을 하면 자기 자신은 물론 다른 사람들의 감정을 읽어낼 수 있다.

침착함을 유지하는 방법

종종 격한 감정에서 벗어날 수 없을 때가 있을 것이다. 이때 충동적인 반응을 보이지 않고 계획적으로 대처하려면 감정과 거리를 두고 마음을 가라앉히는 여유를 가져야 한다. 그렇다면 언제 어떤 상황에서든 감정을 차분하게 가라앉힐 수 있는 방법은 무엇일까?

먼저 감정이 폭발하는 상황을 생각해보자. 나의 경우 퇴근 중 라디오에서 나쁜 뉴스, 심각한 기상 상황에 관해 들을 때 짜증이 난다. 교통 체증 때문에 옴짝달싹하지 못하고 있는데 증오 범죄가 증가하고 있다는 뉴스까지 들으니 당연하다. 이럴 때 나는 두려움이 혈관을 따라 흐르는 것 같은 기분을 느낀다. 심장 박동은 빨라지고, 속은 뒤틀린다. 내게는 이것이 비상사태임을 알리는 신호다.

상태를 깨닫는 순간 나는 마음을 가라앉힐 방법을 찾는다. 일단 심호흡을
몇 번 한다. 5초간 들이마시고 10초간 내쉬면서 호흡에 집중한다. 물론 운전
에도 집중한다. 그런 다음 스트레스의 원인인 라디오를 끈다. 대신 부드러운
음악을 틀거나 아무것도 들리지 않는 조용한 상태를 유지한다. 그리고 몸의
감각을 활용해 현실에 집중한다. 운전대를 움켜잡은 손의 힘을 느끼고, 자동
차 유리창을 두드리는 빗소리를 느끼고, 주변 자동차들의 색깔, 젖어서 번들
거리는 자동차 표면, 회색 하늘의 흐릿한 빛에 집중한다. 보통은 이런 감각
들이 현재에 집중하는 데 도움이 된다. 현재에 집중할수록 충동적으로 반응
할 가능성이 줄어든다. 운전대를 쾅쾅 내려치거나 과속하는 것처럼 나중에
후회할 행동은 하지 않게 된다. 이처럼 마음을 가라앉히는 데 도움이 되는
몇 가지 방법을 소개한다.

▶ **심호흡 열 번 하기:** 코로 천천히 숨을 들이마신다. 폐에 공기가 가득 차
고 배가 부풀어 오를 만큼 깊이 들이마신다. 그런 다음 천천히 숨을 내쉰
다. 공기가 빠져나오면서 배가 꺼지는 걸 느낀다. 들이마실 때보다 더 길
게 내쉰다. 가능하면 10초 동안 내쉰다. 심호흡은 언제 어디서나 도움이
되는 방법이다. 대개 나쁜 일이 벌어지면 얕은 호흡을 하기 쉬운데, 얕은
호흡을 하면 우리 몸에 필요한 산소가 부족해지고, 숨이 가빠지면서 불
안이 더 심해진다. 심호흡은 이를 막아준다. 숨을 깊이 들이마시면 더 많
은 양의 산소가 교환되고, 심장 박동은 느려지고, 혈압은 낮아진다.

▶ 정보 차단하기: 뉴스를 끄자. 컴퓨터를 끄고 휴대전화도 잠시 내려놓자. 신문을 치우자.

▶ 밖으로 나가기: 그냥 밖으로 나가기만 해도, 조금만 걸어도 놀라운 효과를 볼 수 있다. 그것이 자연의 힘이다. 밖으로 나갈 수 없다면 지금 있는 곳에서 중심을 잡자. 신발 속에 갇혀 있는 발, 바닥에 놓인 신발, 주변의 냄새와 소리를 느껴보자. 당신이 지금 어디에 있는지 일깨워주는 몸의 감각에 집중하고, 그 감각을 통해 몸에 관심을 기울이고, 혼란에서 벗어나자.

▶ 유머 활용하기: 유머는 긴장을 누그러뜨려 상황을 무겁지 않게 볼 수 있게 해준다.

▶ 질문하기: 질문을 하면 정보를 모을 수 있을 뿐만 아니라 격렬하고 부정적인 감정과 거리를 둘 시간, 계획하거나 전략을 세울 시간이 생긴다.

▶ 열심히 듣기: 누구의 이야기라도 귀 기울여 듣자. 그것이 아이의 이야기라면, 현재 갈등을 겪고 있다면 더더욱 집중해야 한다.

▶ 관심 돌리기: 어떤 방법으로도 효과가 없다면 음악을 듣거나 책을 집어 들거나 텔레비전 시청을 통해 관심을 다른 곳으로 돌려보자.

이 중 당신에게는 어떤 방법이 효과가 있는가? 당신의 배우자에게는 어떤 방법이 효과가 있는가? 서로 어떻게 다른가?

감정을 조절하는 데 있어 이 방법들은 모두 도움이 된다. 이것 외에 장기간에 걸쳐 훈련하는 방법도 많다. 명상이나 기도, 요가, 태극권 같은 방법은 격렬하고 부정적인 반응을 줄이는 데 도움이 된다. 중요한 것은, 감정 조절 훈련은 운동과 같다는 것이다. 연습을 많이 할수록 더 쉬워지고, 더 노련해진다.

감정은 생각과 행동으로 이어진다

사랑하는 사람들의 감정에 관심을 기울여야 하는 이유는 감정이 우리의 생각과 행동에 영향을 주기 때문이다. 우리는 감정을 바꿀 수 없고, 바꾸려고 하지도 말아야 한다. 하지만 그 감정에 반응하는 방식은 바꿀 수 있다.

마음을 챙기려고 노력하는데도 종종 격렬하고 부정적인 감정이 소용돌이치면서 추측, 단정, 자아비판, 판단 같은 부정적인 생각이 드는 날이 있을 것이다. 특히 스트레스가 많거나 두려운 상황에서는 이런 생각들 때문에 더 쉽게 이성을 잃을 수 있다. 예를 들어 '무서워'는 감정이지만 '이 두려움을 절대 극복할 수 없을 거야'는 생각이다. 다음 사례를 보자.

단테의 가장 큰 걱정 중 하나는 자신의 아이들이 친구들에게 인기가 없고 괴롭힘을 당할지도 모른다는 불안감이었다. 자신이 어렸을 때 친구들에게 놀림과 따돌림을 당했고, 그로 인해 학교를 싫어했기 때문이다. 단테는 자신과 같은 고통을 겪지 않게 하려고 아이들을 스포츠 팀에 가입시키고, 자신이 직접 코치를 맡았다. 학부모와 교사 모임에 나가 자원봉사도 했다. 하지만 어느 날 딸이 울면서 괴롭힘을 당했다고 말하는 순간 단테는 망연자실했다. '나는 아버지로서 실패했어. 아이들이 나와 같은 일을 겪지 않게 하려고 최선을 다했어. 그런데 지금까지 뭘 한 거지?'

어린 시절에 자신이 겪은 스트레스 상황이 재현되자 단테는 바로 최악의 상황을 상상('나는 실패했어.' '그런데 지금까지 뭘 한 거지?')했다.

사람이라면 누구나 속상할 때 가장 먼저 떠오르는 부정적인 생각이 있을 것이다. '가면증후군'이 가장 흔한데, '제대로 되지 않았어. 나는 이 일을 못해. 내가 실수한 것을 많은 사람들이 알게 될 거야. 내가 사기꾼이고, 내가 무슨 말을 하는지도 모른다는 사실을 눈치 챌 거야.'라고 생각하는 것이다. 이런 생각이 들 때는 어떻게 해야 할까?

무엇 때문에 이런 생각을 하게 됐는지 스스로에게 묻고 상황을 냉정히 파악해야 한다. 예를 들어 단테는 "내가 아버지로서 실패자라는 증거가 어디 있지?" 혹은 "내가 지금 왜 이 한 가지 사건만 가지고 이런 판단을 하지? 딸은 지금까지 잘 지냈잖아? 그 시간들은 무시해도 된단 말인가?"라고 자문할 수 있다. "나는 성공이나 실패를 어떻게 판단하고 있지?"라는 질문을 할 수도 있다. 이렇게 하면 딸이 괴롭힘을 당했다는 말에 속상해서 아버지로서 실패했다는 생각이 들었다는 사실을 깨달을 수 있을 것이다. 아울러 부정적인 생각에 휘말리면 괴로운 것을 넘어 딸을 돕기가 힘들어진다는 사실도 깨닫게 될 것이다.

최악을 상상하고 스스로에 대해 비판하는 행동을 멈추자 단테는 비로소 딸에게 무슨 일이 있었는지 물어보지 않았다는 사실을 깨달았다. 격렬한 감정에서 벗어나자 딸의 말을 귀 기울여 듣고, 딸이 문제를 해결하도록 도울 수 있었다. 이처럼 생각을 감정이나 행동과 연결해서 이해하면 생각을 있는 그대로 보는 데 도움이 된다. 어떤 생각을 하느냐가 어떻게 행동하느냐에 영향을 끼치기 때문이다.

연습 스트레스 테스트

최근 며칠간 당신에게 스트레스를 준 일들을 떠올려보라. 가능하면 갑자기 접한 나쁜 소식이나 주변에서 벌어진 사건 때문에 영향을 받았던 일을 선택하라. 끔찍하거나 무서운 일이 아니어도 된다. 그 일로 인해 갖게 된 생각, 감정, 행동을 확인한 뒤 아래 방법대로 해보라.

무슨 일이 있었는지 기록한다: 무슨 일이 일어났는지, 누구와 관련된 일인지, 어떻게 시작되어 어떻게 끝난 일인지(끝나지 않았다면 '진행 중'이라고 쓴다.)를 기록한다.

어떻게 느꼈는지 적는다: 그 일로 인해 당신이 스트레스를 받는다는 사실을 어떻게 알았는가? 몸의 어느 부분에서 스트레스를 느꼈는가? 그때 당신은 어떤 표정을 지었는가? 다른 사람이 관련되어 있다면 그들의 표정이 당신에게 어떤 영향을 주었는가? 당신이 경험한 감정들을 분류하거나 목록을 만들어 기록한다.

그다음 무슨 생각을 했는지 기억한다: 감정과 생각을 순서대로 경험하지 않을 수도 있다. 순서에 상관없이 생각들을 기록하면 된다. 잘 정리하거나 자세히 적을 필요도 없다. 종이에 옮겨 적어도 된다.

이제 당신의 감정과 생각이 행동에 어떻게 영향을 주는지 살펴본다: 그리고 기록한다. 다른 사람이 관련되어 있다면 그들이 당신 행동에 영향을 주었을 수도 있다.

스트레스를 받는 일이 생기면 이처럼 감정, 생각, 행동을 주의 깊게 관찰해보라. 아울러 아래 조언을 활용하면 더 도움이 될 것이다.

▶ 불안할 때는 자신의 '표정'을 보고, 몸의 감각을 '느끼고', '의식적으로 떠오르거나 부정확한 생각들'을 따져본 다음 행동한다.
▶ 당신이 어떻게 침착함을 유지했는지를 떠올려본다.
▶ 침착함을 유지하면서 계획적으로 대처했을 때 행동이 어떻게 달라졌는지를 생각해본다.

쉽지 않을 것이다. 하지만 앞에서 연습한 것처럼 감정을 조절하는 방법을 배우고, 다른 사람들은 언제 흥분하는지 이야기를 나누고 나면 아이들을 돕는 데 필요한 바탕을 만들 수 있을 것이다.

스트레스가 양육에 미치는 영향

스트레스가 양육에 도움이 되지 않는다는 사실은 이제 상식처럼 받아들여진다. 하지만 처음부터 이런 연관성이 인정된 것은 아니다. 글렌 엘더Glen Elder 박사, 랜드 콩거Rand Conger 박사와 동료들은 아이오와 농가들에 닥친 1989년 위기의 영향을 조사했다. 청소년 자녀가 있는 4백 가정을 조사해 경제적 어려움이 있는 부모가 받는 스트레스가 양육, 그리고 아이들의 사회적·정서적 건강과 행동에 나쁜 영향을 준다는 사실을 증명했다.

미네소타 대학의 조교수로 있던 시절, 나는 이 연구 결과를 바탕으로 2005년부터 동료 연구원들과 함께 연구를 시작했다. 가정폭력, 전쟁, 재난을 당한 가족들을 연구하는 과정에서 우리는 많은 사실을 알게 되었다. 그리고 지난 10년간은 가족 중 한 명을 전쟁터로 보낸 가정을 대상으로 연구를 진행했다. 첫 대상은 이라크나 아프가니스탄으로 부모가 떠나고 학교에 다니는 자녀가 있는 미국 중서부의 336개 가정이었다. 결론적으로, 그들은 모두 전쟁을 치루고 있었다.

전쟁터에 나간 부모는 임무를 수행하면서 남겨둔 가족에 대한 걱정을 해야 했다. 집에 남은 부모는 배우자를 걱정하면서 혼자 아이들을 돌보고 안심시켜야 했다. 아이들은 전쟁터로 간 부모와 떨어져 지내면서 매일 그의 안전을 걱정해야 했다. 그들이 전쟁터에서 돌아온 뒤 우리는 그들을 인터뷰

하고, 부모와 아이가 소통하는 모습을 동영상으로 촬영했다. 그리고 그 아이들의 교사도 인터뷰했다. 이를 통해 우리는 파견으로 인한 스트레스가 양육의 문제로 이어지고, 결국 아이들이 사회적·정서적·행동적으로 어려움을 겪을 수도 있다는 사실을 밝혀냈다.

제럴드 패터슨Gerald Patterson 박사와 마리온 포가치Marion Forgatch 박사는 우리의 연구에 많은 도움을 주었다. 그들은 스트레스가 부모와 아이들의 소통에 영향을 끼친다는 사실을 넘어 이럴 때 양육 방법을 배울 수 있다는 사실을 처음으로 보여주었다. 이들이 개발한 '부모 관리 훈련-오리건 모델'은 현재 세계에서 가장 연구가 잘된 양육 프로그램 중 하나로 인정받고 있다. 한계를 정하고, 아이들의 행동을 관찰하고, 함께 즐기면서 부모가 아이들에게 바람직한 행동과 문제 해결 방식을 알려주는 프로그램이다.

사실 격렬하고 부정적인 감정에 사로잡혀 있을 때 아이들을 이성적으로 대하기란 매우 어려운 일이다. 특히 무시무시한 일이 닥쳤을 때는 감정의 모래폭풍이 일어나 전체가 잘 보이지 않는다. 지도를 가지고 있거나 길을 알고 있지 않은 이상 앞을 바로 보기가 어렵기도 하다. 우리는 부모들이 충격적인 일을 겪은 뒤 감정의 회오리에서 허우적대는 자신과 아이들의 감정에 잘 대처하도록 하기 위해 '부모 관리 훈련' 프로그램을 적당히 활용했다.

나는 폭력, 전쟁, 군대 파견, 그로 인한 정신적 외상으로 어려움을 겪는 부모들을 돕는 일을 주로 해왔다. 그들이 어려움을 극복하는 동시에 자신의 길을 찾아갈 수 있게 도왔다. 이 책을 통해 당신이 양육에서 소중하게 여기는 가치의 로드맵을 만들었으면 하는 바람이다.

양육에 관한 가치관 정립하기

당신이 어떻게 지금과 같은 부모가 되었는지, 아이들에게 전하고 싶은 가치관은 무엇인지 곰곰이 생각해보라. 일기를 쓰듯 공책에 기록해도 좋고, 파일로 만들어 보관할 수도 있다. 이제 다음에 나오는 질문들에 대한 답을 적어보자.

1. 어린 시절의 경험 중 가장 중요한 세 가지를 적어보라.

이사, 입학, 첫 번째 남자 친구(여자 친구)처럼 삶에서 중요했던 일일 수도 있고, 가족이 다 함께 모인 행사나 생일이 될 수도 있다. 누군가에게 위로를 받았거나 무서웠던 순간일 수도 있다.

2. 가장 중요하다고 생각하는 어린 시절의 환경이나 사건, 또는 당신의 어린 시절을 잘 보여주는 일은 무엇인가?

이혼, 별거, 부모의 죽음이나 형제간의 문제처럼 가족과 관련된 일일 수도 있고 당신이나 당신이 속한 집단을 이방인이나 소수로 보게 하는 경제적 형편이나 사회적 환경일 수도 있다.

3. 당신의 성격이나 특징을 묘사하는 세 가지 구절이나 단어는 무엇인가?

다른 사람이 당신을 보는 것이 아니라 당신이 당신 자신을 보는 방식을 적어야 한다. 처음 떠오르는 세 가지를 적으면 된다. 지나치게 많이 생각하지는 마라.

4. 당신이 말한 요인들, 기억, 생활환경, 성격이 당신의 양육 방식에 어떻게 영향을 미쳤는지 생각하면서 당신이 쓴 내용들을 살펴보라.

다시 처음으로 떠오르는 답들을 적어본다. 예를 들어 "나는 주변 사람들과 다르다고 느끼면서 성장했다. 그 어디에도 소속감을 느끼지 못했다. 이제 소속감이 중요하다는 사실을 깨달았다. 그래서 내 아이들이 우리 동네와 학교에 소속감을 느낄 수 있도록 친구들과 어울리게 했다." 혹은 "부모님이 이혼한 뒤로 나는 외로웠다. 교회에 다니는 게 도움이 되었고, 영적으로 많은 깨달음을 얻었다. 그래서 내 양육 방식에서는 교회가 중요하다."라고 쓸지도 모른다.

5. 양육에 관한 당신의 가치관을 확인하라.

이제 건강하게 칠순을 맞이하는 당신 모습을 상상해보라. 당신의 자녀들이 잔치를 준비했다. 1분 동안 그 장면을 상상하라. 화창하고 아름다운 날, 당신은 친구들과 가족들에게 둘러싸여 있다. 행복한 웃음소리가 넘치고, 당신은 사람들의 미소를 보며 주변을 둘러본다. 당신의 자녀 중 하나가 자리에서 일어나 당신에게 존경한다고 말한다. 그 아이는 자리에 모인 손님들을 향해 당신이 자신에게 어떤 영향을 주었는지 이야기한다. 아이는 당신의 가르침을 고마워하며 당신과 함께한 어린 시절을 추억한다. 이 장면을 2~3분 정도 마음속으로 그려보라.

다음에는 상상 속의 아이가 하는 말을 적는다. 당신은 아이에게 성실, 봉사, 기부의 가치를 어떻게 보여주었는가? 교육의 중요성, 자부심, 기도에 관한 이야기를 했는가? 자신을 사랑하고 자신이 정한 원칙을 지키는 것에 관한 이야기를 했는가?

상상 속에서 당신의 아이가 하는 말과 당신이 기록한 내용이 양육에 관한 당신의 가치관을 보여준다. 우리는 배우자와 마주 앉아 의논하지는 않지만 알게 모르게 아이에게 가치관을 전달하고 있다. 양육에 관한 자신의 가치관을 명확하게 알면 어려운 대화를 할 때, 예를 들면 정의나 분열된 사회와 같은 가치 판단적인 문제에 관해 이야기할 때 도움이 된다.

배우자에게도 이 연습을 하도록 권한 다음 기록한 내용을 보면서 이야기를 나눠보라. 양육에 관한 두 사람의 가치관은 비슷한가 아니면 다른가? 만약 다르다면 어떻게 아이에게 가치관을 전할 수 있을까? 이 부분은 뒷부분에서 다시 논의하겠다.

3장

부모와 아이의 춤추기

우리는 부모 역할을 하면서 오랜 시간에 걸쳐 아이들과 많은 대화를 나눈다. 아이들이 세상을 하나도 모를 때부터 큰일이든 작은 일이든 아이와 대화하는 법을 배우고, 아이를 대화에 끌어들인다. 이렇게 아이들과 관계를 맺고 대화하는 과정에서 부모는 아이들의 정신적 지주가 된다. 그리고 이렇게 이어지는 대화를 나는 '가족의 춤'이라 표현한다.

아이들이 세상을 이해하는 방법

아이들, 특히 어린아이들은 부모의 눈을 통해 세상을 본다. 이렇게 해보자. 당신이 어린 시절에 겪었던 무시무시한 사건을 떠올려보라. 우주왕복선 챌린저호의 폭발, 오클라호마의 폭탄 테러, 2000년이 되면 컴퓨터가 마비되어 전 세계가 대혼란에 빠진다는 '밀레니엄 버그'의 공포, 그리고 9·11테러까지. 이런 전 세계적인 사건 말고도 집 가까이에서 벌어지거나 가족이 피해를 당한 사건이 떠오를 수도 있다. 이제 눈을 감고 그 순간으로 돌아가자. 당신은 어디에 있는가? 무엇을 보고 무슨 냄새를 맡고 무슨 소리를 듣고 무엇을 맛보고 무엇을 만지는가? 당신의 부모님과 가족은 어디에 있는가? 당신은 무슨 생각을 하고 있는가? 당신의 부모님은 어떤 반응을 보이는가?

정신건강 전문가들은 2차 세계대전의 충격 속에서 부모와 아이의 상호작용을 처음 연구하기 시작했다. 그들은 1940년과 1941년, 독일군이 폭탄을 퍼부어 런던을 파괴하고 사람들을 공포에 빠뜨렸을 때 어린아이들이 이런 끔찍한 상황에 어떻게 반응하는지, 보호자의 반응에 따라 그 후 아이들이 어떻게 이겨내는지를 관찰했다. 정신분석가이자 지그문트 프로이트의 딸인 안나 프로이트Anna Freud는 『전쟁과 아이들War and Children』을 통해 부모의 마음 상태가 아이의 행복에 얼마나 결정적인 영향을 끼치는지를 설명했다.

우리 아버지가 그런 사례였다. 1935년 런던에서 태어난 아버지는 런던 대공습을 그대로 목격했다. 도시 전체에 공습경보가 울렸을 때 할아버지가 런던 이스트엔드의 아파트에서 건너편 지하철역으로 데리고 간 것을 아버지는 기억한다. 아버지는 불타는 건물들을 보고, 구조대원과 폭격 피해자의 외침과 비명을 듣고, 대피한 지하철 터널에 있던 수많은 사람들의 몸냄새를 맡았다. 하지만 아버지가 기억하지 못하는 것이 있다. 자신이나 부모님이 죽을까봐, 폭탄이 집에 떨어질까봐 두려워하고 무서워했던 기억은 나지 않는다고 한다. 대신 할머니의 팔에 안겨 느꼈던 안정감은 기억한다. 이렇듯 어린 시절에 안전하다고 느끼면 다른 사람들과 관계를 맺는 데 꼭 필요한 신뢰와 안정감이라는 바탕을 쌓을 수 있다.

이제 당신이 떠올린 무시무시한 사건으로 돌아가자. 어릴 때 겪은 일일수록 부모님의 반응이 어땠는지, 부모님이 당신 앞에서 어떻게 행동했는지를 기억할 가능성이 크다. 나이가 들어도 우리는 중요하고 어려운 일이나 충격적인 사건 앞에서는 가장 가까운 사람에게 의지하려고 한다. 영국의 정신과 의사이자 정신분석가이며 애착 이론의 아버지인 존 볼비John Bowlby 박사의 책이 나온 후 심리학자들은 이것을 '안전기지'라고 부른다. 볼비 박사와 D. W. 위니캇Winnicott 박사 그리고 안나 프로이트는 모두 내 아버지처럼 런던 대공습을 겪었고, 어린 시절의 경험이 성인이 된 후의 인간관계와 행복에 결정적인 영향을 끼친다고 처음으로 주장한 연구자들이다.

애착 이론에 따르면, 어린 시절에 부모와 안전하고 안정적이고 사랑이 넘치고 예측 가능한 관계를 맺은 사람들은 사람들이 근본적으로 선하고 믿을 만하다고 생각한다. 물론 살아가면서 여러 가지 일을 겪으며 사람을 보는 관점이 바뀔 수도 있지만 볼비 박사는 어릴 때 형성된 '내적 작동 모델'이 인간관계에서 일종의 설계도 역할을 하여 영향력을 행사한다고 주장한다. 간단히 말해 부모님이 당신을 어떻게 대했느냐가 당신이 다른 사람을 대하는 태도, 다른 사람이 당신을 어떻게 대하리라고 기대하는지에 영향을 끼친다는 뜻이다.

다른 성장 이론들도 볼비의 생각과 비슷하다. 예를 들어 제럴드 패터슨의 사회교환이론은 부모가 아이를 대하는 태도와 대화 방식에 따라 아이의 행동이 어떻게 달라지는지를 보여준다. 부모는 아이의 어린 시절뿐 아니라 청소년기의 사회화에도 중요한 역할을 한다는 게 일반적인 결론이다.

그렇다면 이런 관계가 일방적이기만 할까? 그렇지 않다. 아이를 키워본 사람이라면 아이가 부모를 바꾸기도 한다는 사실을 알 것이다. 아이의 기질이나 성격이 부모와 다를 때는 특히 더 그렇다. 외향적인 부모가 수줍음이 많은 아이를 기르면 사람들과 상호 작용하는 속도를 조절하는 법을 배운다. 아이가 사회생활에 적응하는 것을 돕기 위해서다. 한 예로, 내가 아는 한 부부는 자녀를 출산하기 전까지 사교활동을 거의 하지 않았다. 파티장은 너무 시끄럽고, 거기에 있으면 마음이 어지러워진다고 생각했기 때문이다. 부부는 아이들이 다섯 살, 일곱 살이 되고서야 아이들이 파티를 좋아한다는 사실을 알게 되었다. 부부의 아이들은 둘 다 외향적이어서 사람들과 어울리는 것을 좋아하고 심지어 주목받고 싶어 했다. 결국 그 부모는 아이들의 사회적 욕구에 맞추어 자신들을 바꾸어 나가는 법을 배우기 시작했다.

임상심리학자이자 가족 연구자로서 나는 수천 명의 부모와 아이들을 만나왔다. 종종 통제 불능이거나 행동에 문제가 있다면서 아이를 데리고 오는 부모를 만난다. 불안증이 심하다거나 부끄러움을 많이 탄다는 이유로 아이를 데리고 오는 경우도 있다. 하지만 똑같은 아이를 다른 환경(예를 들어 학교)에서 관찰하면 아무 문제가 없을 수 있다. 그래서 나는 부모의 걱정이 근본적인 문제가 아닌, 그저 부모와 아이의 기질이 다른 데서 비롯된 것이 아닌가 의심한다.

어떤 아이가 태어나든 부모는 새로운 '춤'을 배워야 한다. 처음에는 서툴러서 발가락을 밟기도 하겠지만 결국에는 그 춤에 익숙해질 것이다. 당신이 얼마나 우아하게 춤을 출 수 있느냐는 당신과 아이가 얼마나 조화를 이루면서 균형을 잡는지, 당신이 아이에게 얼마나 기꺼이 공간을 내주는지, 당신 집의 바닥과 방, 조명이 어떤지 등 여러 요인에 의해 결정된다. 기억할 것은, 아이가 스스로 춤을 출 수 있을 만큼 성장하기 전까지는 당신이 춤을 이끌어야 한다는 사실이다. 춤을 배우기까지 시간이 오래 걸리는 아이도 있을 것이고, 빨리 배우는 아이도 있을 것이다. 어떤 부모는 아이가 미끄러질까 걱정하면서 조심스럽게 춤을 출 것이고, 어떤 부모는 격정적으로 춤을 출 것이다. 마음 가는 대로 춤을 추는 부모도 있을 것이고, 부모 중 한 사람만 춤을 추고 나머지 한 사람과 아이는 발을 맞추지 못할 수도 있다. 부부간에도 기질이 다르면 서로 다른 춤을 출 수 있다는 의미다. 형제자매가 많은 경우 또한 서로 발을 맞추는 게 어려울 수 있다.

샘은 앤서니와 프리실라의 아이다. 샘은 다섯 살에 이미 신문을 읽었다. 안타깝게도 이런 뛰어난 지적 능력 때문에 쉽게 상처받고 예민한 아이가 되었다. 샘은 부모도 모르는 사이에 무서운 뉴스를 보고 세상은 위험한 곳이라고 믿게 되었다.

여동생인 몰리는 샘과 완전히 달랐다. 세 살인 몰리는 항상 명랑 쾌활하고 새로운 경험을 즐겼다. 반면 샘은 항상 위험하지 않은지를 먼저 살피고, 겁에 질려 조심조심 지냈다. 엄마가 집 밖으로 나가기만 해도 위험하다고 느꼈다. 아빠가 집에 있는데도 울면서 엄마를 찾고, 엄마가 어디에 있고 언제 돌아오는지를 계속 물었다. 프리실라는 샘을 떼어놓는 게 어렵다는 사실을 알았다.

처음에는 샘이 네 살이 되면 어린이집에 맡기고 프리실라는 시간제 근무로 다시 일할 계획이었다. 일주일에 나흘, 오전에만 어린이집에 맡기려고 했다. 하지만 샘은 나흘 내내 어린이집 소파 뒤에 앉아 창문에 코를 대고 울기만 했다. 결국 프리슬라는 나흘 만에 일을 그만두고 다시 샘과 몰리를 돌보게 되었다.

프리실라와 샘은 바짝 붙어서 춤을 추었고, 남편은 여기에 끼어들지 못했다. 사실 프리실라는 샘의 불안을 이해할 수 있었다. 프리실라 역시 어린 시절에 불안한 아이였고, 바깥세상이 무섭다고 느꼈기 때문이다. 10대 때도 다른 사람과 어울리기보다 혼자 있는 것을 좋아했고, 파티에 간다거나 다른 활동에도 참여하지 않았다. 불안 때문에 오랫동안 명상을 했다. 덕분에 성인이 되어서는 여러모로 어린 시절에 비해 스트레스가 줄어들었다고 느꼈다. 프리실라는 자신의 아들인 샘만큼은 자신과 같은 고통을 겪지 않기를 바랐다.

두 사람이 나를 찾아왔을 때 샘은 네 돌을 앞두고 있었고, 여전히 엄마와 떨어지지 못했다. 나는 심리치료를 통해 샘과 프리실라를 서서히 떨어트리는 훈련을 했다. 처음에 치료를 시작할 때 두 사람은 내 앞에 나란히 앉았다. 치료를 거듭하면서 나는 프리실라의 의자를 샘에게서 조금씩 더 떨어뜨렸고, 샘에게도 그렇게 하겠다고 이야기했다. 프리실라의 의자는 매주 조금씩 움직여 문 앞까지 갔고, 결국 복도로 나갔다. 이 과정에서 샘은 자신의 몸이 어떻게 반응하는지 보면서 자신이 얼마나 불안한지를 알아채고, 심호흡과 근육 이완, 그리고 긍정적인 생각을 통해 대처하는 법을 배웠다. 샘의 입에서 불안을 극복할 수 있다는 말이 나오게 하는 것이 프리실라의 임무였다. 그러려면 근본적으로 프리실라가 변해야 했다. 사실 프리실라는 4년 동안 자신의 불안(샘은 나 없이 살 수 없어.) 때문에 샘과 떨어지지 않으려고 한 것이다. 그래서 샘이 불안해하고 무서워하면 곧장 달려가 샘의 공포심을 강화했다. 어떤 엄마가 아이를 위로하고 싶지 않겠는가? 하지만 샘은 자신과 떨어지기 싫어하는 엄마를 보면서 둘이 함께 있을 때만 안전하고, 함께 있지 못하면 안전하지 않다는 생각을 강화했다. 프리실라는 샘이 엄마 없이도 잘할 수 있고, 세상에 나갈 수 있다는 것을 인정해야 했다.

프리실라는 샘에게 이런 확신을 심어주었고, 샘은 드디어 엄마와 떨어질 수 있었다. 그 후 두 사람은 부모와 아이가 각각 단체 활동을 하는 가족 교육 모임에 참석했다. 가을이 되자 샘은 다시 유치원에 등록했고, 처음으로 친구를 사귀면서 좋아했다.

안정감 기르기

내 최초의 기억은 여섯 살이 되기 전에 겪었던 일에 초점이 맞추어져 있다. 어느 평일 저녁, 나는 엄마 옆에 서 있었다. 엄마는 흔들의자에 앉아 아기였던 남동생에게 젖을 먹이고 있었다. 그날은 11월 5일로 '가이 폭스의 날'이었다. 1605년 영국에서 과격파가 의사당을 폭파하려다 실패한 일을 기념하는 날이었다. 가이 폭스의 날이면 영국 사람들은 모닥불을 피우고 불꽃놀이를 하고, 주동자였던 가이 폭스 인형을 불태우는 등 조금 섬뜩하게 이 날을 기념한다. 엄마가 젖을 먹이는 동안 나는 모닥불을 바라보며 무섭게 터지는 폭죽 소리를 들었다. 엄마의 무릎 위로 올라가고 싶었지만 자리가 없었다. 그냥 엄마 옆에 서서 엄마 치마를 붙들고, 이만하면 충분하다고 생각했다. 그러니까 엄마가 있었기에 나는 대담하게 불꽃놀이를 감상할 수 있었다.

　무서운 일이 생겼을 때 아이들은 자신의 기질, 유전적 영향 그리고 환경에 따라 다른 반응을 보인다. 세상 모든 아이에게 부모는 폭풍우가 칠 때 의지할 수 있는 닻과 같다. 그 닻에 얼마나 꼭 매달리느냐(선천적으로 변화와 혼란에 얼마나 예민하게 반응하는지)가 다를 뿐이다. 발달심리학자들은 그 차이를 원예 용어로 구분한다. 이른바 '난초 아이'는 이름처럼 섬세하고 예민하다. 난초 아이가 잘 자라기 위해선 최고의 양육 조건(따뜻하고 민감한 돌봄과 안정된 환경)이 필요하다. 반면 건조한 기후와 좁은 땅에서도 잘 자라는 튼튼한 잡초와 같은 '민들레 아이'는 변화와 스트레스에 유연하게 적응하고 강인하다. 난초 아이와 민들레 아이의 중간인 '튤립 아이'가 스트레스를 견뎌내려면 '충분히 좋은' 돌봄이 필요하다. 이런 '민감성 차이' 이론은 깔끔한 비유이기는 하지만, 아직 연구 초기 단계여서 확실히 자리 잡은 학설은 아니다. 그래도 우리 아이들이 변화에 어떻게 대처하는지 탐구할 때 흥미로운 방법을 제시한다는 점에서 눈여겨볼 만하다.

　아이의 타고난 기질에 부모의 영향(안전기지)이 추가되면 회복 탄력성이 어떻게 키워지는지 확인할 수 있다. 부모는 보살피는 행동(엄마가 나를 흔들의자 옆에 가까이 두었듯)으로 아이가 세상을 탐험하는 데 필요한 보호자라는 느낌을 준다. 이런 안전기지가 있으면 아이는 마음껏 모험을 떠나고 탐험을 해나간다. 안전한 곳으로 돌아와 회복할 수 있다는 사실을 알기 때문이다.

　안전하고 안정적인 집에서 세심하고 민감한 보호자와 사는 아이는 대개 안정된 애착을 보인다. 실제로 전형적인 미국 가정에서 자란 아이들의 70%가 안정적인 애착을 보인다. 애착 정도를 가늠하는 방법의 하나로, 부모와 아이를 잠시 떨어뜨려 스트레스를 주는 '낯선 상황' 실험이 있다. 방에서 부모가 나갔다가 돌아오기 전후의 아이 행동을 관찰하는 것이다. 아이가 안정적인 애착을 가졌는지 확인하기 위해 우리는 부모가 나갈 때가 아닌 돌아올 때 아이의 행동을 주로 지켜본다. 안정적인 애착을 가진 아이들은 대부분 부모를 다시 만나면 안도의 표정과 함께 부모에게 달려가 안긴다. 반면 방으로 돌아온 부모를 모른 척하면서 의도적으로 피하는 아이도 있고, 불안한 표정으로 부모에게 매달리는 아이도 있다. 불안해하거나 회피하는 아이는 나중에 불안과 우울증을 겪을 위험이 커질 수 있다.

충분히 좋은 부모

부모의 역할이 아이의 발달에 중요하다는 걸 알기에 '잘못하면 어쩌지?'라고 고민할 수 있다. 종종 완벽하거나 완벽해야 한다고 생각하는 부모가 있다. 그들은 행여 자신이 부모 역할을 잘못해서 아이의 인생을 망칠까봐 걱정한다. 하지만 이런 생각에 문제를 제기하는 연구가 있다는 사실을 알면 조금이나마 안심이 될까?

D.W. 위니캇 박사는 1950년대에 '충분히 좋은 엄마'라는 용어를 만들어냈다. 부모가 충분히 좋기만 해도 대부분의 아이가 잘 자란다는 사실을 보여주는 용어다. 완벽한 게 아니라 그저 충분히 좋으면 된다.

'충분히 좋은' 부모는 실제로 어떤 모습일까? 상당히 많은 연구자들이 아이들이 성장하는 동안 이 안전기지를 제공하려면 어떻게 해야 하는지를 알아내려고 노력했다. 아이들이 성장하는 동안 어떤 역할을 해주면 될까? 단계마다 아이들의 특징은 달라지지만 부모는 기꺼이 아이들과 함께 춤을 추어야 한다는 점에서는 다를 것이 없다. 준비가 되면 아이들이 몸을 돌려 즉흥적으로 춤을 추게 하고, 어떤 때는 스스로 춤추게 하면서 필요하면 다시 부모 가까이 올 수 있게 하면 된다. 아이들이 놓친 발동작을 알아채고, 발놀림을 되찾고, 동작을 다시 배우도록 돕기도 해야 한다.

'충분히 좋은' 부모 역할은 아이의 필요를 알아채 반응을 보이고, 아이가 독립적으로 클 수 있도록 돕는 것이다. 유아기 때 부모가 마음껏 탐험의 기회를 열어준 아이들은 세상을 더 신뢰한다. 마찬가지로 실망하거나 좌절할까봐 중간에 끼어드는 대신 무언가를 시도하다 실패하는 경험을 하게 해주면 동기를 부여할 수 있다. 실패는 배움의 과정임을 아이가 자연스럽게 익히기 때문이다. 생각을 집중하고, 행동을 조절하고, 감정을 다스리는 자기 통제력을 키우는 것이 이 나잇대 아이들에게 가장 중요한 발달 과제 중 하나다. 그리고 이 자기 통제력을 키우는 데 있어 안전기지는 든든한 바탕이 되어 준다.

어린아이가 자신의 행동을 조절할 수 있을 때까지는 부모가 도움을 주어야 한다. 이것을 공동 통제라고 부르기도 한다. 예를 들어 아이가 배고파 하거나 피곤해 할 때 부모는 아이를 안아 달래주고, 기저귀를 갈아주고, 먹을 것을 준다. 원하는 것이 충족되지 않을 때 바닥에 구르거나, 몸부림치거나, 소리를 지르는 아이가 종종 있는데, 이는 마음을 달래거나 자신의 감정을 조절할 수 있는 수단이 부족해서다. 부모가 아이의 필요에 민감하게 반응할수록 아이는 감정 조절 기술을 잘 익힐 수 있다. 원인이 무엇이든 아이가 짜증을 부릴 때 부모가 침착함을 잃지 않는 것이 중요하다.

그렇다면 아이가 격한 감정에 사로잡혀 있을 때는 어떻게 해야 할까? 내가 너의 '정신적 지주'가 되어주겠다는 태도를 보이면 된다. '나는 너를 보호할 거야'라는 메시지를 주는 것이다. 이런 지지를 받으며 성장한 아이들은 힘든 감정과 행동을 스스로 다스릴 줄 알게 된다.

초등학교에 진학해서도 마찬가지다. 연구에 따르면, 아이가 글자와 숫자를 얼마나 잘 아느냐보다 교실에서 조용히 앉아 있고, 선생님을 잘 바라보고, 적절하게 행동할 수 있느냐가 더 중요하다고 한다. 자기 조절을 잘했을 때의 보상은 크다. 학업 성취도도 뛰어나고, 학교생활도 원만하고, 친구들을 사귀는 데도 문제가 없다. 게다가 자기 조절은 잘해내겠다는 의욕을 불러일으키고, 열심히 하면 보상받을 수 있다는 믿음을 주어 스스로 노력하게 만든다. 학교는 실제로 아이들에게 이런 주체 의식과 해낼 수 있다는 믿음을 자극한다. 이런 과정을 거치면서 잘할 수 있는 분야를 찾아가는 것이 어른이 될 때까지의 과제다.

청소년기가 되면 신체적 변화와 함께 감정과 생각 또한 변화한다. 이때는 자신의 정체성을 개발하는 동시에 울타리에서 벗어나려고 한다. 이 과정에서 아이를 어떻게 대할지 고민하는 부모들이 많다. 아이가 독립성을 키우도록 한 발 물러서야 하는 게 아닌가 하는 고민이 많이 드는 시기다. 몸이 부쩍 성장하는 시기라 성인처럼 보일 수 있지만 여전히 미성숙하고 자기중심적이며 때로는 충동적인 행동을 하는 시기이므로 여전히 관심의 대상이다. 눈에 띄게 감시하지는 않더라도 10대 자녀와 멀어지기보다 더 가까워져야 한다는 뜻이다.

사회적 환경의 영향

지금까지 유전과 양육 태도가 불안에 어떤 영향을 끼치는지 살펴보았다. 이제 범위를 좀 더 넓혀 보려 한다. 모든 아이는 인종, 민족, 사회·경제적 위치, 역사적 상황 그리고 종교나 가문에 따라 사회문화적 영향을 받는 가족의 일원으로 태어난다. 이것들은 웬만해서는 변하지 않는 요소들로, 우리 아이들의 특징을 좀 더 강화하거나 예상 밖의 방식으로 결정지을 수 있다.

구글에서 '양육'이나 '대화'라는 단어를 검색하면 '새와 벌'을 설명하는 아빠들의 어색하고 우스꽝스러운 동영상과 엄마들의 조언이 나온다. 그런데 '흑인'이라는 단어를 추가하면 결과가 달라진다. 흑인과 히스패닉 아이들의 부모에게 대화란 전반적인 인종차별주의 그리고 경찰의 폭력을 피하는 방법을 알려주는 일이다. 아이들이 이런 식의 비참한 성인식을 치러야 하는 현실을 폭로하는 글은 많다. 한 예로 〈뉴욕타임스〉 다큐멘터리 동영상에 나오는 한 아버지의 발언은 두려움이 어떻게 여러 세대에 걸쳐 인종 차별을 받는 사람들을 억누르는지 잘 보여준다.

"손을 이렇게 운전대에 올려놓으면(주먹으로 열 시와 두 시 방향으로 손을 올려놓는 시늉을 한다) 경찰을 자극하지 않아요. 내가 얼마나 두려워하는지, 그래서 내 아이들이 얼마나 두려워하는지 깨달았죠."

로드리고는 히스패닉 어머니와 경찰인 아프리카계 미국인 아버지 사이에서 태어났다. 그는 중산층이 사는 도시 근교에서 성장해 공립 고등학교에 다녔다. 로드리고가 열일곱 살이 되었을 때 그의 아버지가 근처에 있는 큰 도시의 경찰 부국장으로 승진했다.

로드리고는 항상 자신의 정체성을 의식했다. 동네와 학교에는 그와 비슷한 아이들이 많지 않았고, 그의 부모 역시 인종 차별이 아들에게 끼칠 영향을 걱정하면서 항상 예의 바르게 행동할 것을 강조했다.

로드리고는 첫 차를 사기 위해 방학 동안 일을 하여 돈을 모았다. 아버지는 도로에 나갔을 때 눈에 띄는 차는 피하라고 조언했다. 너무 화려해도 안 되고, 엔진 소리가 너무 커도 안 된다고 했다. "아프리카계가 운전한다는 이유만으로 차를 세워야 할 거야. 특별한 이유가 없어도 차를 세워야 해." 로드리고의 부모는 아들에게 자존감을 심어주는 한편 주변 백인 아이들보다 더 예의 바르고, 옷을 단정하게 입고, 절제된 태도를 보이라고 충고했다. "경찰이 네 차를 세우면 호주머니에 손을 넣지 말고, 경찰의 눈을 똑바로 바라봐야 해. 이유 없이 갑자기 몸을 움직여서는 안 돼. 경찰에게는 항상 '경관님'이나 '선생님'이라는 호칭을 붙여야 하고."라며 다시 강조했다.

로드리고가 고등학교 졸업반일 때 그를 만났다. 그는 학교 공부와 특별 활동 모두 잘했고, 1지망 대학의 입학 허가서를 받았다. 그런데 처음으로 집을 떠나 살아야 한다는 불안감에 충격을 당하는 악몽에 시달리고 있었다. 그의 집에는 불안이나 우울증에 시달린 가족이 없었다. 대학 입학 전에 일반적으로 느끼는 불안치고는 심각했다. 나와 로드리고는 불안에 대처할 방법을 찾았다. 그러기 위해선 로드리고가 불안을 극복할 수 있다고 믿어야 했다. 로드리고는 자신이 느끼는 불안의 정체를 알았고, 대처하는 방법을 배우면서 조금씩 나아졌다. 불안을 알고 살아가야 한다는 사실도 인정했다. 갑

옷을 갖춰 입으면(공손하고 절제된 태도, 지식) 안전하다는 사실도 알았다. 그는 대학에서 다양한 경험을 하면서 즐겁게 생활하기 위해 집을 떠났다.

다넬은 엄마와 둘이 사는 열 살의 아프리카계 미국인이었다. 다넬의 어머니 라티샤는 낮에는 대학에 다니고, 저녁에는 백화점에서 야간 근무를 했다. 둘은 마약과 폭력 조직에 시달리는 대도시에 살고 있었다. 라티샤는 다넬이 동네에서 멀리 떨어진 가톨릭 사립학교에 다닐 수 있도록 장학금을 받아냈다. 라타샤는 아들을 매일 아침 지하철까지 데려다주었다. 그리고 이웃들에게는 아들이 집으로 오는 모습을 확인해 달라고 부탁했다. 다넬은 걸을 때마다 엄마의 목소리가 들리는 듯했다. "모르는 사람과는 절대 이야기하지 마." "곧장 집으로 가." "집에 도착하면 문을 잠그고 엄마한테 전화해." "간식 먹고 난 뒤에 숙제해."

엄마가 하나하나 신경 쓴 덕에 다넬은 안전했다. 하지만 매일 혼자 집을 지켜야 했다. 엄마처럼 다넬도 자신이 폭력 조직에 들어가게 될까봐 걱정했다. 심리 치료실에서 처음 다넬을 만났을 때 그는 불안과 우울증이 무척 심한 상태였고, 그와 헤어진 뒤 나 또한 무력감에 빠졌다. 다넬을 짓누르는 슬픔을 내가 함께 느끼고 있었다. 몇 달간에 걸쳐 다넬을 치료하면서 나는 다넬이 세상을 새롭게 이해하고, 그와 엄마가 느끼는 주변의 위험들에 대처하는 방법을 찾도록 도왔다. 예를 들어 옆집에서 지내보거나 친구들 모임에 들어가거나 온라인 공부방과 같은 방과 후 프로그램에 참여하는 것이었다.

다넬의 엄마는 바쁘다는 이유로 치료에 자주 참석하지 못했고, 대신 다넬의 할머니와 많은 소통을 했다. 할머니와 전화 설명으로 엄마는 다넬의 상황을 이해하면서 아들이 잘 헤쳐나갈 수 있도록 도왔다. 나는 다넬과 엄마에게 함께 근교로 나가서 즐거운 시간을 보낼 것을 권했다. 둘은 함께 공원을 산책했고, 함께 걸으면서 두 사람이 각각 학교에서 무엇을 배우는지 이야기를 나눴다.

로드리고와는 다른 사례다. 다넬 엄마의 말에 따르면, 다넬은 유전적으로 불안이나 우울증에 취약할 가능성이 있었다. 그렇다 해도 그의 증상은 대부분 그가 처한 사회적 환경(그가 사는 동네에 현재 실제로 존재하는 위협)에서 비롯되었다. 심리 치료로 이런 구조적인 문제를 바꿀 수는 없다. 하지만 그 문제를 어떻게 해석할지는 알 수 있다. 엄마가 준 사랑과 기회, 불안에 대처하는 수단을 중심으로 자신의 삶을 다시 바라보면서 다넬의 걱정과 슬픔은 서서히 줄어들었다. 그리고 점점 낙천적으로 변하면서 힘을 얻었다.

불안의 시대

앞에서 이야기했듯 불안은 생존에 필요한 요소다. 사자를 보면 잡아먹힐까봐 불안해서 도망치는 것처럼 말이다. 아이들 마음에서 불안이 자라나는 과정은 이런 진화의 기능을 잘 보여준다. 아이들의 성장 단계를 짚어보면서 아이들이 어떻게 불안을 자연스럽게 느끼는지 살펴보자.

유아기와 아동기

불안이 우리 생각과 연결되어 있다고 앞에서 말했다. 그런데 유아동기에는 무엇이 현실이고 무엇이 비현실인지 구분하기가 쉽지 않다. 그렇다 보니 이 시기의 아이들은 상상력에서 나온 걱정을 많이 한다. 미취학 어린이들이 거대한 괴물을 상상하면서 실제라고 느끼는 것도 이 때문이다. 서너 살짜리 아이에게 괴물은 존재하지 않는다고 말해봤자 소용없다. 이 시기의 아이들은 유령이나 귀신, 악몽이 현실이 아니라는 사실을 이해하지 못한다.

아이들이 점점 더 독립적으로 성장하면서 불안도 커진다. 기었다가 걷고, 서랍과 문을 열고, 부모의 품에서 벗어나면서 자신에게 힘이 있다고 느낀다. 그런데 이 힘 때문에 새로운 걱정이 생긴다. 부모의 보호막에서 벗어나면서 혼자라고 느끼기 때문이다. 혼자 해야 할 일이 많아질수록 불안이 커지는 것은 당연하다. 물론 서너 살짜리 유아와 예닐곱 살짜리 아동이 느끼는 두려움의 수준이 같지는 않다. 하지만 둘 다 무엇을 진짜 걱정해야 하는지 모르는 상태라는 점에서는 똑같다.

초등 저학년

유치원과 초등학교에 가면서 아이들의 두려움은 점점 더 현실적으로 변하고, 조금 더 진화한다. 이 시기에는 어둠, 야생 동물, 불, 날씨 등에 관한 두려움이 주로 나타난다. 대체로 합리적인 불안인지라 실생활에 도움이 된다. 『빨간 모자』나 『헨젤과 그레텔』 같은 동화들이 비현실적으로 보이긴 하지만 아이들에게 위험하다는 생각을 심어주는 것처럼 말이다. 재미만 주는 게 아니라 겁을 주어 행동을 조심하게 하는 것이 이들 동화의 목적이기도 하다. 부모는 아이들에게 이런 동화를 읽어줌으로써 두려움에 관해 이야기하는 기회로 삼을 수 있다. 무서운 동화를 읽고 두려움을 느끼는 것은 자연스러운 반응이고, 그 두려움을 속으로만 생각하지 말고 말로 표현하면 두려움을 줄일 수 있다고 알려주는 것도 좋은 방법이다.

초등 고학년

집 밖에서 활동하는 영역이 넓어지면서 '세상으로 나온' 불안이 점점 더 구체화되고 실제화된다. 우리가 '전형적으로' 어린 시절이라고 부르는 시기의 불안은 10세를 전후하여 절정을 이룬다. 초등학교 고학년이 되면 아이들이 뉴스에서 흘러나오는 사건 사고에 관심을 보이기 시작한다. 전 세계가 하나로 연결된 지금은 먼 곳에서 발생한 일도 집 가까이에서 일어난 일로 느낄 수 있다. 이 시기 아이들은 학교 폭력을 두려워하고, 기상 이변에 대해 관심을 가질 수 있다. 이때 부모가 도움을 주지 않으면 그 뉴스는 더 강력한 힘을 발휘한다. 또 이 시기의 아이들은 집에서 어떤 집단이 우리와 다르거나 나쁘다는 말을 들으면 그 사람들을 두려워하거나 미워할 수도 있다. 종종 심각하거나 병적인 불안을 보이는 아이도 있다. 불안 장애는 보통 초등학생 때 발생하는데, 일상생활에 얼마나 지장을 주느냐에 따라 일반적인 불안과 명백한 불안 장애로 구별한다.

등교 거부를 예로 들어보자. 대부분의 아이는 때때로 학교에 가기 싫다고 말한다. 뭔가 속상한 일이 있어서일 수도 있고, 단순히 피곤해서일 수도 있다.

그래도 대부분은 학교에 간다. 그런데 스쿨버스에 타거나 학교에 들어가는 것 자체를 견디지 못하는 아이들이 있다. 발을 구르고, 소리를 지르고, 몸을 떠는 아이라면 학교 공포증, 나아가 달래거나 가르치는 것만으로는 극복할 수 없는 불안 장애가 있을 가능성이 높다.

청소년기

아이들이 10대가 되면 불안이 줄어들 수도 있다. 두뇌가 아직 완전히 발달하지는 않았지만, 10대들은 세상의 복잡함을 어느 정도 이해할 수 있다. 예를 들어 사람들은 좋은 일과 나쁜 일을 모두 할 수 있으며, 좋은 의도로 시작한 일이라도 결과가 좋지 않을 수 있음을 안다. 이 시기의 아이들은 어린 아이들보다 삶을 더 잘 통제하고, 통제력을 발휘하면서 불안이 점점 줄어드는 것을 느낀다. 하지만 이 시기의 아이들에게는 다른 어려움이 기다리고 있다. 대표적인 예로 또래의 영향력이 커진다는 것이다. 또래에게 받는 압박감(또래와 어울리거나 따라야 하는 필요, 따돌림이나 괴롭힘을 당할 위험)에 학교, 운동이나 특별 활동, 아르바이트 등과 같은 짐을 질 수 있다. 신체적으론 어른처럼 보이고 생각이 부쩍 자란 것처럼 보일 수 있지만 행동은 여전히 미숙할 수 있다. 게다가 이 시기에는 부정적인 생각과 불안, 우울증으로 인해 심한 경우 자살을 생각할 수도 있다. 놀랍게도 10대 청소년 다섯 명 가운데 한 명이 자살을 생각해본 적이 있고, 실제로 지난 10년간 10대 자살이 상당히 증가했다는 통계가 있다. 한 가지 원인을 꼽을 순 없지만 대중문화와 또래가 영향을 끼쳤을 수 있다.

생각이 자유로워지면서 음주나 성행위, 약물 남용과 같은 행동을 할 가능성도 커진다. 이렇게 되면 당연히 부모의 걱정과 불안도 커진다. 아이를 얼마나 어떻게 통제하고 감시해야 할지 딜레마에 빠질 수도 있다. 자율성을 주되 더 큰 책임감을 느끼게 해줘야겠다고 생각할 수도 있다.

사실 아이 입장에선 스스로 잘할 수 있다고 느낄 것이다. 물론 막상 고삐를 풀어주면 결정을 망설이겠지만 말이다. 예를 들어 친구들과의 모임에 참석할지 말지를 고민하다가 부모에게 대신 결정해 달라고 요청하는 경우가 그렇다. 이때 당신이 납득할 만한 이유를 들어 가지 말라고 하면 아이는 안심한다. 당신의 결단력 덕분에 아이는 고민을 해결했고, 친구에게 핑계를 댈 구실(부모에게 책임을 돌리면서)도 생겼기 때문이다.

이것은 미묘한 균형의 문제다. 그렇다면 이를 어떻게 저울질해야 할까? 이 시기의 자녀를 둔 부모는 언제 단호한 태도를 취할지, 그리고 언제 한걸음 물러나야 할지에 대한 전략을 가져야 한다. 물론 해답은 아이마다, 상황마다 다르다.

이 책을 읽다 보면 내가 걱정을 많이 하는 사람이라는 사실을 알게 될 것이다. 아이가 순간순간 느끼는 일과 감정에 대처하는 법을 배울 수 있게 해주는 기회라고 생각하자.

연습 불안과 동행한 우리 역사

당신이 아이에게 어떤 영향을 주었는지 살피려 한다. 다음에 나오는 질문들에 답을 적어보고, 배우자에도 똑같이 적어보게 하라.

1. 어린 시절 당신의 삶에서 불안이 어떤 역할을 했는가?

2. 부모님 중 한 분이 불안해하셨는가? 그렇다면 그 사실을 어떻게 알았는가?

3. 당신은 지금 무엇 때문에 불안한가?

당신과 배우자가 쓴 답을 비교해보라. 배우자의 과거에 관해 얼마나 많이 알게 됐는가? 당신의 불안이 나쁜 소식을 받아들이는 방식에 어떤 영향을 끼쳤는가?

2부

감정 이해하기

4장

아이들이 감정을
알아차리도록 돕기

아이들에게 무언가를 가르치려면 단어가 필요하다. 단어가 없다면 아이들에게 무언가를 설명하는 것도, 이를 통해 개념을 파악하게 하는 것도 힘들 것이다. 네다섯 살 사이의 아이들은 매주 10~20개 정도의 단어를 새로 배운다. 하지만 가정에서 사용하는 말 중에 감정을 표현하는 단어는 많지 않다.

이번 장에서는 감정을 말로 표현할 수 있는 방법을 제안하려고 한다. 연습과 가족 놀이를 통해 감정을 알아차리고, 감정에 관해 대화하는 법을 배우면서 앞으로 사용할 감정 관련 단어 리스트를 만들 것이다. 커다란 종이와 스카치테이프, 매직펜을 준비하면 좋겠다.

먼저, 커다란 종이에 감정에 관한 단어들을 생각나는 대로 쓴다. 배우자도 똑같이 쓰면 된다. 얼마나 많은 단어를 썼는가? 대부분 10~20개 사이일 것이다. 우리가 평소에 하는 말과 평소에 느끼는 수많은 감정들에 비하면 많지 않은 숫자다. 특별한 날을 잡아 아이들과 대화하면서 감정과 관련된 단어를 과연 얼마나 사용하는지 기록해보라. 방식은 간단하다. 감정과 관련된 단어가 나올 때마다 종이에 표시하면 된다. 사용한 단어의 목록을 만들면 더 좋다.

대부분 생각보다 많은 단어를 사용하지 않았을 것이다. 그런데 이 감정 단어 리스트는 불안한 일이 생겼을 때 대처할 수 있게 도와준다는 점에서 해볼 만한 의미가 있다.

감정 주간

연습은 이제까지의 습관을 바꾸기에 가장 좋은 방법이다. 먼저 이번 주를 '감정 주간'으로 지정하자. 이번 주가 어렵다면 5일에서 일주일 정도 시간을 낼 수 있는 가능한 날을 고르면 된다.

감정 주간에는 매일 몇 분씩 시간을 내서 감정과 그 감정들을 어떻게 알아챌지에 초점을 맞추어 아이들과 이야기를 나눈다. 가족 놀이를 통해 감정에 대해 함께 생각하고 이야기를 나누는 것도 방법이다. 다른 일로 바쁘거나 정신을 딴 데 쏟지 않을 수 있는 시간이어야 한다. 예를 들면 저녁 식사 직후부터 잠자리에 들기 전까지의 시간을 활용하는 가족도 있고, 아침이나 저녁 식사 전에 시간을 내는 가족도 있다. 바쁜 평일을 피해 주말에 몰아서 하는 가족도 있다. 상관없다. 필요와 상황에 따라 선택하면 된다.

10대들은 이런 놀이가 유치하다고 생각할 수 있다. 이럴 땐 큰 아이들에게 어울리는 다른 방법을 활용하면 된다. 그림을 보면서 감정을 찾아내게 하는 대신 다른 주제로 대화를 하면서 감정에 관해 얘기를 나누는 것이다. 나는 10대 자녀와 가장 쉽게 대화할 수 있는 때는 그들이 도망칠 수 없을 때라고 생각한다. 식사 시간도 좋고, 자동차를 타고 가고 있거나 대중교통을 이용할 때처럼 눈을 마주 보지 않아도 될 때도 좋다. 배우자와 이야기하는 척하면서 대화를 시작하면 아이가 거부감 없이 주제에 동참할 것이다.

첫째 날: 감정 관련 단어 목록 만들기

앞부분에서 우리는 감정과 관련된 단어 목록을 만들었다. 이제 아이들과 함께 만들 차례다. 큰 종이와 매직펜을 들어 감정을 표현하는 단어들을 적어보자. 인쇄물을 활용해도 좋고, 아이와 함께 읽었던 책을 활용해도 된다. 내 경우엔 프란체스카 시몬이 쓴 『호리드 헨리Horrid Henry』를 적극 활용한다. 불안한 앤드류와 친절한 크리스, 그리고 시무룩한 마거릿처럼 등장인물들이 자신의 기분을 잘 보여주기 때문이다. 아이가 말로 표현할 수 있는 감정을 하나하나 쓴 다음 벽이나 냉장고에 붙여두면 된다. 이렇게 붙여두면 일상에서 자연스럽게 목록을 볼 수 있다.

둘째 날: 우리 몸에 나타나는 감정

그렇다면 감정은 우리 몸의 어느 부분에서 나타날까? 커다란 종이를 준비해 인간의 몸을 그린다. 잘 그리지 않아도 된다. 우리 몸의 어느 부분에서 감정이 드러나는지 확인하는 것이 중요하다. 먼저 '행복'과 같은 긍정적인 감정으로 시작해 보자. 아이에게 "행복할 때 네 몸의 어느 부분에서 그게 느껴져?"라고 묻는다. 아이가 대답을 어려워하면 당신이 먼저 답해보라. 예를 들어 "나는 행복하면 기뻐서 팔짝팔짝 뛰고 싶어. 발가락이 가볍고 경쾌해지는 것 같아."라고 말한 다음 그림의 발 부분에 동그라미를 한 뒤 '행복은 가볍고 경쾌한 기분'이라고 쓰면 된다. "나는 행복하면 웃고 싶고, 머리를 위로 들고 싶어."라고 말한 뒤에 머리와 목(웃음이 시작되는) 부분에 동그라미를 하고 설명을 붙일 수도 있다.

이제 좀 더 어려운 감정으로 가보자. 분노, 슬픔, 걱정, 불안, 당황과 같은 감정들이다. 일단은 당신이 만들어놓은 감정 단어 목록을 활용한다. 각각의 감정을 몸의 어디에서 느끼는지 이야기하면서 그림의 해당 부위에 설명을 써넣는다. 하나하나 써나가면서 당신과 아이가 공통적으로 느끼는 부분이 어디인지 찾아보고, 다르게 느끼는 부분이 어디인지도 찾아보라. 예를 들어 불안하거나 화가 났을 때 얼굴이 붉어지는 사람도 있고, 배가 아프거나 손바닥에 땀이 나는 사람도 있다. 같은 감정에 대해 꼭 같은 부위에 반응이 나타나는 것이 아님을 아이가 알게 해줘라.

그렇다면 10대 자녀와는 어떻게 대화하면 될까? 그림보다는 자연스럽게 화제에 끌어들이는 것이 좋다.

엄마: 다음 주에 제품의 판매 가능성에 관한 발표를 해야 해요. 벌써 걱정이
  에요.
아빠: 중요한 일 같은데, 스트레스를 많이 받겠어요.
엄마: 맞아요. 생각만 해도 불안해요. 불안해서 식욕도 없어요. 잘해야 하는

데……. 내가 그날 못하면 윗분들이 엄청 실망할 거예요.

아빠: 그렇게 생각하고 걱정하면 불안할 수밖에 없어요. 나는 아이들을 가르
치다 보니 사람들 앞에 서는 일엔 스트레스를 느끼지 않아요. 하지만 내
일 퇴학 청문회를 하러 부모와 학생들이 모여 있는 방으로 들어갈 걸 생
각하면 벌써 몸에 땀이 나요.

그러면서 그는 고개를 돌려 아들을 바라보며 묻는다.

아빠: 짐, 오늘 시험은 어땠니? 스트레스 많이 받았지?

엄마와 아빠가 먼저 이런 식으로 감정에 관해 대화하면서 자연스럽게 스트
레스와 감정, 그리고 그것이 몸에 어떤 식으로 나타나는지를 알려주면 된다.

셋째 날: 감정 알아맞히기 놀이

연기를 해볼 시간이다. 먼저 첫째 날 아이들과 함께 만든 감정 목록 가운
데 하나씩을 고른다. 무엇을 골랐는지는 서로 이야기하지 않는다. 당신 차례
가 되면 얼굴이나 몸으로 감정을 표현한다. 그런 다음 아이에게 당신이 표
현한 감정이 무엇인지를 맞혀보게 하라.

이 놀이를 하면 감정이 우리 몸과 얼굴에 어떻게 나타나는지를 확인할 수
있다. 카메라나 스마트폰 같은 기기를 이용해 아이의 표정을 촬영하여 보여
줄 수도 있다. 사진이나 영상을 보며 아이가 표현했다고 생각하는 감정처럼
보이는지 아닌지를 확인하라. 만약 아이가 생각한 표정이 아니라면 그 이유
도 생각해보라.

넷째 날: 콜라주

종이가 더 필요하다. 종이 한 장과 사람 사진이 들어 있는 잡지, 가위, 풀, 매직펜을 준비한다. 이제 다 같이 감정 콜라주를 만들 것이다. 아이들과 함께 잡지에서 얼굴을 오려낸 다음 섞어 종이에 붙인 뒤 각각의 표정이 어떤 감정을 보여준다고 생각하는지 매직펜으로(매직펜의 색깔을 각자 고르게 하면 누가 무엇을 썼는지 확인할 수 있다.) 사진 옆에 설명을 쓴다. 당신과 아이가 각각의 얼굴에서 똑같은 감정을 느꼈는가? 표정을 보고 각자 무슨 감정을 알아차리는지, 각자가 느끼는 감정이 어떻게 같을 수도 있고 다를 수도 있는지 이야기를 나눈다.

다섯째 날: 이야기 시간

감정 콜라주를 다시 보면서 함께 붙인 사진과 알아차린 감정에 관한 이야기를 만들어보자. 각각의 사진을 보면서 차례차례 함께 이야기를 만들면 된다. 누군가가 사진을 가리키며 뒤에 나오는 질문 중 한 가지에 관한 답을 한다. 돌아가면서 모두 답을 하고 나면 다시 다른 사진을 골라 차례로 답을 한다.

1. 이 사람이 왜 그런 식으로 보이나요(느껴지나요)?
2. 그 사람에게 지금 무슨 일이 벌어지고 있나요?
3. 그 사람의 감정이 주변 사람들에게 어떤 영향을 주나요?
4. 그다음에 무슨 일이 벌어질까요? 자신의 감정에 따라 그들은 어떻게 생각하고 행동할까요?

당신과 아이의 생각이 어느 부분에서 어떻게 다른지 주목하자. 이런 놀이를 하는 이유는 아이들과 함께 감정에 관해 이야기하기 위해서라는 사실을 잊지 마라. 이 놀이들을 매일 감정에 관해 이야기하는 출발점으로 생각하라. 처음에는 불편하겠지만 매일 으레 하는 이야기로 만들면 일상의 일부로 만들 수 있다. 평소에 "오늘 학교에서 무슨 일이 있었어?" 혹은 "오늘 하루 어땠어?"라고 물었다면 이제는 "그때 기분이 어땠어?"라고 더 물어볼 수 있다. 아이들은 그 질문을 통해 무슨 일이 있었는지, 그때 어떤 기분을 느꼈는지, 그 기분이 생각과 행동에 어떤 영향을 주었는지 등을 곰곰이 돌아보는 법을 배울 수 있다.

여러 겹의 감정

감정에도 여러 겹이 있을 수 있다. 한 가지 감정이라고 생각했는데 나중에 생각해 보니 다른 감정을 함께 느꼈다는 생각이 들 때가 있을 것이다. 받아들이기 어려운 감정을 좀 더 쉽게 받아들이기 위해 감췄을 수도 있다. 예를 들어 어떤 사람은 불안보다 분노를 더 편안하게 여긴다. 수치심을 고통스럽다고 생각하는 사람도 있다. 당신도 더 받아들이기 쉬운 감정이 있을 것이다. 이 말은 곧 우리가 아이의 감정을 알아내기 위해 때때로 탐정이 되어야 한다는 뜻이다.

동시에 여러 감정을 느꼈던 순간이 있을 것이다. 이때는 대개 좀 더 받아들이기 쉬운 감정이 가장 먼저 드러난다. 뒤에 있는 감정에 다가가려면 나 자신을 좀 더 들여다봐야 한다. 당신이 먼저 뒤에 숨은 감정을 찾아낼 수 있다면 아이들의 감정을 탐색하도록 도와주는 일이 쉬워질 것이다.

샐리는 가족의 스케줄을 관리하는 자신의 역할에 만족했다. 아이 셋을 키우며 직장생활까지 하는 엄마로서 대단한 일이었다. 하지만 샐리가 아무리 철저하게 계획을 세워도 종종 일이 어그러지곤 했다.

어느 날 오후, 샐리는 큰딸 재니를 데리고 병원에 갔다. 하지만 의사가 약속 시간을 지키지 않아 대기 시간이 길어졌고, 열두 살인 재니는 주사를 맞을지도 모른다는 생각에 계속 불안해했다. 재니에게 신경 쓰느라 샐리는 둘째를 학교에서 데려와야 한다는 사실을 까맣게 잊어버렸다. 마지막 아이까지 떠나고 헨리 혼자 학교에 남아 있다는 학교의 전화를 받고서야 샐리는 자신의 실수를 깨달았다. 샐리는 얼굴이 벌겋게 되어 재니에게 "무슨 일이 생겼는지 봐! 네가 법석을 떠는 바람에 헨리가 학교에 혼자 남았잖아!"라고 소리쳤다.

그 말을 뱉는 순간 샐리는 이 순간을 되돌리고 싶다는 생각이 들었다. 그는 자신이 분노 뒤에 죄책감을 숨기고 있다는 사실을 깨달았다. 헨리를 생각하지 못했다는 당혹감, 그리고 죄책감. 이런 감정들과 마주하기보다 재니를 탓하는 게 쉬웠다.

샐리는 자신의 숨은 감정을 곧바로 알아차렸지만 친구나 배우자의 도움이 필요할 경우도 있다.

바비는 감정에 관해 이야기하는 게 시간 낭비라고 생각하는 부모 밑에서 성장했다. 그는 어른이 되어서야 다른 집에서는 감정을 다르게 대한다는 사실을 깨달았고, 자신도 따라해 보려고 했다. 어느 날 그는 스쿨버스를 타고 하교하는 열한 살 아들 거스를 맞이하기 위해 일찍 퇴근했다. 그런데 창문 너머로 의자에 앉아 울고 있는 거스의 모습이 보였다. 버스에서 내려 아빠를 발견한 거스는 당황했다. 바비는 무슨 일인지 물었고, 거스는 "아무것도 아니에요. 눈에 뭐가 들어갔나 봐요."라고 대답했다. 바비는 더는 묻지 않았지만 신경이 쓰였다. 그는 아내에게 그 일을 이야기했다.

그날 저녁, 밥을 먹으면서 두 사람은 거스에게 학교생활에 대해 물었다. 거스는 "괜찮아요. 몸이 좀 좋지 않아요. 저 먼저 일어날게요."라고 말했다. 이렇게 말하는 바비의 얼굴이 빨갰다. 거스의 모습을 본 바비는 목소리를 높여 "무슨 일이 있었는지 말하기 전까지는 안 돼! 오늘 네가 버스에서 내릴 때 아빠가 본 게 있어. 누가 너를 괴롭히지? 누군지 말해!"라고 말했다. 거스는 울면서 방으로 뛰어 들어갔다.

바비의 아내 제나는 바비가 거스에게 소리 지른 일에 대해 따지고 싶었지만 꾹 참았다. 대신 아이가 잠자리에 든 뒤 남편에게 조용히 다가가 말했다. "바비, 다른 방법으로 해봐요. 거스가 무슨 일이 있었는지 우리에게 말하려고 하지 않아서 화가 난 건 이해해요. 그런데 내 생각엔 거스가 학교에서 일어난 일 때문에 창피해하는 게 아닌가 싶어요. 당신 기분은 어때요?"

그 말에 바비는 이렇게 대답했다. "굉장히 기분이 나빠. 사실 버스에서 내릴 때부터 나에게 말을 하지 않아서 마음의 상처를 받았어. 거스는 분명 속상해했고, 나는 도와주고 싶었거든. 그런데 거스가 거부했어. 저녁을 먹은 다음에는 마음을 털어놓을 줄 알았는데 역시나 거부했고 순간 이성을 잃었어." 그 말에 제나가 다시 말했다. "아무것도 해줄 수 없다고 느껴서 화가 난 거죠? 무슨 일인지 몰라서 그 애를 도울 수가 없으니까? 아니면 마음이 상해서 그래요? 거스가 내게도 속마음을 털어놓지 않아서 나도 마음이 좀 상했어요."

제나가 바비의 행동을 비판하지 않으면서 자신의 감정을 기꺼이 털어놓았기 때문에 바비 역시 자신의 감정을 드러낼 수 있었다. 당신의 가정에서도 비슷한 일이 벌어진 적이 있는지를 돌아보라. 처음에 화를 냈다가 그 감정 뒤에 뭔가 다른 감정이 있다는 사실을 깨달은 적이 있는가? 당신의 감정과 다른 말을 한 적이 있는가? 그때 당신은 아마도 소리를 지르면서 마음이 상했다고 말했을 것이다. 겉으로는 자랑스럽다고 했지만 사실은 빈정거렸을 수도 있고, 스트레스를 받았는데 그렇지 않다고 부인했을 수도 있다. 어른들끼리 대화하면서 이런 경험들을 돌이켜보는 시간을 가져보는 것도 좋을 것이다. 산책을 하거나 조용한 곳에서 대화를 나누면서 여러 겹의 감정을 파헤치는 시간을 마련하는 것이다. 두 사람 모두 여러 감정이 생기는 순간을 떠올려보라. 내 경우 시댁에 가거나 그 직계 가족들과 만날 때가 그렇다. 사랑하는 가족을 만나는 일인데도 긴장감이 돌고, 절대 사라질 것 같지 않은 온갖 감정이 일어난다. 만약 당신이 나와 같은 상황이라면, 당신은 그때 생기는 감정을 배우자에게 솔직하게 털어놓을 수 있는가? 판단하지 않고 그저 어떤 감정들이 생기는지를 확인하고 두 사람이 똑같은 일을 어떻게 다르게 느낄 수 있는지를 확인하는 것이 이 대화의 목표다.

왜 너는 나와 같은 감정을 느끼지 않는가?

다른 사람도 나와 같은 감정을 느끼고, 몸으로 느끼는 감각까지 똑같다고 착각하는 경우가 많다. 기온을 예로 들어보자. 쌀쌀하다고 느껴 아이에게 스웨터를 입으라고 말한 적이 있지 않은가? 아니면 "좀 춥네. 난방 온도를 높여."라고 말했을 수도 있다. '춥다'와 '추위를 느낀다'의 차이는 무엇일까? 물론 객관적으로 바깥 날씨가 추울 수도 있다. 하지만 추위를 느끼는 감각은 사람마다 다르다. 모두가 당신처럼 느낀다고 생각해서는 안 된다.

감정 콜라주는 각자가 어떻게 감정을 알아차리는지, 그리고 어떻게 반응하는지 이해하는 데 도움이 된다. 이제 한 걸음 더 나아가, 스트레스에 각각 다르게 반응하는 방식이 어떤 오해와 갈등을 불러일으킬 수 있는지 확인해보자.

열 살짜리 찰리가 웃으면서 스쿨버스에서 내렸다. 즐거운 표정의 아들을 보니 기분이 좋아져서 엄마는 무슨 일이냐고 물었다. 엄마의 질문에 찰리는 마치 자랑하듯 자신과 친구들이 같은 반 여학생에게 장난을 쳐서 난처하게 만든 뒤 우스꽝스러운 자세로 있는 모습을 사진으로 찍었다고 말했다. 엄마는 아들의 말을 중간에 자르곤 큰 소리로 화를 냈다. "찰리, 그건 잔인한 짓이야! 어떻게 그럴 수가 있니? 항상 사람들에게 친절하게 대하라고 가르쳤잖니?"

찰리는 어리둥절했다. "엄마, 엄마는 나 자신을 보호해야 한다고 말했잖아요. 시에나가 먼저 나를 놀려서 복수한 거라고요. 그동안 개가 나한테 얼마나 못되게 굴었는지 알잖아요." 엄마는 더 화가 났고, 찰리는 그런 엄마를 이해할 수 없었다. 집에 도착한 찰리는 곧장 자기 방으로 뛰어 올라갔다. 엄마는 자신과 다른 아들의 생각에 충격을 받았다.

이 사례는 어떤 상황에 대한 감정 반응이 아이와 부모에게 얼마나 다를 수 있는지를 넘어 그 차이가 어떻게 가족 갈등을 일으킬 수 있는지를 보여 준다. 엄마가 지금 해야 할 일은 무엇일까? 찰리를 어떻게 대해야 할지 충분히 생각해야 하고, 대화를 나눠야 할 것이다. 엄마는 밤이 될 때까지 기다렸다가 찰리를 재우면서 이야기하려고 한다.

밤이 되자 엄마는 찰리와 함께 누워 대화를 시작했다. "찰리, 엄마 좀 봐봐. 시에나에게 장난친 엄마와 너의 생각이 너무 달랐잖아. 그런 일을 하고 나니 기분이 어땠는지 조금 더 말해줄래?" 찰리는 "괜찮아요. 별일 아니에요."라고 했지만 엄마는 계속 말해보라고 했다. "무슨 일이 있었는지 듣고 싶어. 네 친구 리암의 엄마에게 전화가 왔어. 시에나의 엄마가 리암의 엄마에게 전화했대. 네가 어떻게 생각하는지 듣고 싶어."

그 말에 찰리가 한숨을 쉬며 말했다. "시에나가 친구들에게 얼마나 못되게 구는지 엄마도 알잖아요. 욕을 하고, 항상 새치기를 하고, 친구들을 비웃어요. 그래서 친구들이랑 시에나에게 장난을 치기로 했고, 우리 뜻대로 됐을 때 신이 났어요."

이 말에 엄마는 "그러면 시에나는 너희 장난에 넘어간 다음에 어떻게 했어?"라고 물었다.

찰리는 어깨를 으쓱하면서 말했다. "울었어요."

"그러면 그 모습을 보고 기분이 어땠어?"

"시에나가 기분 나빠하는 모습을 보니 마음 한쪽이 굉장히 기뻤어요."

"그렇다면 마음의 다른 한쪽은 어땠니?"

"시에나가 조금 불쌍했어요. 다른 아이들이 모두 지켜보고 있었거든요."

"음, 아마도 네가 시에나라면 어떤 기분일까 생각했던 것 같은데? 반 아이들이 모두 너를 그런 식으로 지켜보고 있다면 기분이 어떨까?"

그러면서 엄마는 말을 이어 나갔다. "엄마가 너 자신을 보호하라고 가르친 것은 맞아. 누군가 못되게 굴 때 어떻게 해야 할지 판단하기는 쉽지 않아. 내일 학교에 가기 전에 어떻게 해야 할지 계획을 세워 볼까? 오늘 일어난 일과 시에나가 또 못되게 굴면 어떻게 해야 할지 얘기해보자."

찰리는 고개를 끄덕였고, 엄마는 잘 자라는 말과 함께 뽀뽀를 해줬다.

이야기를 나누는 동안 엄마는 찰리가 그 일에 관해 여러 감정을 느낄 수 있다는 생각을 할 수 있게 했다. 엄마는 찰리의 감정이 잘못되었다고 말하는 대신 찰리가 자신의 복잡한 감정을 알아차리고 연민을 인정하도록 이끌었다. 찰리는 난처해하는 시에나의 모습을 보며 기쁘기도 했지만 한편으론 안됐다는 생각도 들었다. 시에나가 어쩔 줄 몰라 하는 모습을 보며 찰리는 죄책감, 슬픔, 거부함 등을 동시에 느꼈을 것이다. 아이가 나와 같은 감정을 느끼지 않을 거라는 사실을 인정하는 것이 중요하다. 당신의 역할은 아이가 느끼는 여러 감정들의 매듭을 잘 풀 수 있도록 도와주는 것이다.

아이들이 생각과 감정을
구분하도록 돕기

생각과 행동은 서로 연결되어 있다. 이제 감정과 생각, 행동이 어떻게 연결되어 있는지 알았으니 아이에게도 도움을 줄 수 있을 것이다. 다시 감정 콜라주로 돌아가자. 콜라주에 붙인 얼굴 사진에 나타난 감정을 확인했고, 그 감정들을 중심으로 이야기도 만들어 보았다. 이제 다시 아이와 함께 그 콜라주를 보면서 당신이 알아차린 감정들부터 시작하려 한다. 사진 속 사람들이 무슨 생각을 하고 있을지 아이에게 질문하자.

엄마와 열두 살짜리 아들 윌리엄이 저녁 식탁을 치우고 있다.

엄마: 윌리엄, 잠깐 시간을 내서 지난주에 만든 콜라주를 다시 볼까? 설거지는 엄마가 나중에 할게.

엄마와 윌리엄은 콜라주를 가지고 식탁에 앉는다.

엄마: 이 사람 기억나? 웃고 있어서 우리 둘 다 굉장히 행복해 보인다고 생각했어. 아마 이 사람의 생일일 거라고 짐작했잖아. 오늘은 이 사람이 무슨 생각을 하는지 얘기해볼까?

윌리엄: 자신이 굉장히 행복하다고 생각하고 있을 거 같아요.

엄마: 맞아, 이 여자는 행복할 거야. 그런데 엄마는 이 여자가 속으로 무슨 생각을 하고 있을지 궁금해. 어쩌면 '오늘 하루는 일하지 않아도 돼. 집에서 지내면서 푹 쉴 거야.'라고 생각할 수도 있고 '오늘 저녁에 친구들과 생일 파티를 할 생각을 하니 기대되네.'라고 생각할지도 모르지.

윌리엄: 아니면 '빨리 인스타그램에 들어가서 내 생일 파티 축하 글을 봐야겠어.'라고 생각할 수도 있죠.

엄마: 맞아!

엄마: 그럼 이 남자아이는 어때? 굉장히 실망한 것처럼 보인다고 생각했잖아. 여기 우리가 만든 이야기가 있네. "드숀은 다른 아이들은 초대받은 생일 파티에 자신만 초대받지 않았다는 사실을 알았다." 이 아이가 무슨 생각을 했을지 궁금해.

윌리엄: 그건 쉬워요. '왜지? 왜 나만 초대하지 않았지? 날 좋아한다고 생각했는데. 누군가 나에 대해 나쁜 말을 했나? 다른 친구들도 나를 생일 파티에 초대하지 않을지 몰라.'라고 생각하고 있어요.

엄마: 와! 참 많은 생각을 했구나! 엄마는 좀 다른 생각을 했을 수도 있다고 봐. '실망했어. 하지만 분명 걔네 엄마가 몇 명만 집으로 초대하라고 했을 거야. 매리 생일 때도 그랬잖아. 나는 매리 생일 파티에 초대받았는데, 알폰스는 초대받지 못해서 화가 났었어. 알폰스는 매리가 못됐다고 생각했겠지만 내가 매리에게 물어보니 걔 엄마가 네 명만 초대하라고 했다고 말했어.'라고 생각할지도 모르지.

윌리엄: 그럴 수도 있겠네요.

엄마: 똑같은 감정으로 이렇게 다양한 생각을 할 수 있다는 게 재미있지 않니?

윌리엄: 네, 맞아요. 엄마, 예전에 제가 점심을 먹으려고 줄을 서 있는데 한 아이와 부딪쳤다고 했던 날 기억나요? 식판을 떨어뜨리는 바람에 음식이 다 쏟아져서 정말로 난처했어요. 그때 조나가 "쟤는 왜 저래? 정신이 있는 거야? 쟤한테 네 음식을 다시 담아오라고 해!"라고 말했죠. 전 사실 제

가 보지 못하는 바람에 개와 부딪쳤다고 생각하거든요. 하지만 조나는 당장이라도 싸울 기세였어요. 전 그냥 제가 치우고 다시 줄을 서서 음식을 가져오면 된다고 생각했어요.

엄마: 조금 짜증이 났겠다.

윌리엄: 네, 그런데 선생님이 저를 도와주셨어요. 그래서 아무 문제없었어요.

엄마: 잘했구나. 그런데 너와 조나는 똑같은 일에 대해 완전히 다른 생각을 했네. 네가 조나와 똑같이 생각하고, 그 생각대로 행동했다면 싸움이 벌어졌을 수도 있었어.

감정 콜라주 없이도 감정이 생각이나 행동과 어떻게 연결되는지 아이와 대화할 수 있다. 이런 대화를 나눌 계기는 매일 생기기 때문이다. 가장 쉽게는 행복이나 희망 같은 긍정적인 감정부터 시작하는 것이 좋다. 예정된 가족 행사가 있거나 주말 또는 일과 후에 즐거운 일이 계획되어 있다면 아이의 생각을 물어보라. "웃고 있네. 기분이 어때?"라고 간단히 물어보기만 해도 된다. 당신과 아이 둘 다 행복하지만 생각은 다르다면 대화를 나눠보자. 그런 다음 조금 더 어려운 감정에 관해서도 이야기해보자.

게리와 애나는 친척을 만나고 집으로 돌아오는 길이었다. 자동차 뒷좌석에는 딸 실비가 앉아 있었다. 그때 뒤차가 갑자기 빠른 속도로 다가왔다. 가운데 차선으로 달리던 게리는 오른쪽 차선으로 이동하기 위해 깜빡이를 켰다. 그런데 뒤차가 게리가 볼 수 없는 사각지대에서 서행 차선으로 급히 넘어가 갑자기 오른쪽에 나타났다. 게리는 재빨리 방향을 틀었고, 다행히 다른 차와 부딪힐 뻔한 위험에서 벗어났다. "맙소사, 정말 무서웠어요!"라고 실비가 말했다. 엄마도 놀랐는지 "괜찮니? 엄마도 심장이 멎는 줄 알았구나. 아직도 가슴이 쿵쾅거려."라고 말했다.

그 말에 게리가 "겁이 났겠지. 하지만 난 괜찮을 거라고 생각했어."라고 말했다.

엄마도 아빠의 말에 동조하며 "차가 많지 않아서 다행이야. 아빠가 운전을 워낙 잘하시잖니."라고 말했다. 이 말에 실비가 물었다. "우리가 안전할 거라고 어떻게 확신했어요? 자동차 충돌 영상을 많이 봤거든요. 난 우리 차도 충돌해 중앙선을 넘어갈 거라 생각했어요."

그 말에 애나가 안심시키듯 말했다. "그게 마음에 걸렸구나. 그래서 그런 무서운 장면을 떠올렸구나."

"그런 것 같아요." 실비가 대답했다.

위험한 순간을 겪고 바로 이런 대화를 나누기는 어려울 수 있다. 화가 나는 상황, 특히 감정이 아직 달아올라 있을 때는 더욱 그렇다. 당신의 감정과 생각이 아이에게 영향을 줄 수 있다는 사실을 유념하면서 아이의 이야기를 들어야 한다. 예를 들어 앞의 사례에서 엄마는 "나도 무서웠어. 죽는 줄 알았어!"라고 소리치지 않았다. 만약 그랬다면 실비에게 어떤 영향을 주었을까? 실비는 더 많이 두려웠을지 모른다. 그 순간에는 죽을까봐 두려웠겠지만 엄마는 감정을 드러내지 않았다. 대신 실비가 '무슨 생각을 하고 무엇을 느낄지'에만 집중했다.

5장

아이들이 감정에
잘 대처하도록 돕기

아이들이 감정에 관해 어떻게 배우는지 앞에서 이야기했다. 아이들은 부모이자 보호자인 당신이 감정을 불러일으키는 상황에서 어떻게 행동하는지 지켜본다. 어느 정도 성장하면 아이들은 자신이 어떤 생각을 하고 어떤 감정을 가지고 있는지를 얘기한다. 감정을 터뜨리거나, 짜증을 내거나, 흥분하거나, 놀라거나, 힘들어하거나, 무서워하거나, 걱정하거나 하는 식으로 감정을 드러내면서 당신이 어떻게 반응하는지를 살핀다.

그렇다면 아이들이 이런 감정들을 조절하는 데 필요한 도구들을 갖추도록 어떻게 도와줄 수 있을까? 그리고 아이들이 격렬한 감정에 사로잡혀 있을 때 어떻게 하면 안심시킬 수 있을까?

잘 듣는 법

어느 겨울 저녁, 우리 가족은 저녁을 먹으며 그날 있었던 일에 관해 이런 저런 이야기를 나누고 있었다. 그때 둘째 아이가 갑자기 고개를 들더니 "마당에 저 불빛들이 뭐예요?"라고 물었다. 다른 사람들 눈에는 아무것도 보이지 않았기 때문에 우리는 딸의 상상력이 풍부한 거라고 생각했다. "뭐가 보인다는 건데?"라며 놀리는 아이도 있었다. 별일 없다는 듯 우리는 계속 얘기를 나눴다. "정말이라니까요!" 딸이 다시 말을 중단시켰다. "보라고요!" 딸이 몇 번을 외친 뒤에야 우리는 고개를 돌렸고, 딸아이의 말이 맞다는 사실을 알아차렸다. 번쩍이는 조명들이 마당을 비추고 있었고, 그 속에서 덩치 큰 그림자 하나가 우리 집 현관 쪽으로 다가오고 있었다. 그 남자는 문을 열지 말라고 손짓하면서 자신들은 연방 경찰이라고 소리쳤다. 그들은 근처 교도소에서 탈출한 범인을 찾고 있었다. 우리는 아이들을 데리고 급히 지하실로 내려갔고, 수색 작업이 진행되는 동안 몸을 피해 있었다. 그리고 드디어 탈옥범이 잡혔다. 그날 우리는, 아이 말을 무시했다가 위험해질 수도 있다는 커다란 교훈을 얻었다.

마음을 기울여 열심히 들어주는 것이야말로 아이가 세상을 무섭다고 느낄 때 부모가 꼭 해줘야 할 대화의 비결이다. 그러기 위해서는 꾸준한 연습이 필요하다.

아이나 배우자의 말을 듣고 있지만 한마디도 귀에 들어오지 않는 날이 있을 것이다. 뭔가 다른 생각을 하고 있거나 휴대폰에 정신이 팔려 있거나 다른 사람에게 신경 쓰고 있는 경우에 그렇다. 아니면 처음엔 열심히 들었지만 들은 내용 중 무언가 때문에 다른 생각을 하게 됐을 수도 있다. 선입견이나 개인의 성향 때문일 수도 있다.

빨간불은 정지 신호, 파란불은 출발 신호

이 책에는 두 가지 대화가 나온다. 빨간불 대화는 부모가 그 일에 사로잡혀서 충동적으로 반응할 때 하는 이야기를 보여준다. 파란불 대화에는 부모가 자신의 감정에 적당히 거리를 두고 아이들을 대하는 모습이 나온다.

직장에서 전화를 받은 아만다는 놀라운 이야기를 들었다. 열여섯 살짜리 딸 제인이 수업 중에 욕을 하고 소리를 질러서 정학 처분을 받았다는 교감 선생님의 전화였다. 아만다는 참을 수가 없었다. 화가 치밀어 오른 나머지 오후 내내 제인에게 전화를 하고 메시지를 보냈지만 제인은 전화를 받지도 않고, 메시지에 답도 하지 않았다. 아만다는 퇴근하자마자 제인에게 부엌으로 오라고 소리쳤다.

 빨간불

엄마: 제인, 오늘 학교에서 대체 무슨 일이 있었던 거지?

제인: 엄마는 이해 못 할 거예요.

엄마: 말해봐. 엄만 지금 너 때문에 정말 화가 났어! 엄마가 예의 바르게 행동하라고 가르치지 않았니? 그런데 사람들 앞에서 소리를 질렀다고? 어떻

게 그럴 수가 있지?

엄마: 그만 해요! 엄마는 무슨 일이든 더 나쁘게 만들어요. 엄마는 나를 잘 모른다고요.

제인은 자기 방으로 뛰어 들어가고, 아만다는 당황했다. 평소와는 정말 다른 모습이다. 아만다가 계속 전화를 걸거나 메시지를 보내지 않고 참았다면, 그리고 집에 와서도 다르게 대했다면 어땠을까?

😊 파란불

엄마: 제인, 오늘 학교에서 어땠니?

제인: 끔찍했어요. 제임스가 멕시코 사람에 대해 악의적인 말들을 쏟아냈거든요. 어떻게 해야 할지 모를 정도로요. 욜란다는 속상했는지 몸을 떨었어요. 엄마도 알다시피 욜란다는 밀입국자잖아요. 걔가 이제 학교에 오지 못할지도 모르겠다고 말했어요.

엄마: 스트레스를 많이 받았겠구나. 교감 선생님이 아까 엄마한테 전화해서 학교에서 시끄러운 일이 있었다고 말씀하셨어. 그 일에 관해 함께 얘기를 나눌 수 있을까? 간식부터 먹고 기분을 좀 가라앉힌 뒤에 얘기하자.

두 번째 시나리오에서 아만다는 그 일을 어떻게 다르게 처리했는가? 그 일에 관해 처음 들었을 때 무슨 말을 했는가, 하지 않았는가가 가장 중요한 차이점이다. 빨간불 시나리오에서 아만다는 자신의 감정에 휩싸인 나머지 오후 내내 화가 치밀었고, 제인의 말을 듣기는커녕 비난의 말을 쏟아냈다.

감정이 앞선 나머지 충동적으로 대응한 것이다. 게다가 딸과 이야기를 나눴지만 문제에 관해 더 알아낸 게 없었다.

파란불 시나리오에서 아만다는 문제를 대하기 전에 자신의 감정을 조절하는 시간을 가졌다. 화가 나고 당황했지만 자신의 감정이 불쑥 튀어나오지 않도록 의도적으로 조심한 것이다. 그러면서 제인의 말에 귀 기울이겠다고 결심했다. 제인의 말을 끝까지 듣고 보니 아이가 왜 그렇게 심한 행동을 했는지 이해할 수 있었다. 한 아이의 혐오스러운 말 때문에 화가 나서였다. 제인의 행동을 모두 정당화할 수는 없지만 어떻게 대처할지 방법이 생겼다.

아이의 이야기를 최대한 들어주면 아이는 당신을 믿을 수 있는 존재, 안전한 존재로 생각하고, 자연스럽게 공감대가 넓어진다.

이 장에서는 계획적으로 듣는 방법을 알려줄 것이다. 배우자와 먼저 연습해본 뒤 아이들에게 적용할 것을 권한다. 아이가 힘든 일, 그리고 그 일 때문에 생긴 감정을 말할 때 당신의 감정을 조절해야 할 것이다. 먼저 감정 조절을 위해 사용할 만한 몇 가지 방법을 소개한다.

연습 말하는 사람 / 듣는 사람

10분 정도 배우자와 단둘이 마주볼 시간을 갖는다. 아이들이 잠자리에 들거나 아직 귀가하지 않은 10대 자녀를 기다리는 시간이 적당하다. 아이들이 깨기 전 이른 아침도 좋다. 두 사람이 번갈아 말하는 사람과 듣는 사람 역할을 할 것이다. 타이머를 준비해 시간을 체크하면 더 좋다.

먼저 말하는 사람이 2분 동안 쉬지 않고 이야기를 한다. 주제에 상관없이 자신이 하고 싶은 얘기를 하면 된다. 최소한 처음 2분 동안은 배우자가 끼어들어서는 안 된다. 상대가 이야기를 하는 동안 듣는 사람은 그저 듣기만 해야 한다. 비언어적 표현이나 흥미로운 표정으로 말하는 사람을 격려하는 것은 좋다.

이제, 역할을 바꾼다. 이렇게 두 사람이 각각 말하는 사람과 듣는 사람이 되어 본 뒤에 이야기를 나눈다. 말하는 사람일 때 어떤 기분이었는지 교대로 이야기한다. 듣는 사람이 어떤 표정을 보일 때 계속 얘기할 용기를 얻었는가? 어떤 몸짓이나 표정을 지을 때 내 말을 듣지 않는다고 느꼈는가? 2분 동안 쉬지 않고 이야기해 보니 어떤 생각이 드는가? 2분이 길게 느껴졌는가, 짧게 느껴졌는가? 듣는 사람이 말을 할 수 있으면 좋겠다고 생각했는가? 당신과 배우자가 각각 말을 하면서 느낀 것이 서로 같은가, 다른가? 다르다면 어떻게 다른가?

이제 듣는 사람이 되었을 때의 기분을 이야기해보자. 끼어들고 싶은 충동을 느꼈는가? 언제 어떤 말을 들을 때 그랬는가? 당신과 배우자가 각각 상대방의 말을 들으면서 느낀 것이 서로 같은가, 다른가?

똑같은 기술이 필요하긴 하지만 고통스러운 일을 이야기하는 아이의 말에 귀 기울이는 일은 배우자나 다른 성인의 말을 듣는 것과는 전혀 다르다. 이것은 진화의 과정과도 어느 정도 관련이 있다. 부모라면 본능적으로 아이를 보호하려고 한다. 어디에서 시작된 감정이든, 아이가 흥분했을 때 잘 대처하려면 앞의 이야기에 나온 제인의 엄마처럼 부모가 먼저 감정을 조절해야 한다.

이제 연습을 시작하자. 배우자와 했던 것과 똑같이 하지 않을 것이다. 먼저 사흘 동안 매일 10분씩 의도적으로 아이의 이야기를 들어주면서 관찰한다. 아이에게 연습 중이라고 이야기할 필요는 없다. 아이가 뭔가 눈치 챘다고 해도 그저 자기 말을 잘 들어준다는 정도로 생각할 것이다. 시간 역시 아이와 당신 모두 여유 있을 때가 좋다. 잠들기 전도 좋고, 간식이나 저녁을 먹을 때도 괜찮다. 일상적이고 평범한 날이 좋다. 그래야 연습이 끝나도 아이의 말에 귀를 기울여 줄 수 있다. 아이에게 전적으로 관심을 쏟을 수 있는 시간이라면 언제든 좋다는 의미다. 어쨌든 10분이면 된다.

일단 오늘 하루를 어떻게 지냈는지 물으면서 대화를 시작한다. 아이가 마음속에 있는 뭔가를 털어놓기 시작했다면 그냥 들어주면 된다. 배우자와 했던 연습과 달리 이때는 가끔 말을 해도 된다. 물론 최소화하는 것이 좋다. 되도록 열심히 듣고, 가능하면 아이에게 집중해야 한다. 아이가 하는 말이 지루하고 집중하기 어려울 수 있다. 그래도 들어주어야 한다. 당신이 잘 들어준다고 생각하면 아이는 더 어려운 일이나 무서운 일에 대해서도 털어놓을 것이다. 또 하나, 당신이 열심히 듣고 있다는 것을 몸으로 보여주어야 한다. 고개를 끄덕이고, 몸을 앞으로 기울이고, 미소를 짓고, 눈을 맞추고, 아이가 가리키는 것을 보아야 한다.

이야기를 잘 늘어놓는 아이도 있지만 못하는 아이도 있다. 재잘거리던 아이가 말을 멈추었다면 잠시 기다렸다가 질문하면 된다. 이때 질문은 중립적이어야 한다. 판단하려 하지 마라. 정보를 얻으면서 아이가 더 많은 이야기를 하게 만드는 것이 질문의 목표다. 예를 들어 아이가 학교에서 있었던 일을 이야기하면서 누군가나 무언가를 비난하고 있다. 이때 불쑥 끼어들어 꾸짖어서는 안 된다. 아이가 말하려고 하지 않으면 더 자세히 알아보기 위해 질문을 던지면 된다.

선생님이 자신을 얼마나 미워하는지, 아이들에게 어떤 괴롭힘을 당했는지 이야기하는 아이에게 충고를 하거나 문제를 해결하려고 나서는 것이 아니라 공감하면서 들어주는 게 당신의 역할이라는 사실을 잊지 마라. "숙제를 끝내지 못한 건 내 잘못이 아니에요."라는 아이의 평계에 "그래서 어쩌라는 거지?"라는 반응은 눌러두어야 한다. 이와 함께 당신이 무엇을 느꼈고, 무슨 생각을 했으며, 아이와 태도가 당신에게 어떤 영향을 주었다고 느꼈는지를 기록하라. 아이의 태도가 당신에게 지루함이나 난처함을 가져다주었는가? 아니면 더 큰 행복과 애정을 가져다주었는가? 직접 행동으로 드러내지 말고 마음속에서 나타나는 반응을 잘 관찰하라.

아직 아이가 어려서 말을 능숙하게 못할 수도 있다. 하지만 행동은 읽을 수 있다. 이럴 땐 아이와 함께 바닥에 앉아서 노는 모습을 관찰해보라. 놀이를 방해하거나 참견하고 싶은 마음은 눌러두고 아이와 완전히 함께한다는 표정과 몸짓을 아이에게 보여주면 된다.

이렇게 아이의 말을 귀 기울여 들으면서 반응을 기록하는 연습을 일상이 되게 하면 어떤 일에든 충동적이거나 감정적으로 반응할 가능성이 줄어든다. 앞에서 우리는 감정을 조절하는 방법을 배웠다. 이제 그 방법들을 이용해 감정은 뒤로하고 귀는 앞으로 내밀어 집중할 수 있게 되었다. 그렇다면 예상치 못한 얘기를 들었을 때는 어떻게 해야 될까? 이때 바로 활용할 수 있는 방법을 몇 가지 소개한다.

▶ **잠시 가만히 있는다**: 일단 심호흡을 한다. 아니면 지금 당신의 몸을 자극하는 감각에 집중한다. 발의 감촉을 느끼거나 어느 한 곳에 시선을 고정하거나 주변의 소리에 집중한다.

▶ **말을 미룬다**: 기침을 한다. 그대로 잠깐 서 있는다. 기지개를 켠다. "잠깐 기다려줄 수 있니? 물 한 잔 마실게. 너도 마실래?"라고 물을 수도 있다.

▶ **자리를 피한다**: 숨을 돌리면서 감정을 조절하기 위해 핑계거리를 댄다. "이런, 벌써 ~할 시간이네. 이 문제는 나중에 얘기할까?"라고 말한다.

당황스런 상황에서 침착함을 유지하면서 감정을 조절하는 것은 힘든 일이다. 하지만 계획하고 연습하면 놀라울 정도로 도움이 된다. 예상치 못한 상황이 발생해도 감정을 잘 조절하면 퓨즈가 나가더라도 두꺼비집을 찾아 스위치를 올릴 수 있는 것처럼 말이다. 실제 퓨즈가 나갈 때를 대비해 연습을 해둘 필요는 없지만 '마음의 퓨즈'가 나갈 때를 위해 감정을 조절하면서 귀 기울여 듣는 연습을 해두는 것은 도움이 될 것이다.

아이의 연령대에 따른 감정 조절법

아이는 어른과 달리 '퓨즈가 나갈 때'에 대비해 의식적으로 연습하는 것이 어렵다. 힘든 일이 생겼을 때 감정을 조절하는 법을 배웠으니 이제 당신이 아이들에게 그 기술을 전해줄 때다. 어떻게 하면 아이가 안정감과 자신감을 갖게 할 수 있는지 살펴보자.

유아기와 아동기

무슨 일이든 시작이 중요하다. 아이의 감정 조절 능력을 키워주는 것도 마찬가지다. 대부분의 아이들은 세상이 탐험할 만한 곳이라고 생각하고 탐험을 시작한다. 하지만 아이들을 안전하게 지켜야 하는 부모가 본의 아니게 아이들의 의욕을 꺾는 순간이 많다. 그러면 아이들은 어떤 반응을 보일까? 화를 내며 성질을 부린다. 당연하다.

아이들은 어른을 보고 배운다. 부모가 불안해하면 아이도 불안해하고, 아이의 짜증에 부모가 균형을 잃고 당황하면 아이도 균형을 잃는다. 침착하고 분명하게 알려주거나 부드럽게 대응해야 아이도 차분해진다. 불안해서 매달리는 아이를 떼어낼 때도 마찬가지다. 물론 짜증을 내거나 매달리는 아이를 그저 품에 안아야 할 때도 있다.

다섯 살 팀은 천둥소리가 들리는 순간 귀를 막았다. 그러고는 곧장 아빠에게로 달려가 안기며 울었다. 아빠는 "팀, 이건 천둥소리일 뿐이야. 우리는 집 안에 있어서 안전해."라고 하면서 팀을 품에서 떼어냈다. 하지만 팀의 얼굴에는 아직 공포가 가득했다.

아빠는 이제 다른 방법을 사용했다. 방으로 가 날씨에 관한 책들을 가지고 와서는 책을 펴고 말했다. "팀, 하늘을 보렴, 구름이 보이지? 이제 곧 비가 올 것 같구나. 정원의 나무들이 좋아할 거야! 아빠와 날씨에 관한 책을 함께 읽어볼까?" 천둥이 울리자 이번에는 "천둥소리가 들리네. 하늘이 어떤지 볼래? 아니면 계속 책을 읽을래?"라고 물었다. 아빠는 팀에게 선택권을 주었다.

팀은 고개를 흔들더니 책을 가리켰다. 아빠와 팀은 책을 읽었다. "천둥소리가 들리면 많은 아이들이 너처럼 무서워한단다. 천둥이 울리면 무섭고 시끄러운 비가 쏟아지지만 자연에는 중요한 일이지. 폭풍이 지나가면 함께 밖으로 나가볼까? 비가 정원의 꽃과 나무들에게 왜 좋은지 알 수 있을 거야. 물도 보충해 주고 공기도 시원하게 식혀 주거든. 잠깐 창문을 열어 부드러운 바람을 맞아볼까?"

아빠는 팀에게 폭풍우를 극복하라고 하는 대신 조금 더 가까워질 기회를 주었다. 폭풍우가 정원의 나무와 꽃들에게 도움이 된다는 사실을 아이에게 보여주고, 천둥소리에 대한 공포를 줄여주었다. 무엇보다 이 모든 과정에서 아이의 결정을 따랐다. 이번에는 책을 선택한 팀의 결정을 존중했지만 다음에는 폭풍우를 관찰하는 쪽으로 유도할 수도 있을 것이다. 예를 들면 팀이 안전하다고 느끼도록 무릎에 앉힌 뒤 함께 창을 바라볼 수 있다.

팀의 사례에서처럼 유아기와 아동기 아이들이 혼자 감정을 조절하는 것은 쉽지 않다. 아직은 아이가 어쩌지 못할 만큼 강력한 감정이고, 그것을 다룰 도구가 제대로 갖춰져 있지 않기 때문이다. 유아기와 아동기 아이들이 마음을 가라앉히려면 부모의 도움이 필요하다. 이 시기의 아이들은 지금 아기에서 어린이로 성장하고 있다고 생각하자. 때로는 젖먹이처럼 달래주어야 할 순간도 있다고 생각하자. 이렇게 하다 보면 어른의 말을 이해하기 시작할 것이고, 결국 말로 자신의 감정을 조절할 수 있게 될 것이다. 이렇게 될 때까지 당신은 아이의 통역사가 되어야 한다.

• 유아기와 아동기 아이들의 감정 조절을 돕는 법

1. 이야기를 나눈다

팀의 아빠처럼 아이가 강렬한 감정을 느낄 때 그 감정에 관해 이야기를 나눈다. 어떤 감정인지 자세하게 설명해야 한다. "무서워하는 것처럼 보이는구나." "어디에서 무서움을 느꼈지?" (배를 가리키며) 배에서? (가슴을 가리키며) 아니면 가슴에서?" 이때 아이가 가슴에 손을 올려 자신의 심장이 뛰는 것을 느끼게 해준다.

2. 함께 심호흡한다

아무리 어려도 심호흡으로 마음을 가라앉히는 방법을 가르칠 수 있다. 아이와 함께 손가락으로 숫자를 세면서 깊은 호흡을 한다. 내쉴 때는 풍선을 부는 흉내를 낸다. 풍선을 가능하면 크게 분다고 생각하라. 숨을 내쉼에 따라 풍선이 점점 커지는 것을 상상하면서 아이가 따라하게 하자.

3. 부드럽지만 단호하게 응한다

아이의 짜증이 심할 땐 부드럽되 단호하게 응해야 한다. 자신이 통제 불능 상태가 되어도 위험에 빠지지 않도록 부모가 지켜준다는 사실을 아이가 알아야 한다. 예를 들어 아이가 머리를 박거나 다칠까봐 걱정된다면 아이를 안아주면 된다. 이때는 이야기를 나누는 것보단 달래는 것이 도움이 될 것이다. "누군가 내 장난감을 가져갔다면 엄마도 화가 났을 거야.(인정) 그렇다고 해서 머리를 부딪치는 것은 안전하지 않지.(한계 정하기)"나 "새로운 곳에 가면 무서울 수 있어.(인정) 그래도 가야 해. 엄마가 너를 안아주는 것은(한계

104

정하기) 너를 보호하기 위해서야."처럼 아이의 행동을 인정하는 동시에 한계를 정하는 말을 할 수 있다.

초등학생

초등학교에 입학할 즈음이 되면 아이는 감정을 좀 더 조절할 수 있다. 감정과 행동을 조절하는 능력으로 학교에 갈 준비가 얼마나 되었는지도 가늠할 수 있다. 선생님의 지시를 따르기 어려워하는 아이는 학습에도 어려움을 겪는다. 학교에 대해 어느 정도 불안을 느끼는 것은 정상이지만 지나치게 두려워하는 아이는 학교라는 새로운 대상을 앞두고 불안을 억누르지 못하고 있는 것이다. 다행히 이때는 유아기와는 달리 자신의 감정을 말로 표현할 수 있으므로 이를 활용해야 한다.

열 살 피터는 어느 날 오후, 엄마 아빠가 동네에서 일어난 범죄 사건에 관해 나누는 이야기를 듣게 되었다. 다음 날 엄마는 피터를 잠깐 차에 기다리게 하고는 마트에 가서 치약을 사 왔다. 엄마가 돌아왔을 때 피터는 몸을 떨면서 울고 있었다. 엄마가 놀라서 "무슨 일이니?" 하고 물었지만 피터는 대답하지 않았다. "뭔가 무서운 게 있었니?"라고 다시 물었고, 피터는 머리를 끄덕였다. 엄마는 꼭 안아주면서 "집에 가서 이야기하자."라고 말했다.

집으로 돌아온 엄마는 간식을 준비하여 피터와 대화를 시작했다. "아까 차에서 기다릴 때 우리 피터가 겁에 질린 것 같았어. 몸의 어디에서 그런 감정을 느꼈니?" 엄마의 질문에 피터는 "배에서요."라고 대답했다. 그러면서 자신의 가슴도 가리켰다.

엄마는 계속해서 질문했다. "배가 울렁거리는 느낌이었니? 가슴도 빨리 뛰었고?" 피터는 머리를 끄덕였고, 엄마는 "겁을 먹었었구나. 엄마가 너를 차에 혼자 두지 말았어야 했는데. 그렇지?"라고 물었다. 피터는 고개를 끄덕였고, 엄마는 다시 "무슨 생각을 하고 있었어?"라고 물었다.

피터는 입을 다문 채 접시에 있는 블루베리를 포크로 만지작거렸다. 엄마도 아무 말하지 않고 피터를 지켜보았다. 잠시 후 피터가 입을 열었다. "우리 동네에 강도가 나타났다는 얘기를 들었어요. 누군가 나를 납치할지도 모른다고 생각했어요."

피터의 말을 듣는 순간 엄마는 남편과 했던 대화가 떠올랐고, 동시에 피터가 그 이야기를 들었다는 사실을 알아차렸다. 하지만 그 일을 입 밖으로 꺼내지는 않았다. 대신 "그래, 이해해. 정말 무서웠을 거야. 엄마가 네 나이였을 때 엄마도 납치되는 악몽을 꾸곤 했거든. 엄마는 엄마의 엄마와 아빠한테 말하지 않았는데, 너는 이렇게 말해줘서 기뻐. 이렇게 너의 마음을 얘기해주면 엄마 아빠가 도와줄 수 있단다."라고 말했다.

"엄마가 이런 이야기를 한다고 해서 차에서 있었던 일에 대한 기분이 나아지지는 않을 거야. 하지만 몇 분 동안 차 안에 있다고 위험해지지는 않아. 납치는 잘 일어나지 않는 일인 데다 엄청나게 시끄러운 소리를 내지 않고는 잠긴 문을 따고 들어갈 수가 없거든. 다음에 같은 일이 생기면 너를 꼭 데리고 들어갈게."

그날 저녁, 잠자리에 들 준비를 하면서 엄마는 피터와 함께 심호흡을 했다.

여기서 엄마는 피터가 들었다는 남편과의 대화에 관해 일부러 자세히 설명하지 않았다. 주말쯤 남편과 다시 얘기하거나 더 미뤄둘 수도 있다. 세상에는 시시각각 무서운 일과 나쁜 일이 일어난다. 하지만 아이들은 나쁜 일이 일어날 수 있는 확률이나 자세한 내용에는 크게 관심이 없다. 아이들 입장에선 주변 어른들이 자신의 두려움을 진지하게 받아들여주고, 안전하게 지켜줄 거라는 안심을 하게 해주는 것이 더 중요하다. 그래서 실제 사건에 초점을 맞추기보다 아이 나름대로 사건을 해석하여 대처하도록 하는 것이 더 효과적일 수 있다. 엄마가 유괴 사건이 일어날 가능성이 적다는 설명을 빨리 끝내고, 곧장 피터의 두려움으로 초점을 옮긴 것도 이 때문이다. 이 나잇대 아이들이 말과 행동을 이용해 감정을 조절하도록 도울 수 있는 방법을 소개한다.

• 초등학생 아이들의 감정 조절을 도와주는 법

1. 감정을 알아내고 찾아낸다

아이가 감정을 알아내고 그 감정을 어디에서 느끼는지 찾아내게 도와준다. 몸의 어느 부분에서 느끼는지, 그때 어떤 표정을 짓는지를 살펴라.

2. 말로 표현한다

아이에게 감정을 말로 표현해보게 한다. 이렇게 하면 아이 입장에서도 자신의 감정을 파악하는 데 도움이 되고, 부모도 빠르게 아이의 감정을 파악할 수 있다. 이 나잇대 아이들의 두려움은 실제 세상에 대한 걱정에서 생겨날 수 있으며, 아이들이 생각하는 두려움은 실제보다 훨씬 더 클 수 있다. 예를 들어 지구의 해수면이 올라간다는 이야기를 듣고 자신이 사는 동네가 물에 잠겨 가족과 친구들을 덮치는 상상을 하는 아이도 있다.

3. 마음을 가라앉히는 방법을 활용한다

가장 쉬운 방법은 심호흡이다. 색칠하기나 만들기, 산책, 요리, 거품 목욕 등의 방법도 추천한다.

중학생

초등학교 고학년 혹은 중학생 자녀를 둔 부모들은 아이가 무슨 일로 불안해하는지 알고 있는 경우가 많다. 대부분의 부모는 아이를 통해 자신의 모습을 보기 때문이다. 그런데 종종 아이와 자신을 동일시하다 실수하는 경우가 생긴다. 그래서 아이가 자신과 비슷한 문제를 겪고 있는데도 적절히 대응하지 못하곤 한다.

재니스가 열네 살 딸 퍼넬로피와 함께 나를 찾아왔다. 퍼넬로피는 최근 몇 주간 학교 가는 것을 거부했고, 딸의 태도에 엄마는 절망한 상태였다. 퍼넬로피는 이전부터 불안증이 있었다. 새로 다니게 된 중학교는 전에 다니던 학교보다 훨씬 컸고, 아이는 학기가 시작될 무렵부터 점점 더 내성적이고 말수가 줄어갔다. 첫 한 달이 지나자 퍼넬로피는 머리와 배가 아프다며 집에 있겠다고 고집을 부렸다. 엄마는 학교의 전화를 받고서야 퍼넬로피가 괴롭힘을 당했다는 사실을 알게 되었다. 마음이 복잡했다. 딸아이가 학교를 그만두게 해야 하나? 재니스 역시 중학교 시절 괴롭힘을 당했던지라 딸이 같은 일을 당했다는 얘기에 악몽 같은 기억이 떠올랐다.

퍼넬로피를 자퇴시킨 뒤 홈스쿨링을 해야겠다고 결정하기 전 엄마는 심리치료사를 먼저 만나기로 결심했다. 재니스가 찾아왔을 때 나는 퍼넬로피가 겪는 어려움을 얼마나 이해하는지, 퍼넬로피가 어떻게 되었으면 좋겠는지를 물었다. 재니스는 "내 아이는 절대 나와 같은 일을 겪게 하고 싶지 않아요. 내 아버지는 내가 왜 괴롭힘을 당하는지 이해하지 못했어요. 내가 더 강해져야 한다고 소리쳤지요. 그래서 나는 더 겁을 먹었죠. 그 상황에서 내가 어떻게 살아남았는지 모르겠어요. 끔찍했어요."라고 말했다.

나는 재니스가 파악한 퍼넬로피의 상황에 관해 이야기를 나누었다. 퍼넬로피는 초등학교 친구 두 명과 함께 같은 중학교에 진학했다. 그런데 둘 중 한 명인 일라이자가 퍼넬로피와 더는 친구를 하지 않겠다며 퍼넬로피를 공격했다. 사실 퍼넬로피는 일라이자를 피하고 있었다. 일라이자가 퍼넬로피에게 자신의 숙제를 대신 해달라고 했기 때문이다. 자신이 시키는 대로 하지 않을 거라는 것을 잘 아는 일라이자는 퍼넬로피에 관한 소문을 퍼뜨리는 것으로 자신의 마음을 표현했다.

이 얘기를 하면서 재니스는 가슴이 아프다고 말했다. "퍼넬로피가 학교를 두려워하지 않으면 좋겠어요." 나 역시 재니스의 말에 동의했다. 학교를 피하면 학교가 좋지 않은 곳이라는 퍼넬로피의 생각만 확고해질 뿐이었다. 학교에서 일라이자와 부딪칠까봐 불안해하는 퍼넬로피의 감정을 어떻게 도와줄 수 있을까? 우리는 계획을 세웠다.

먼저 재니스는 퍼넬로피에게 학교에 가지 않을 수는 없지만 좀 더 편안해질 수 있는 방법을 함께 찾아보자고 말했다. 그러면서 재니스는 딸에게 힘들었던 자신의 과거를 털어놓았고, 두려움을 이겨내기 위해 무엇이 필요했고 무엇을 원했는지를 솔직히 말해주었다. 이는 퍼넬로피에게도 필요한 것이었다. 퍼넬로피는 학교에 가고, 학교생활을 하고, 집으로 돌아올 때 안전하다고 느낄 방법들을 찾아냈다. 첫날이 가장 힘들었다. 하지만 자신을 학교로 돌려보내기로 한 엄마의 결정이 바뀌지 않을 거란 사실을 퍼넬로피는 알았다.

이 나잇대 아이들은 매일매일 개인적인 욕구와 감정을 점점 더 알아채고 조절할 수 있다. 하지만 힘든 일이 생기거나 울음이 터질 때는 아직 어른의 도움을 받아 감정을 다스려야 한다. 이 시기 아이들의 감정을 다스리도록 하려면 극복해야 할 문제가 무엇인지를 정확하게 표현하고, 피하는 것이 아니라 맞설 방법을 찾을 수 있게 도와주어야 한다.

• 사춘기 아이들의 감정 조절을 도와주는 법

1. 잘 듣고 지켜본다
이 나잇대 아이들은 말과 몸짓을 통해 두려움을 표현할 수 있다.

2. 마음을 가라앉히는 방법을 찾아내 기억하게 한다
감정에 휩싸일 때 마음을 가라앉히는 데 도움이 되는 방법들을 아이가 찾아내서 기억하게 한다. 심호흡이나 목욕, 운동처럼 단기적인 방법도 있고, 규칙적인 요가나 명상과 같은 장기적인 방법도 있다.

3. 두려움에 맞선다

두려움을 피하는 것만이 상책은 아니다. 때론 자신의 두려움과 맞설 필요가 있다. 피해 버리거나 외면한 일로 죽을 때까지 두려움을 안은 채 살 수 있기 때문이다. 아이가 무언가에 두려움을 느낄 때는 자연스럽게 대화의 주제로 삼아 털어놓게 해야 한다. 그런 다음 아이가 두려움을 느끼는 대상에 대해 함께 알아보는 시간을 가져야 한다. 예를 들어 아이가 천둥 번개와 함께 내리는 폭우를 무서워한다면 큰 비가 왜 필요한지 설명해줘야 한다. 두려움의 대상이 조금이라도 평범하고 편안하게 느껴지도록 말이다.

10대

아이의 세상이 점점 더 복잡해지는 사춘기다. 이 시기의 아이들은 방과 후나 주말에 더 많은 자유를 누리고, 아르바이트를 통해 직접 돈을 벌기도 하고, 원하는 곳에도 마음대로 갈 수 있다. 집 밖에서 보내는 시간이 많다 보니 부모나 다른 어른들과 떨어져 학교나 밖에서 다양한 활동을 한다. 부모는 당연히 이 시기 아이들의 생활을 속속들이 알기가 어렵다. 어른들의 눈에서 벗어난 이 시기의 아이들이 종종 문제를 일으키는 것은 놀라운 일이 아니다.

열여덟 살의 내성적인 소년 캘럽은 많은 시간을 sns를 하면서 보냈다. 서로 얼굴을 마주하고 이야기하는 것보다 쉽게 느껴져서였다. 어느 날, 캘럽은 친구의 sns에서 자신의 외모와 피부색을 공격하는 듯한 불쾌한 게시물을 발견했다. 캘럽의 엄마는 아들이 컴퓨터 앞에서 혼자 너무 오랜 시간을 보내는 것이 불안했다. 그러나 캘럽이 먼저 털어놓기 전까지 아들이 어떤 일을 겪었는지 전혀 몰랐다.

캘럽의 이야기를 들은 엄마는 친구라는 아이의 행동에 화가 솟았고, 학교에 가서 단호하게 항의하라고 말했다. 엄마의 반응에 캘럽은 더 이상 엄마와 얘기하고 싶지 않다는 생각이 들었다. 그냥 며칠 뒤 담임선생님께 알렸다고 엄마에게 거짓말을 했다. 그러고는 그 친구를 만날까봐 학생 식당이나 매점 같은 곳을 피하기 시작했다.

얼마 뒤, 캘럽은 결국 학교에 가지 않기 시작했다. 가더라도 1교시만 마치고 학교에서 빠져나왔다. 부모님 모두 직장에 다녔기 때문에 아무도 캘럽이 집에 있다는 사실을 알지 못했다. 학교를 한 번도 빼먹은 적 없는 성실한 학생이었던 엄마 아빠는 아들이 수없이 무단결석을 했다는 학교의 편지를 받기 전까지 아이의 행동을 짐작조차 하지 못했다.

10대들을 도울 방법을 찾아내기란 매우 어렵다. 이들은 어른처럼 보이지만 아이처럼 행동하곤 한다. 빠른 속도로 두뇌가 발달하는 시기라는 사실을 생각하면 놀라운 일은 아니다. 지적 능력은 발달하지만 복잡한 계획을 짜고 충동을 억제하는 능력은 20대 중반이 될 때까지 완전히 성숙하지 못한다. 또 이 시기의 아이들은 사생활을 존중받고 싶어 하고, 자율성에 지키는 데 예민하기 때문에 어떤 일이 벌어지기 전까지 부모는 문제가 있는지조차 모를 수 있다.

캘럽의 엄마는 그동안 캘럽이 혼자서 얼마나 힘들었을지 상상도 못했다. 10대는 그냥 내버려둬야 한다고 생각했다. 아들과 마주앉은 엄마는 캘럽에게 어떻게 도와주면 좋겠느냐고 물었다. 캘럽은 말이 없었고, 엄마는 아이를 심리치료사에게 데리고 갔다. 아들이 친구들을 잃은 외로움과 학교에 대한 불안을 털어놓을 수 있도록 도움을 받기 위해서였다.

심리치료사와 엄마는 캘럽이 부모에게 고민을 털어놓을 수 있도록 계획을 세웠다. 괴롭힘에 관해 학교에 항의해야 한다는 엄마의 주장에 캘럽은 질겁했다. 심리치료사는 부모가 좀 더 부드럽게 대처해야 한다고 조언했다. 조금만 부드럽게 대해도 아이가 마음을 열 것이라는 사실을 엄마 아빠도 깨달았다.

엄마 아빠 모두 캘럽의 이야기에 귀를 기울였다. 캘럽의 말에 아빠도 캘럽의 나이였을 때 댄스 파트너가 되어 달라는 한 여학생의 부탁을 거절했다가 파티에 참석하지 못한 것은 물론 그 후로 괴롭힘을 당한 이야기를 털어놓았다. 기대하던 파티에 가지 않은 것이 결국 자신을 괴롭힌 사람을 승리하게 만들었다는 말도 덧붙였다.

이후 엄마 아빠는 캘럽이 하고 싶은 일의 목록을 만들도록 도와주었고, 그 목록대로 해볼 것을 격려했다. 캘럽은 지역 등산 모임에 들어갔고, 그곳에서 만난 마음에 맞는 친구들과 많은 시간을 보냈다. 얼마 뒤엔 작은 식료품점에서 아르바이트도 했다. 사람들을 대하는 일이 쉽진 않았지만 지배인은 캘럽이 열심히 한다며 칭찬을 아끼지 않았다.

혼자라는 생각이 줄어들면서 캘럽은 부모에게 조금 더 마음을 터놓고 자신을 불안하게 하는 것들에 대해 얘기하기 시작했다. 캘럽의 가족은 캘럽이 두려움을 덜 느끼면서 자신감을 높이는 데는 도움이 되는 방법들을 하나씩 기록해 나갔다.

• 부모와의 대화를 피하는 10대의 감정 조절을 도와주는 법

1. 잘 들어준다

적어도 처음에는 바로 반응하거나 섣불리 판단하지 마라. 물론 겉으론 성인처럼 보이니 그에 맞춰 행동해야 한다고 생각할 수 있다. 멀리 갈 것도 없이 10대인 당신의 아이를 보라. 부족하다. 하지만 매일 조금씩 나아지고 있지 않은가. 영리하면서도 멍청하고, 독립적이면서도 아직 품 안의 아이일 뿐이다. 당신이 청소년이었던 때를 떠올리면 이해가 쉬울 것이다.

2. 스스로 해결할 발판을 만들어준다

어려움을 피하라고만 하지 말고 헤쳐나갈 방법을 나누면서 스스로 해결하게 하라. 어른은 문제를 해결하고 감정을 조절할 수 있지만 아이는 이제야 방법을 배우기 시작했다. 그러니 문제를 없애려 하기보다는 문제를 통해 배우게 하자. 아이 스스로 결과에 책임을 지게 하면 나중에 비슷한 실수를 줄일 수 있다.

3. 당신의 이야기를 해준다

당신도 분명 지금 아이와 비슷한 경험을 했을 것이다. 그때 당신이 얼마나 부족하고 미숙했는지를 보여주는 이야기를 들려주라. 이 시기의 아이들은 자신만 특별히 힘든 일을 겪거나 힘들다고 생각할 수 있다. 이때 다른 사람, 특히 부모님이 같은 경험을 했다는 이야기는 큰 도움이 된다.

어려운 문제에 관해 대화할 때 가장 중요한 것은 잘 들어주는 것이다. 당신은 단기적이든 장기적이든 아이가 감정에 대처할 수 있는 방법을 알려줄수 있다. 다음 장에서는 아이가 세상이 무섭다고 느낄 때 도와줄 수 있는 수단들을 모아 놓았다.

6장

감정 코치하기

아이의 마음을 안심시키기 위한 대화를 준비하는 것은 항해를 준비하는 것과 비슷하다. 배를 조종하는 법을 배우고, 배의 장비를 완벽하게 갖추고, 나침반이나 구명조끼, 해상지도 같은 도구를 준비하는 것이 무사히 항해를 하기 위한 준비다. 하지만 이 계획은 언제든 바뀔 수 있다.

지금까지 이 책에서 항해술을 배우고, 계획을 세우고, 도구들을 챙겼다. 이 장에서는 마지막으로 두 가지를 더 챙겨 도구 세트를 완성하려고 한다. 물론 예상치 못한 폭풍우를 만날 수 있다. 아무리 완벽한 계획을 세우고 최고의 도구를 갖춰도 모든 상황에 대비할 수는 없기 때문이다. 그래서 3부에서는 온갖 상황을 가정하여 우리의 계획을 실행하고 도구들을 사용해볼 것이다. 말하자면 모든 날씨에 대비한 연습이다. 먼저 지금 우리가 가지고 있는 도구들을 펼쳐놓으려 한다.

▶ 감정 조절: 당신이 감정에 대처하는 방법들

▶ 감정 단어: 감정을 표현하고 구분하는 말들, 당신과 아이들이 이런 감정을 몸으로 어떻게 느끼는지에 관한 이해

▶ 적극적인 청취: 아이의 감정을 확인하는 기술과 방법, 격렬한 감정을 어떻게 조절할지 아이들에게 보여주는 방법

이 장에서는 이 기술들을 단계별로 적용하면서 문제 해결과 한계 정하기라는 두 가지 필수 도구를 추가로 소개할 것이다. 감정 코치의 실제 사례 그리고 부모와 자녀의 상호작용 관점에서 살펴볼 것이다.

 빨간불

여섯 살 일라이자는 아빠 로버트와 함께 매일 걸어서 유치원에 간다. 가는 길에 거리에서 잠을 자는 두어 명의 노숙자들 옆을 지난다. 어느 날 이들 중 한 명이 일라이자와 로버트에게 다가와 돈을 달라고 했다. "현금이 하나도 없어요." 로버트는 퉁명스럽게 말했다. 일라이자는 아빠의 손을 꼭 잡으면서 "무서워요."라고 했다. 그 말에 아빠는 하나도 걱정할 것 없다고 답했다.

유치원 앞에 도착한 일라이자는 아빠 손을 꼭 붙잡고는 들어가지 않겠다고 버틴다. 로버트는 일라이자를 밀어 넣으면서 무뚝뚝하게 "들어가."라고 했다.

로버트는 두려워하는 일라이자를 어떻게 대해야 할지 몰랐고, 결국 상당히 흔한 행동을 했다. 그는 일라이자에게 "하나도 걱정할 것 없다"는 말로

아이의 두려움을 무시했다. 하지만 일라이자의 마음은 달랐다. 아빠는 걱정할 이유가 없다고 했지만 일라이자의 걱정은 사라지지 않았다. 안타깝게도 아빠는 일라이자가 불안해하는 게 합리적이지도 않고, 적절하지도 않다는 뜻을 전했다. 이런 반응이 계속된다면 일라이자는 무엇을 배울까? 자신이 느끼는 감정을 가지지 말아야 한다고, 감정을 말하지 말아야 한다고 생각하게 될 것이다. 부정적인 감정에 관해 말하는 것을 의미 없다고 생각하는 부모들의 이런 태도를 '감정 무시'라고 한다. 부모의 태도와 기분을 그대로 받아들이는 아이들은 감정을 무시하라는 부모의 메시지를 마음에 새긴다. 이렇게 되면 아이는 부모에게 자신의 속내를 털어놓지 못하고, 불안과 우울에 빠질 수 있다. 이제, 감정 코치의 차원에서 아빠가 일라이자를 어떻게 대해야 할지 이야기를 재구성해보자.

 파란불

　일라이자가 아빠와 함께 유치원에 가고 있는데, 한 노숙자가 다가와 돈을 요구했다. 아빠 로버트는 "현금이 하나도 없어요."라고 말했다. 이 모습을 본 일라이자는 아빠 손을 꼭 잡으며 "무서워요."라고 했다. 그 말에 아빠는 "알려줘서 고마워. 네가 아빠 손을 꼭 잡아서 무서워하는지 알았어. 아빠도 어렸을 때 할아버지에게 돈을 달라고 해서 무서웠던 기억이 있거든."이라고 하면서 "혹시 속이 울렁거리니?"라고 물었다. 일라이자는 고개를 끄덕였다.

　두 사람은 다시 유치원을 향해 갔다. 문 앞에 도착하자 아빠는 일라이자에게 기분이 어떤지를 물었다.

"아직 좀 무서워요."

그 말에 아빠는 "그래, 그럼 우리 같이 심호흡을 해보자."라고 제안했다. 1분 정도 심호흡을 한 뒤 아빠는 일라이자에게 이렇게 말했다. "그 사람은 우리에게 겁을 주려고 한 것이 아니야. 해칠 마음도 전혀 없었고. 그저 배가 고파서 그랬을 거야. 우리 내일은 그 사람에게 음식을 조금 가져다줄까?"

아빠의 말에 일라이자는 머리를 끄덕였고, 아빠는 아이를 껴안아 주고는 유치원으로 들여보냈다.

일라이자가 더 나이가 많았더라면 로버트는 가난을 주제로 대화를 나눴을 수도 있다. 이런 대화들은 뒤에서 다시 이야기하려고 한다. 하지만 일라이자는 아직 어리고, 그런 일라이자에게 로버트는 몇 가지 중요한 원칙에 초점을 맞춰 이야기했다. 가장 먼저 그는 일라이자의 말에 귀를 기울이면서 일라이자가 자신의 감정을 알아채도록 도왔다. 일라이자는 아빠에게 무섭다고 말했고, 로버트는 그것이 어떤 느낌인지 표현할 수 있도록 해줬다.(손 꼭 잡기, 속이 울렁거리는지 물어보기). 그런 다음 아빠는 자신의 어릴 적 경험을 이야기해주면서 일라이자의 감정을 인정했다. 그러고는 함께 심호흡을 하면서 감정을 조절하게 도와주었다. 마지막으로 아빠는 일라이자가 했을지도 모르는 생각, 즉 그 남자가 자기를 해치려고 했을지도 모른다는 오해를 바로잡아 주었다. 그리고 내일은 그 남자에게 음식을 갖다 주자는 문제 해결 방법까지 제시했다. 이런 단계들이 모두 일라이자가 불안을 덜 느끼고 돈을 요구한 남자(그는 배가 고팠다)에 대한 생각을 바꾸는 데 도움이 되었다. 이제 다음 사례를 보자.

공립 유치원에 다니는 데이비드가 울면서 버스에서 내린다. 놀란 데이비드의 엄마가 묻는다.

엄마: 데이비드, 무슨 일이야?

데이비드: 형들이 소리를 지르고 욕했어요. 제임스는 내 피부색이 갈색이라서 멍청하대요. 갈색 피부를 가진 사람들은 모두 폭력배라고 했어요.

엄마: 뭐라고? 어처구니가 없구나. 그 아이들이 버스에 타지 못하게 해야겠구나. 엄마가 지금 당장 학교에 전화할게.

데이비드: 그럼 내일은 버스를 타지 않아도 돼요?

엄마: 그래, 엄마가 데려다줄게.

엄마는 버스에서 벌어진 일에 충격을 받았다. 아이가 받았을 고통에 화가 난 엄마는 감정을 주체하지 못하고 지나치게 반응했다. 이번 사례에서는 엄마가 격렬한 반응을 보이면서 대화를 중단한 것이 문제다. 그리고 다음 날, 엄마는 데이비드를 직접 차로 데려다주면서 두 사람 모두에게 꼭 필요한 일을 하지 않았다. 데이비드가 그 상황과 자신의 불안에 대처할 수 있다고 느끼도록 하지 못한 것이다. 그렇다면 엄마는 어떻게 행동해야 했을까?

공립 유치원에 다니는 데이비드가 울면서 버스에서 내린다. 놀란 데이비드의 엄마가 묻는다.

엄마: 데이비드, 무슨 일이야?

데이비드: 형들이 소리를 지르고 욕했어요. 제임스는 내 피부색이 갈색이라
서 멍청하대요. 갈색 피부를 가진 사람들은 모두 폭력배라고 했어요.

엄마: (심호흡을 하며) 세상에……. 지금 기분이 어떠니?

데이비드: 슬프고 속이 울렁거려요. 그 형들이 무서워서요. 엄마, 내일 데려
다줄 수 있어요?

엄마: 엄마가 너였어도 슬프고 겁이 났을 거야. 엄마가 어렸을 때도 몇몇 아
이들이 엄마에게 못되게 군 적이 있거든. 엄마도 그때 무섭고 화가 났어.
마음을 조금 가라앉히고 숨을 깊게 쉬어볼까?

이렇게 말한 뒤 둘은 심호흡을 하고 집으로 향했다. 집에 도착한 엄마는
데이비드에게 이렇게 말했다.

엄마: 들어가자. 그리고 기분이 나아지면 좀 더 이야기하자. 그동안 엄마는
간식을 준비할게. 넌 신발과 가방을 정리해줄래?

두 사람은 조용히 앉아 함께 간식을 먹는다. 엄마가 다시 묻는다.

엄마: 지금은 기분이 어때?

데이비드: 조금 나아졌어요. 아까는 화가 많이 나고 무서웠어요. 형들이 나
보다 크니까요. 엄마, 내일 유치원에 데려다줄 수 있어요?

엄마: 정말 무서웠겠구나. 네가 그 버스에서 제일 작아서 형들이 그런 끔찍
하고 나쁜 말들을 했던 것 같아. 내일 버스를 타고 가는 게 걱정되는 건 당
연하지. 어떻게 하면 버스를 타는 것이 무섭지 않을지 다시 얘기해보자.

이 말에 데이비드는 참고 있던 울음이 터졌고, 엄마는 데이비드를 꼭 안
아주었다.

엄마: 데이비드, 엄마 저녁 준비하는 것 좀 도와줄래?

데이비드: 네, 좋아요.

둘은 함께 저녁을 준비했고, 가족 모두가 한자리에 모여 저녁을 먹었다. 식사 후 잠자리에 들기 전, 엄마는 데이비드 옆에 앉아 말했다.

엄마: 어떻게 하면 버스를 타는 것이 무섭지 않을지 방법을 찾아보자. 엄마가 오늘 버스에서 일어난 일에 관해 유치원에 이메일을 보냈어. 네가 안전하도록 지켜주는 것이 엄마의 책임이거든. 선생님과 버스 기사님이 오늘 버스에서 일어났던 일을 아는 것도 중요해. 이제 머리를 맞대고 네가 버스에서 안전하다고 느낄 수 있는 방법들을 찾아보자. 어떤 생각이든 좋아. 엄마가 이 종이에 적을게. 생각들을 정리해보자.

이 파란불 이야기는 빨간불에 비해 더 길다. 격렬한 감정을 조절하고 적절한 한계를 정해 문제를 해결하면서 엄마가 데이비드를 도우려면 몇 가지 단계가 더 필요하기 때문이다. 그리고 흔들리긴 했지만 엄마는 데이비드를 데려다주지 않겠다고 말했다. 가장 먼저 엄마는 아들이 자신의 감정을 알아채고 마음을 가라앉히도록 도왔다(감정 조절). 데이비드가 그 상황을 회피하지(버스에 타지 않으면서) 않고 다음 날 버스에서 대처할 수단을 생각해내도록(문제 해결) 했다. 모든 문제를 집에서 해결하려고 하지도 않았다. 유치원에 이메일을 보내 데이비드가 버스에 타기 전에 안전을 확보할 수 있게 조치를 취했다. 또 문제가 불거진 후 처음 몇 시간 동안 데이비드가 자신의 불안을 다스리면서 안전하다고 느끼도록 도왔다. 불안하긴 하겠지만 피하지 말아야 한다는 가르침도 주었다. 무엇보다도 문제 해결 방법을 배우는 것이 문제를 해결하는 가장 좋은 방법임을 데이비드가 알게 했다.

우리는 직장생활을 하면서 자연스럽게 문제 해결 방식과 과정을 배운다. 이것을 집에서도 적용하면 아이들에게 도움을 줄 수 있다. 어찌됐든 아이들이 무서운 상황에서 격한 감정에 휩쓸릴 때 문제 해결 방식을 이용해 잘 이겨내도록 돕는 게 부모의 역할이기 때문이다.

문제 해결의 다섯 단계

1. 원하는 결과를 분명히 밝힌다.

문제가 아니라 목표에 집중한다. 앞의 파란불 상황에서 데이비드의 엄마는 '버스를 타는 것이 무섭지 않다고 느끼게 한다'를 목표로 삼았다. '버스에서 괴롭힘이 일어나지 않게 한다'처럼 엄마와 데이비드가 완전히 통제할 수 없는 일이 아닌 아이를 중심에 두는 목표를 세웠다.

2. 목표를 이룰 수 있는 아이디어를 짜낸다.

모든 아이디어는 좋은 아이디어다. 관련된 사람 모두 적어도 한 가지 이상의 아이디어를 내고, 그것을 기록한다. 목록을 완성한 뒤에 아이디어를 평가한다.

3. 각 아이디어의 장단점을 평가한다.

4. 도움이 될 아이디어를 선택하거나 합치고, 계획을 세우거나 의논한다.

5. 계획하고 의논한 대로 실천하면서 그게 어떻게 효과가 있는지 확인한다. 그리고 필요하면 계속 수정한다.

이제 엄마와 데이비드가 어떻게 이 단계들을 밟아가며 문제를 해결하는지 따라가 보자.

☺ 파란볼

데이비드: 내 생각에는 엄마가 매일 나를 차로 데려다주면 좋겠어요. 그리고 욕을 한 그 아이들을 유치원에서 쫓아내고 싶어요.

엄마는 아이의 두 가지 생각을 받아 적으면서 아무 말도 하지 않는다.

엄마: 데이비드, 엄마도 한 가지 생각이 났어. 기사님 바로 옆에 앉으면 어떨까? 아니면 엄마가 선생님께 전화해서 형들이 뒤에 앉고 동생들은 앞쪽에 앉을 수 있는지 물어볼 수 있어.

데이비드: (웃으면서) 내일 유치원에 가지 않고 집에 있을 수도 있어요.

엄마는 이 말도 기록한다.

엄마: 아이들이 못된 말을 하거나 괴롭힐 때 무슨 말을 할지 엄마랑 연습하는 것도 가능해.

데이비드: 그리고 그런 일이 또 생기면 어떻게 해야 하는지 선생님께 물어볼 수도 있어요.

엄마: 와, 아이디어가 일곱 가지나 되네. 그럼 하나씩 살펴보면서 뭐가 가장 좋을지 알아보자.

그러면서 지금까지 기록한 내용을 읽는다.

엄마: 그런데 엄마가 무슨 말을 할지 네가 알 것 같아. 엄마는 아침에 일하러 가야 하잖아. 네가 버스에 타자마자 출발해야 하거든. 그래서 널 데려다 줄 수가 없어. 그런데 너는 분명 그 형들이 버스에 타지 않길 바랄 거야. 그런데 이건 우리 둘이 정할 수 없는 문제잖아, 그렇지? 그러면 네가 버스에서 어디에 앉을 것인지를 고민해보자. 기사님 옆에 앉는 건 어때?

엄마의 말에 데이비드는 고개를 끄덕인다.

데이비드: 좋아요. 대신 기사님에게 무슨 일이 있었는지 얘기하고, 내가 괜찮은지 봐달라고 해줄 거예요?

엄마: 물론 그렇게 해줄 수 있지. 그리고 우리에겐 또 다른 아이디어가 있잖아. 다시 이런 일이 일어나면 어떻게 해야 하는지 선생님에게 물어보자고 했잖아. 내일 선생님과 얘기할 수 있는지 알아볼까?

데이비드: 선생님이 얘기할 시간이 있다고 하면 엄마가 유치원에 올 수 있어요?

엄마: 당연하지. 그리고 그 형들에게 무슨 말을 할지도 연습해볼까?

데이비드: 좋아요. 지금 연습할 수 있어요?

엄마: 그럼, 지금 할 수 있지. 그 전에 네가 버스에서 안전하다고 느끼는 데 도움이 된다고 생각한 방법들을 먼저 보자. 첫째는 네가 버스 앞쪽에 앉고, 기사님에게 큰 아이들을 뒤쪽에 앉힐 수 있는지 물어보는 거야. 그다음엔 다시 이런 일이 생기면 어떻게 해야 하는지 선생님과 이야기할 거야. 마지막으로 그 형들에게 무슨 말을 할지, 그리고 다시 무슨 일이 생기면 누구에게 도움을 청할지 연습할 거야. 이렇게 하려는데 어때?

데이비드: (엄마를 껴안으며) 좋아요.

엄마: 그래, 엄마도 좋아. 내일 다시 얘기하자. 필요하면 언제든지 다른 방법을 찾거나 방법을 바꿀 수도 있어. 그리고 잊지 마. 무슨 일이 있었는지 엄마가 기사님과 선생님께 모두 얘기할게.

데이비드는 엄마와 대화하는 과정에서 문제를 해결할 방법들이 있다는 사실을 깨닫고 다시 유치원에 갈 수 있게 되었다. 물론 엄마 역시 유치원에 아이의 사건을 알렸다. 눈치 빠른 사람이라면 이쯤에서 알아챘을 것이다. 실제 사건에는 초점을 맞추지 않았다는 사실을 말이다. 어떤 사건이 일어났고, 데이비드가 그 사건을 올바른 관점으로 보도록 엄마가 어떻게 도울 수 있을지에 관해서는 논의하지 않았다. 이유는 두 가지다. 하나는 데이비드가 아직 어려서 그의 안전에 가장 초점을 맞춰야 했기 때문이다. 다른 하나는 아이가 다루기에 이 일이 가진 의미가 매우 컸기 때문이다(사회 정의, 인종 차별 등). 엄마는 다음 주쯤 데이비드와 함께 그 문제로 돌아가 사회적 편견이나 고정관념, 인종 차별주의에 관해 이야기를 나눌 것이다(이런 대화에 관해서는 10장과 11장에서 더 자세히 이야기할 것이다). 그럼 이제, 조금 더 큰 아이들의 감정은 어떻게 코치할지 살펴보자.

어느 날 저녁 식탁에서 열네 살 저스틴이 아빠 크리스에게 그날 사회 시간에 있었던 일을 이야기했다. 매주 최근 벌어진 사건이 실린 신문 기사를 가지고 토론하는데, 이번 주는 이민 정책과 관련된 주제였다. 미국 공무원들이 미국 시민권 신청을 거부하거나 미룬다는 내용이었다. "이민은 미국인의 일자리를 빼앗는 범죄자들이 몰려오게 하는 일이라고 아빠가 이야기했어요."라는 한 친구의 말로 말싸움이 시작됐다. 그 말에 이민자 부모의 자녀인한 아이가 잘 알지도 못하면서 얘기한다고 반박했다. 결국 선생님이 끼어들어 "사람마다 이민에 대한 의견은 다양하지만 미국 국적이 없는 사람이 미국 시민보다 범죄를 저지를 가능성이 더 높다는 증거는 하나도 없다고 설명했다. 아메리카 원주민이 아닌 이상 미국 시민 모두가 이민자이거나 이민자의 후손이라는 말도 덧붙였다. 그러면서 이탈리아에서 미국으로 건너온 선생님의 증조부모 이야기를 들려주었다.

하지만 교실에서 시작된 아이들의 말싸움은 운동장으로 번졌고, 서로를 비웃고 모욕하는 걸로도 모자라 주먹다짐으로 이어졌다. 결국 휴고와 마테오라는 친구가 교장실로 불려갔다.

저스틴은 두 아이 중 한 명과 친했던지라 속이 상했다. 아빠는 다른 부모들에게 연락해 휴고와 마테오에게 무슨 일이 있었는지 확인한 뒤에 다시 이야기하자고 했다.

 파란불

크리스: 큰일이 있었구나. 저스틴, 그 일 때문에 기분이 어땠니?

저스틴: 속상했어요, 칫. 아빠라면 그렇지 않겠어요?

크리스: (심호흡을 한다. 그는 저스틴이 '칫'이라고 하는 게 싫다.) 그래, 아빠였어도 굉장히 속상했을 거야. 여러 감정이 들었을 것 같아. 친구가 걱정되기도 하고, 다른 아이들한테 화도 나고.

저스틴: 가슴이 빨리 뛰는 걸 느꼈어요. 교실이 시끄러워지고 아이들이 소리치는 게 싫어요.

크리스: 그랬구나, 또?

저스틴: 엄청 시끄러운 소리가 들렸어요. 그리고 운동장에서 일이 터진 거예요.

크리스: 그래서 휴고와 마테오가 싸웠니?

저스틴: 네, 아니꼽게 군다며 휴고가 마테오를 때렸고, 마테오의 코에서 피가 났어요. 선생님은 걔들을 말렸고요. 저는 휴고한테 화가 났어요. 마테오가 많이 다쳤을까봐 걱정됐거든요.

크리스: 상당히 무서웠을 것 같구나. 아마 다른 친구들도 그랬을 거야. 친구가 모욕당하는 것을 지켜보는 것은 힘든 일이거든. 아빠가 네 나이였을 때 봤던 싸움이 생각나는구나. 결국 한 아이가 병원에 가면서 끝났단다.

저스틴: 마테오가 뇌진탕을 입었을까봐 걱정이에요. 한편으론 휴고가 체포되어서 다시 학교에 오지 못할까 걱정이고요.

크리스: 네 표정만 봐도 얼마나 무서웠는지 알 수 있겠구나.

저스틴: 아빠, 휴고와 마테오는 앞으로 어떻게 될까요? 오늘 일 때문에 계속 싸우면 어쩌죠? 선생님이 무슨 조치를 하겠죠? 그렇지 않으면 싸움이 더 커질 거예요. 어쩌면 내일 학교에 가지 말아야 할지도 몰라요.

크리스: 저스틴, 내일 조금이라도 편한 마음으로 학교에 가는 데 도움이 되는 생각을 같이 해볼까? 무슨 일이 생길지는 아무도 알 수 없어. 하지만 걱정을 줄이는 데 도움이 될 방법에 관해서는 얘기할 수 있지.

우리 아이뿐 아니라 다른 아이로 인해 복잡한 상황이 생길 수도 있다. 감정 코치는 이럴 때도 아이의 감정을 알아차리고 잘 대처할 수 있도록 도와야 한다. 이 경우 크리스가 저스틴의 문제 해결을 돕기 위해서는 더 많은 정보가 필요하다. 크리스에게 당장의 목표는 뭘까? 학교에서 벌어진 싸움으로 저스틴의 마음이 불편하지만 가능하면 저스틴이 걱정을 덜 하면서 내일 학교에 갈 수 있게 만드는 것이다. 크리스가 오늘 일에 관해 더 많이 알수록 저스틴에게 조금이라도 더 도움을 줄 수 있다. 이상적이기는 하지만, 학교가 그 사건을 서로에 대한 예의와 존중, 그리고 안전에 관해 가르치는 계기로 만드는 것이 장기적인 목표다. 하지만 그것은 크리스나 저스틴이 할 수 있는 범위의 일이 아니다. 다만 문제 해결 과정을 통해 저스틴이 자신이 할 수 있는 것을 깨닫고, 무엇이 중요한지 파악할 수 있게 할 수는 있다.

크리스는 여기저기 전화해본 끝에 마테오가 괜찮다는 사실을 알아냈다. 병원에서 검사를 받은 뒤 바로 집으로 갔다고 했다. 다만 가벼운 뇌진탕 증상이 있어서 며칠 동안 회복의 시간을 가져야 한다고 했다. 휴고는 일주일 정학 처분을 받았다. 크리스는 또 몇몇 학부모들이 그 사건 때문에 교사와 교장 선생님께 연락했다는 이야기도 들었다.

저녁 식사를 마친 뒤 크리스와 저스틴은 다시 마주 앉았다.

 파란불

크리스: 저스틴, 기분이 어떠니?

저스틴: 괜찮아요. 친구들과 메시지를 주고받았어요. 친구들도 또 싸움이 벌어질까봐 걱정해요.

크리스: 왜 안 그렇겠니. 다들 스트레스를 많이 받고 있겠지. 우린 이제 스트

레스를 덜 받을 방법을 생각해볼까? 아빠가 모두 적을게.

저스틴: 그런데 아빠, 솔직히 내일 학교에 가고 싶지 않은 마음도 있어요.

크리스: (그 말을 기록한다) 다른 생각은?

저스틴: 학교에 가야만 하고, 그런데도 마음이 힘들면 양호실에 갈 수도 있어요. 아니면 공을 가지고 가서 놀까 생각 중이에요.

크리스: 그리고 아빠는 선생님께 이메일을 보내서 이 일로 네가 얼마나 걱정하는지 알릴 수 있고.

저스틴: 저와 친구들은 다시는 이런 일이 벌어지지 않게 하는 방법에 관해 선생님과 얘기하고 싶어요.

크리스: 이런 어려운 주제에 관해 토론하는 방법에 대해 선생님이 도와줄 수도 있지 않을까?

저스틴: 학교 곳곳에 '존중'이라는 글자가 붙어 있어요. 하지만 이번 일을 보니 아이들이 그 의미를 잘 모르는 것 같아요.

크리스: 좋은 지적이구나. 내일 학교에 가고 싶지 않은 네 마음을 잘 알아. 하지만 알다시피 진짜로 그럴 순 없잖니. 그리고 사실은 이 일의 해결을 위해 학교에 가고 싶은 마음이 더 크다는 생각이 드는데, 그렇지 않니? (저스틴이 머리를 끄덕인다.) 그러면 목록을 보며 다른 아이디어들을 살펴보자. 양호실에 가겠다는 아이디어가 현실성 있어 보이는데, 어때? 그리고 학생들의 스트레스를 줄여주는 것에 대한 학교 프로그램은 없니?

저스틴: 없어요. 그리고 아빠, 선생님께 이메일을 보내지 않았으면 좋겠어요. 이 일로 제가 스트레스를 받았다는 사실을 알리고 싶지 않아요.

크리스: 선생님, 친구들과 함께 스스로 해결하고 싶은 거구나. 알겠어, 훌륭

한 계획이야. 그럼 그 일을 어떻게 시작할지 얘기해보자.

아빠와 아들은 좀 더 시간을 내서 선생님께 무엇을 도와달라고 할 것인지에 대한 제안서를 만들었다. 특히 서로에 대한 배려가 담긴 대화, 어떤 이야기는 할 수 있고 또 어떤 이야기는 하지 말아야 할 것인지를 중점적으로 담았다. 물론 저스틴이 무엇을 원하는지 보여주는 것일 뿐 실제로 이루어질 수 있는 계획은 아니었다. 저스틴도 이 사실을 알기에 등교에 대한 스트레스를 조금이나마 덜 수 있었다.

이제, 우리가 배운 도구를 이용해 연습할 시간이다. 앞에서 보았듯 감정 코치에는 몇 가지 단계가 있고, 시간이 걸린다. 감정 코치에 익숙해지기 위해 지나치게 극단적이고 어려운 상황보다는 조금 쉬운 상황부터 시작해보자. 이렇게 하다 보면 감정을 좀 더 쉽게 관찰하면서 조절할 수 있다. 또 이때는 시간을 정해야 한다. 감정 코치에는 시간이 걸리고, 적어도 한 번 이상은 아이와 마주앉아야 하므로 시간에 쫓겨서는 안 된다. 아이가 어쩔 줄 몰라 하거나 불안해하는 상황이 생기면 뒤에 나오는 감정 코치 단계를 적용해보자.

1. 감정을 조절한다.

2장을 참고해 마음을 가라앉히는 데 어떤 방법이 도움이 되는지를 살핀다. 불안해하는 아이를 지켜보는 것은 힘든 일이다. 고통스러웠던 기억을 떠올리는 것은 더 힘들다. 힘든 상황에서 당신이 어떻게 반응하는지 깨닫고, 마음을 가라앉히는 방법을 배우는 데 공을 들인 이유도 이 때문이다.

2. 아이가 감정을 확인하고 구분하게 돕는다.

감정 주간을 기억하는가? 4장에서 했던 놀이들을 참고하여 몸의 어느 부분에서 감정이 나타나는지, 얼굴에 표정으로 드러나는지 아이가 알게 할 수 있다. 아이에게서는 한 가지 혹은 여러 가지 감정이 나타날 것이다. 아이가 감정을 구분하기 어려워하면 "지금 기분은 어때?" "네 몸 어디에서 그 감정이 느껴져?"라고 구체적으로 질문하면 된다.

3. 귀 기울여 들으면서 아이의 감정을 인정한다.

5장에서 아이의 말을 집중해서 듣는 연습을 했다. 이제 그렇게 해보자. 필요하면 아이가 말을 꺼내는 데 도움이 될 만큼의 질문만 한다. 이 장의 앞부분에서 아이의 감정을 인정하는 몇 가지 방법도 살폈다. 예를 들어 당신의 경험을 털어놓거나("어릴 적 기억이 떠올라 무서웠어.") 아이의 반응이 정상적이라고 인정하는 것이다("그럴 때 사람들은 보통 겁을 먹지.").

4. 한계를 정한다.

한계 정하기는 아이가 뭔가 불가능한 요구를 하거나 꼭 해야 할 일을 거부할 때만 필요하다. 하지만 필요할 때 한계를 정하는 것은 매우 중요하다. 두려운 일을 피하는 것이 꼭 좋은 것은 아니며, 때론 두려움에 맞서는 게 삶에서는 꼭 필요하다. 고통스러울 수 있지만 결국엔 더 강해지기 위해 필요한 것임을 아이들에게 가르쳐주기 때문이다.

5. 문제를 해결한다.

문제 해결 과정은 아이들로 하여금 여러 문제를 해결할 수 있는 바탕을 마련해준다. 스트레스에 대처할 때뿐만 아니라 감정 코치를 하지 않을 때도 이를 활용할 수 있다. 예를 들어 재미있는 가족 활동을 계획할 때도 문제 해결 과정을 활용하는 것이 가능하다. 목표를 분명하게 정하고, 아이와 함께 아이디어를 짜보는 것이다.

연구가 진행될수록 우리 연구에 참여한 부모들은 감정 코치에 많은 연습이 필요하다는 사실을 깨닫는다. 3부에서 부모가 각 연령대 아이들의 감정을 코치하는 사례를 보여주는 것도 이 때문이다. 크게 폭력과 괴롭힘, 기후와 환경으로부터의 위협, 전자 기기의 위험성, 사회 정의, 분열된 사회로 나누어 다루려고 한다. 이 대화들을 읽으면서 앞에 나온 본보기가 어떻게 적용되는지 살펴보라. 그리고 아이와의 대화에는 어떻게 적용할 수 있을지도 생각해보라. 구체적인 내용은 달라지겠지만 감정 코치의 다섯 단계는 따라 할 수 있을 것이다. 그 단계를 따르다 보면 무슨 걱정을 하든 부모가 그 감정을 지켜보고, 듣고, 이해하면서 세상을 헤쳐 나갈 수 있도록 도와줄 것이라는 걸 아이들도 알게 될 것이다.

3부

본질적인 대화

내 아이와 어떻게 대화할까?

이제 실제로 해볼 시간이다. 앞으로 나오는 시나리오들을 대본집으로 생각하자. 물론 당신이 부딪치는 상황은 무척 다양하고, 이 책의 어떤 대화도 그 경험을 그대로 보여주지는 않을 것이다. 하지만 당신이 익힌 기술과 방법들 그리고 여기에 제시된 사례들은 도움이 될 것이다.

이 책의 첫 부분에서 스트레스나 무서운 일들이 당신에게 어떤 영향을 주고, 또 그때 당신의 반응이 아이들에게 어떤 영향을 끼치는지 살펴보았다. 이제 심각한 상황에서 대화를 할 때 어떤 식으로 응할 것인지를 살피려 한다. 폭력, 기후 변화, 전자 기기 사용, 사회 정의, 분열된 사회의 다섯 가지 범주로 나누어 부모와 아이의 대화를 살필 것이다. 전문가만이 아이들을 지도할 수 있는 게 아니다. 당신은 점점 더 감정을 다루는 방법을 알아가고 있다.

당신은 당신 아이들을 더 많이 알고, 그 아이들이 활기차고, 자신감 있고, 유능한 어른으로 성장하게 도울 수 있다.

대화 중에는 당신의 가족에게 일어날 수도 있는 상황을 묘사한 내용도 있고, 다른 가족에게 일어날 수도 있는 일을 묘사한 내용도 있다. 허리케인으로 집을 잃은 아이와 같은 반 친구가 집을 잃어서 두려운 아이의 감정 상태는 전혀 다르다. 하지만 허리케인과 상관없는 지역에 사는 아이도 뉴스를 보고 불안해할 수 있다. 이처럼 꼭 내 이야기가 아니더라도 그 이야기를 나누면서 아이가 다른 사람을 이해하고 공감하게 도울 수 있다. 그리고 이 과정에서 당신은 아이에게 나와 다른 사람들을 받아들이고, 열린 마음을 갖고 누군가를 존중하고, 항상 예의 바르게 행동하라고 가르칠 수 있다. 자신을 변호하지 못하는 사람들을 대신해 목소리를 높이라고 가르칠 수도 있다.

잊지 말아야 할 지침

뒤에 나오는 시나리오들은 모두 세 가지 질문과 지침을 제시한다.

세 가지 질문으로 시작하기

부모는 아이와 본격적인 이야기를 하기 전에 스스로에게 다음의 세 가지 질문을 해보아야 한다.

1. 이 문제를 언제 이야기하는 게 가장 좋을까?

가능하면 집안일이나 다른 신경 쓸 일이 없을 때, 다른 사람의 방해를 받지 않는 시간이 좋다. 산책을 하거나 함께 차를 타고 갈 때일 수도 있다. 저녁 먹고 설거지를 한 다음, 잠자리에 들기 전에도 가능하다.

2. 어떻게 내 감정을 제쳐두고 아이의 감정에 집중할 수 있을까?

당신의 감정을 제쳐두고 아이의 감정에 집중하기 위해 이 책에 나온 도구들 가운데 하나라도 활용할 수 있는가? 그렇지 않다면 배우자나 도움을 줄 수 있는 다른 사람을 참여시키는 것도 방법이다.

3. 아이에게 어떤 내용을 얼마나 이야기해야 할까?

그 일에 대해 얼마나 알아야 하는지는 아이의 나이에 따라 달라진다. 아이가 먼저 질문하게 하면서 아이의 나이에 맞고, 간단한 내용으로 이야기를 시작하자. 가능하면 아이가 이미 알고 있거나 익숙한 내용이 좋다.

지침을 기억하자

'언제, 어떻게, 얼마나' 이야기할지 세 가지 질문을 숙지했다면 지침도 함께 기억하라. 지침은 아이와 어떤 대화를 하든 적용할 수 있는 다섯 단계로 이루어져 있다. 그 다섯 단계는 지금까지 살핀 감정 코치 기술을 압축하고 있으며, 본질적인 대화로 시작해 본질적인 대화로 끝내면서 감정 코치를 하도록 돕는다.

1. 긍정적인 말로 시작한다.

긍정하거나 격려하는 말로 대화를 시작한다. 아이를 안심시키는 것은 물론 당신이 스트레스를 덜 받으면서 대화하는 데 도움이 된다.

2. 잘 듣고, 감정을 조절하고, 정보를 모은다.

5장에서 배운 적극적으로 듣는 기술을 활용한다. 동시에 당신의 감정을 계속 조절해야 한다. 아이가 무엇을 느끼고 생각하는지 들으면서 고통스러울 수 있다. 그렇다고 해서 듣지 않으면 아이가 어떤 일을 겪고 있는지 이해할 수 없으니 당신의 감정을 조절하는 것이 중요하다.

3. 아이의 감정을 알아차리고 인정한다.

아이가 자신의 감정을 말로 표현하도록 돕는다. 아이가 표현하지 못해도 어떤 기분인지 안다고 넘겨짚어서는 안 된다. 아이 몸에 나타나는 증상(손에 땀이 나는지, 가슴이 빨리 뛰는지)과 얼굴 표정을 보고 실마리를 얻는다. 아이의 감정을 인정한다는 것은 아이에게 문제가 없고, 아이를 비난하거나 비판하고 있지 않다는 것을 알려주는 것이다.

4. 아이가 격렬한 감정에 대처하도록 돕는 기술을 활용한다.

5장에서 논의한 연령대별 감정에 대처하는 법을 활용해 아이가 대처할 수 있도록 돕는다. 당신의 감정을 조절하는 방법도 활용해야 한다.

5. 정보를 알려주고, 한계를 정하고, 필요에 따라 문제를 해결한다.

대화는 가능하면 긍정적인 분위기로 마무리한다. 어떤 내용으로 이야기할지에 관해서는 세 가지 질문을 참고하면 된다. 종종 아이를 위해 한계를 정해야 할 때도 있을 것이다(예를 들어 아이가 부적절한 행동을 할 경우). 대개는 아이의 기분이 나아지고, 문제에 대처하는 데 도움이 되는 해결책을 찾게 해주고 싶을 것이다. 어느 쪽이든 긍정적인 분위기로 대화를 마무리하거나 긴장을 풀어주면 된다. 세 가지 질문과 지침이 얼마나 도움이 되는지 보여주는 사례를 소개한다.

메이지와 댄은 아홉 살 멜리사와 다섯 살 댄 주니어를 키우고 있다. 그들은 메이지의 고향에서 멀리 떨어진 도시 근교에 살고 있다. 고향에서 살던 메이지의 부모는 최근 허리케인을 피해 메이지와 댄의 집에서 지내는 중이다. 메이지 부모의 집은 허리케인으로 완전히 파괴됐다. 메이지와 댄도 제정신이 아니었다. 메이지의 어린 시절 추억이 고스란히 녹아 있는 집이었다. 메이지의 부모는 홍수 보험에 들지 않았고, 친정엄마는 만성 질환으로 고생하고 있다. 엄마에 대한 메이지의 걱정이 커지면서 가족들의 스트레스도 늘어갔다.

정신이 없던지라 메이지와 댄은 아이들을 신경 쓸 겨를이 없었다. 어느 날 밤, 부부는 흐느끼면서 방으로 뛰어 들어오는 멜리사를 보고 깜짝 놀랐다. 멜리사는 할머니와 할아버지가 물에 빠져 죽는 꿈을 꾸었다고 말했다. 다음 날, 멜리사는 토할 것 같다며 학교에 갈 수 없다고 말했다. 열이 나진 않았지만 다른 스트레스가 많았던 부모는 큰 승강이 없이 멜리사의 말을 들어주었다. 다음 날, 그 다음 날도 마찬가지였다.

며칠 후 학교에 가야 한다고 말했을 때 멜리사는 소리치며 흐느꼈다. 그러면서 자신이 왜 학교에 가는 게 두려운지 털어놓았다. 폭풍우가 닥쳤던 날 엄마 아빠와 떨어져 있었고, 멜리사는 그날 가족이 모두 죽을까봐 걱정이 되었다고 했다. 그날 이후 멜리사는 잠을 자면서 이불에 오줌을 싸기 시작했다. 몇 년 동안 없던 일이었다. 이와 함께 새벽에 메이지와 댄의 침대로 와 잠드는 버릇이 생겼다.

무엇이 잘못되었을까?

메이지와 댄은 허리케인으로 인한 스트레스에 시달리느라 한 번도 아이들과 마주 앉아서 무슨 일이 일어났는지 이야기하지 못했다는 사실을 깨달았다. 이렇게 정보가 없는 상태에서 아이들은 그 재난에 관해 훨씬 더 무서운 상상을 한다. 그래서 대처하기가 더 힘들다.

엄마 아빠는 지금 무엇을 할 수 있는가?

댄과 메이지는 멜리사가 잠자기에 들기 전에 대화를 나누기로 한다. 댄 주니어는 이미 잠이 들어 조용한 시간이다. 부부는 아이들과 따로따로 이야기하기로 한다. 두 아이의 나이 차이가 꽤 나고, 댄 주니어도 불안해하긴 하지만 누나만큼 안절부절못하는 것 같지는 않아 보여서다. 메이지는 자신이 이런 이야기를 하는 게 감정적으로 힘들다는 사실을 알기에 댄에게 대화를 이끌어줄 것을 부탁한다. 그런 다음 멜리사에게 얼마나 많은 내용을 알려줄지 의논한다. 예를 들어 사망자나 부상자, 같은 부분에 대해선 자세하게 말해주지 않고 멜리사가 물을 때만 알려주기로 결정한다.

멜리사는 무엇을 이해하는가?

열 살 전후의 아이는 가족의 울타리를 벗어나 더 넓은 세상으로 나아가고, 새로운 인간관계를 맺기 시작한다. 예를 들면 유치원이나 학교에 가서 친구들을 만나고, 새로운 지식과 개념을 배운다. 어쩌면 이 시기의 아이들은 새로운 기술과 사실을 받아들이기에 가장 완벽한 상태라 할 수 있다. 하지만 새로운 정보의 수준이 높거나 복잡하면 어른처럼 받아들이기가 쉽지 않다. 예를 들면 아직은 다른 사람의 관점을 받아들이는 데 미숙할 수 있다. 게다가 아직 사고가 유연하지 않아서 눈앞에서 벌어지는 일이 아니면 이해하지 못할 수도 있다. 돌이킬 수 없다는 비가역성을 이해하지 못하기도 한다. 그래서 죽은 사람은 다시 돌아올 수 없다는 생각을 하지 못한다. 무슨 일이 일어날지 모르는 세상에 살고 있다는 사실이 무서울 수 있지만, 대신 주변 사람들에게 이런저런 실마리를 얻는다. 이 시기 아이들에게 부모의 말과 행동이 중요한 본보기가 되는 것도 이 때문이다. 댄과 메이지는 이런 무서운 주제에 관해 멜리사와 이야기하면서 침착하게 대처하는 본보기를 보여주려고 한다.

엄마: 멜리사, 학교에 잘 다녀왔니? 오늘 하루는 어땠어?

격려의 말로 대화가 시작된다. 멜리사가 오늘 하루를 잘 보냈다는 사실을 알기에 엄마는 이런 질문으로 멜리사가 긍정적인 대답을 하게 유도한다.

멜리사: 네, 잘 다녀왔어요.

아빠: 지난 몇 주 동안 우리 가족 모두 힘들었지? 그런데도 무슨 일이 있었는지 얘기할 시간이 없었네.

멜리사는 입을 열지 않는다. 아빠와 엄마 역시 아무 말도 하지 않는다. 하지만 엄마 아빠는 묵묵히 기다린다.

아빠: 좀 걱정스러워 보이는구나. 머리를 숙이고 있으니 네 얼굴이 보이지 않아. 걱정되거나 슬픈 기분이니?

그때 갑자기 멜리사가 울기 시작한다.

아빠: 우는 것은 보통 슬프거나 무섭다는 뜻이지.

멜리사: 할머니와 할아버지가 죽는 게 싫어요. 그런데 친구가 그러는데 다음 주에 다시 폭풍우가 몰려와서 우리 동네까지 물에 잠길 수 있대요.

엄마는 눈물을 참으며 아빠를 바라본다. 대화를 이끌어 달라는 신호다. 엄마는 자신의 감정을 앞세우다 멜리사의 감정을 방해할까봐 조심하고 있다.

아빠: 네가 할아버지, 할머니 그리고 우리 가족 때문에 걱정한다는 것을 알아. 그런 생각을 하면 당연히 무서워진단다. 아빠도 그런 생각을 하면 무섭거든. 아빠가 네 나이였을 때 친구 중 한 명이 무서운 일을 겪었단다. 나에게도 그런 일이 생길까봐 정말 무서웠지. 배의 바로 여기에서 무서움을 느꼈어. 가슴이 정말 빠르게 뛰는 게 느껴졌고.

아빠는 멜리사를 격려하면서 감정을 털어놓아도 괜찮다고 말한다.

멜리사: (계속 울면서) 무서워요. 폭풍우가 나오는 꿈을 꿀까봐 잠도 못 자요.
아빠: 멜리사, 우리 함께 심호흡을 해볼까? 아빠한테는 심호흡이 정말 도움이 됐거든. 다섯까지 세면서 깊이 숨을 들이마시고, 열까지 세면서 내쉬어보자.

아빠는 두려움에 대처할 구체적인 방법을 멜리사에게 전하면서 마음을 가라앉힐 수 있는 방법을 제시한다. 그리고 아빠가 세는 숫자에 맞춰 세 사람은 함께 심호흡을 한다.

엄마: 두 분은 잘 지내고 계셔. 이제 홍수 걱정도 없고. 그날의 허리케인은 정말 흔치 않은 경우야. 엄마는 자라는 동안 단 한 번도 그런 허리케인을 본 적이 없거든. 그리고 지금은 전문가들이 미리 날씨를 알려주기 때문에 허

리케인이 오기 전에 몸을 피할 수 있어. 그 덕분에 할아버지와 할머니가 우리 집에 와서 지내실 수 있었던 거야. 할아버지 할머니 집에는 허리케인이라는 폭풍우가 왔지만 우리가 사는 곳에는 오지 않았잖니. 허리케인은 이렇게 육지 안쪽까지 오지 않아. 네가 원하면 폭풍우에 관해 더 공부할 수도 있어. 무언가에 관해 많이 알수록 겁이 덜 나거든.

엄마는 멜리사가 이해하기 어려운 내용은 빼고 멜리사의 나이에 맞는 정보만 알려주었다. 그리고 멜리사가 준비되면 폭풍우에 관해 더 많이 공부할 수도 있다고 말했다. 아이의 나이에 알맞은 수준으로, 알맞은 양의 정보를 알려주어 불안을 줄이는 데 도움을 준 것이다.

두 사람은 진지하게 듣고, 딸의 수준에 맞는 반응을 보이면서 무슨 일이 일어났는지 이해하고 불안감을 덜 수 있도록 했다. 어린아이가 허리케인이나 홍수를 비롯한 재난 문제로 고민할 때 이런 식의 대화가 도움이 될 수 있다. 물론 엄마 아빠가 모두 대화에 참여하지 않아도 된다. 중요한 것은 아이의 두려움을 덜어주는 것이다.

계획적인 대화:
언제 어떻게 끼어들지 결정하기

언제 대화를 시작할지 어떻게 결정할까? 허리케인에 대한 딸의 불안이 하늘을 찌를 듯 높아져 당혹스러운 댄과 메이지가 선택할 수 있는 선택지는 별로 없었다. 이 경우 허리케인으로 인한 피해를 당한 순간이나 당하기 전에 미리 이야기했어야 도움이 되었을 것이다. 하지만 이미 놓쳤다. 그리고 섣불리 말했다가 아이들을 쓸데없이 놀라게 할까봐 두려워하는 부모들도 많다. 그렇다면 이런 무서운 일이 생길 것 같을 때 아이에게 어느 정도의 정보를 주는 것이 적당할까?

셸리와 마리오는 일곱 살 제이미가 내일 유치원에서 총기 난사 대비 훈련을 받는다는 알림을 받았다. 부부는 이전에 다니던 유치원과 이번에 새로 입학한 유치원이 어떻게 다른지 제이미와 많은 이야기를 나누었다. 제이미는 지금 다니는 유치원이 좋긴 하지만 조금 시끄럽다고 엄마 아빠에게 종종 이야기했다. 부부는 제이미가 내일 있을 총기 난사 대비 훈련을 두려워할 것 같다는 생각에 미리 준비시키려고 한다. 제이미의 가족은 저녁 식사 후 가족회의를 연다.

제이미는 어떻게 이해하는가?

일곱 살은 바깥세상을 점점 더 이해하고 알아가는 시기다. 이때는 자신의 감정을 표현하고 새로운 생각을 시도해보는 수단으로 놀이를 이용한다. 말을 점점 많이 그리고 잘하게 되는 시기라서 행동보다는 말로 문제를 해결하려고 한다. 또 현실과 환상의 차이를 이해하기 시작하지만 상상 속의 존재 때문에 혼란스러워하거나 겁을 먹기도 한다. 그래서 괴물이 실제로 존재하지 않는다는 사실을 알지만 그렇다고 괴물을 겁내지 않는 것은 아니다. 정말이지 현실과 환상이 충돌하는 시기라고 할 수 있다. 그래서 공포 영화를 본 뒤에 실제로 끔찍한 일이 일어나면 이 두 가지가 결합되어 어마어마한 충격을 받을 수도 있다. 이 시기의 아이들은 전적으로 부모를 '안전기지'로 여긴다. 그래서 부모의 표정을 읽으면서 무엇이 무섭고 무엇이 안전한지를 판단한다.

😊 파란불

엄마: 제이미, 네가 새 유치원에 잘 적응해서 정말 기뻐. 오늘 있었던 재미있는 일 하나만 얘기해줄래?

엄마는 제이미가 유치원에 관해 신나게 이야기하도록 긍정적인 말로 대화를 시작한다. 단순히 재미있었냐는 질문이 아닌 재미있었던 일을 찾아내 말하도록 질문한 사실에 주목해야 한다.

제이미: 노는 시간에 재미있는 일을 골라서 했어요.
엄마: 선생님이 내일 총기 난사 대비 훈련을 한다고 말씀해주셨니?

엄마는 제이미가 그 훈련에 관해 얼마나 알고 있는지 정보를 모은다. 아들이 알 거라고 미루어 짐작하지 않는다.

제이미: 아니요. 하지만 1학년인 벤의 누나가 나쁜 사람이 와서 우리한테 총

을 쏘면 책상 밑으로 들어가야 한다고 말해줬어요.

아빠: 그랬구나. 그 말을 듣고 기분이 어땠어?

아빠는 이 말을 듣고 충격을 받는다. 하지만 제이미의 감정에 집중해야 한다는 사실을 떠올리고는 마음을 추스르며 심호흡을 한다. "그 말을 듣고 기분이 어땠어?"는 아이의 감정에 초점을 맞추기 위한 질문이다.

제이미: 무서웠어요. 유치원에 가는 게 정말 무서워요. 내일 유치원에 안 가면 안 돼요? (울면서) 나쁜 사람이 와서 정말 우리한테 총을 쏘아요?

부부는 총기 난사 대비 훈련에 관한 이야기를 들으면 제이미가 당황할까 봐 걱정하면서 의논했었다. 무서움에 사로잡힌 아이가 마음을 가라앉힐 수 있도록 돕는 게 어려울 수 있다는 사실을 알기에 이런 순간에 대비하고 싶었다. 이제 아들이 더 큰 공포에 휩싸이지 않고 자신의 감정을 알아차리도록 돕는 게 그들의 역할이다.

엄마: 우리 제이미가 많이 무서워 보이네. 그런 이야기를 한다면 엄마도 많이 무서울 거야. 제이미, 지금 네 몸의 어디에서 무서움이 느껴지니? 울고 있는 걸 보니 얼굴에서 느낄 수 있는데, 혹시 배에서도 느껴지니?

엄마는 제이미가 지금 무슨 기분인지, 그리고 그 기분이 어디에서 느껴지는지 집중하도록 돕는다. 아이들이 공포나 다른 힘든 감정들을 알아차리고 말로 표현하도록 도울 때는 신체의 감각과 감정을 연결하는 것이 효과적이다.

제이미: 네, 속이 울렁거려요.

아빠: 벤이 그런 이야기를 하기 전에도 유치원이 무서웠니?

제이미: 아니요. 유치원은 정말 좋아요. 재미있어요. 그런데 지금은 무서워요.

아빠: 우리 제이미, 유치원이 재미있다니 기쁘구나. 그리고 네가 무서워하는
건 당연해. 아빠가 제이미 나이였을 때 한 아이가 운동장에서 아빠에게
무슨 이야기를 해줬는데 알고 보니 사실이 아니었거든. 하지만 그땐 정말
무서웠어. 아빠는 할머니 할아버지에게 이야기하지 않았거든. 그래서 더
무서웠어. 그런데 우리 제이미는 이렇게 얘기해주니 기쁘구나.

제이미: (아빠를 바라보며) 많은 아이들이 무서워하면서 총이랑 나쁜 사람들에
관해 얘기했어요.

아빠는 제이미가 유치원을 무서워하지 않는다는 걸 알기에 제이미가 잘
못된 생각을 바로잡을 수 있도록 돕는다. 제이미는 유치원이 무섭지 않고
재미있다. 하지만 지금은 무섭다. 아빠는 제이미의 두려움을 인정하고, 아이
들이 종종 잘못된 소문을 퍼뜨릴 수도 있다는 사실을 알려준다.

엄마: 제이미, 엄마 아빠가 생각할 때 유치원이나 학교는 아이들에게 정말
안전한 곳이란다. 절대 위험하지 않아. 그리고 이런 훈련을 하는 이유는
유치원이나 학교를 너와 친구들에게 계속 안전한 곳으로 만들기 위해서
야. 혹시 학교에 불이 난 적 있니? 아니면 집에 불이 난 사람을 알고 있니?

(제이미가 고개를 젓는다.) 엄마도 없어. 하지만 우리가 더욱 안전하게 지내려면 화재 대비 훈련을 해야 해. 내일 네가 유치원에서 할 훈련처럼 말이야.

엄마는 제이미가 안전하다고 느낄 수 있도록 기본적인 정보를 알려준다. 엄마는 유치원(학교)에서 총기 난사 사건이 절대로 일어나지 않을 거라는 말은 하지 않는다. 대신 제이미가 해보았고 무서워하지 않는 화재 대비 훈련과 총기 난사 대비 훈련의 비슷한 점을 활용한다.

아빠: 내일 우리 제이미가 집에 와서 훈련받은 이야기를 해주었으면 좋겠구나.

아빠는 다음 날 집에 돌아온 제이미가 유치원에서 있었던 일을 얘기할 시간이 있을 것임을 분명히 밝혔다. 사실 엄마 아빠는 언제 제이미와 마주 앉아서 총기 난사 대비 훈련에 관해 얘기할 것인지를 미리 의논했다. 엄마 아빠는 지금 제이미를 혼자 재우지 말아야 한다는 사실을 안다. 그래서 제이미와 함께 가볍고 편안한 놀이를 하고, 잠자기에 들기 전 일상적으로 하던 일을 하게 했다. 이 과정을 통해 엄마 아빠는 제이미가 내일 하게 될 총기 난사 대비 훈련에 관해 무엇을 아는지 알아냈다. 열심히 들어주고 아이 수준에 맞는 반응을 보이면서 제임스가 처음 상상했던 것보다 덜 무서워하도록 도왔다. 훈련받은 경험을 나중에 이야기하라고 하면 두려움을 줄여주는 완충 효과가 있다. 그리고 이런 대화는 다른 무서운 일에도 대비할 수 있게 도와준다.

계획하지 않은 대화:
도와주기, 회복하기와 문제 해결

부모로서 아이가 무슨 일을 겪는지 알지 못했을 때 여러 감정에 사로잡힐 수 있다. 아이와의 대화를 계획하고 준비할 수 있다면 예상치 못한 상황이 발생했을 때 감정들을 추스르면서 조금이나마 쉽게 대처할 수 있을 것이다. 하지만 이렇게 계획적인 대화만 할 수 있는 사람이 얼마나 될까? 다행히 뒤에 나오는 사례가 보여주듯 방법은 있다. 아이가 고민하는 문제에 대해 미리 준비하진 못했지만 대화를 통해 문제를 해결할 수 있는 기술을 가르쳐줄 수는 있다.

이 대화에서 엄마는 10대 딸이 무서운 상황에 대처하는 데 도움이 될 문제 해결 기술을 활용한다. 결국 엄마는 딸이 더 안전하다고 느끼도록 도와줄 뿐 아니라 앞으로 문제가 생겼을 때 활용할 수 있는 방법까지 가르쳐준다. 올리비아의 이야기를 보자.

빨간불

학교에서 돌아온 열여섯 살 올리비아가 현관문을 꽝 닫고는 쿵쿵거리며 집으로 들어온다. 마침 엄마는 평소보다 일찍 집에 와 있던 참이었다. 업무상 통화를 하고 있던 엄마는 쿵쾅거리는 소리에 순간적으로 예민해져서 "조용히 해!"라고 소리친다. 그러고는 계속해서 통화를 한다.

통화를 끝낸 엄마는 올리비아를 찾으러 간다. "좀 전에 무슨 일이니? 집에 들어오면서 그렇게 시끄러운 소리를 내야 했니? 엄마는 회사 일로 통화 중이었어. 다음에 들어올 때는 우리 집에 다른 사람도 산다는 걸 생각해주면 좋겠어."

그 말에 올리비아는 엄마를 빤히 쳐다보며 "지금 농담해요? 엄마가 미워요!"라고 소리를 지른다. 그러고는 엄마의 얼굴 앞에서 방문을 쾅 닫는다. 곧 문 뒤에서 흐느끼는 올리비아의 울음소리가 들린다.

그 순간 전화벨이 울린다. 올리비아의 교감 선생님께 온 자동 전화다. 학교에서 괴롭힘 사건이 연이어 벌어졌다면서 모든 학부모는 다음 주 긴급회의에 꼭 참석해 달라는 내용이다. 아울러 모든 학생은 다음 주 후반에 있을 '평화 수호 수련회'에 참석해야 한다고 했다. 엄마는 올리비아와 같은 학교에 다니는 아이를 둔 친구에게 메시지를 보낸다. "학교에서 일어난 일에 대해 들은 거 있어?"

잠시 후 "올리비아에게 물어봐…… 올리비아가 관련된 것 같아."라는 답장이 왔다.

순간 엄마는 혼란스럽고 화가 난다. 바로 올리비아의 방으로 뛰어가 문을 벌컥 열고는 소리쳤다.

"학교에서 무슨 일이 있었던 건지 알아야겠어. 지금 바로! 네가 학교에서 있었던 일에 관련되었다는 얘길 내가 왜 들어야 하지? 우리가 너에게 뭘 가르친 거니?"

누워 있던 올리비아는 침대에서 일어나 흐느끼더니 엄마를 지나 현관 밖으로 뛰어나간다. 순간 엄마는 깜짝 놀란다. 업무상 통화를 하고, 학교에서 연락을 받고, 친구에게 문자를 받고는 화가 나서 올리비아에게 그렇게 소리를 질렀지만 정작 무슨 일이 일어났는지는 전혀 모른다는 사실을 깨달은 것이다. 게다가 올리비아가 지금 어디로 갔는지도 모른다. 이 모든 일이 10분 만에 벌어졌다.

일단 엄마는 자신의 감정에 사로잡혔고, 올리비아가 자신에게 소리를 지르니 더 화가 나서 무슨 일인지 파악하기가 더 어려웠다.

엄마는 지금 무슨 일을 할 수 있나?

지금 당장은 올리비아가 안전하다는 사실을 확인하는 게 가장 중요하다고 깨달은 엄마는 딸에게 다급히 메시지를 보낸다. "우리 딸, 엄마가 소리를 질러서 미안해. 무슨 일이 있다는 걸 엄마도 알아. 네가 그 일로 화가 난 것 같구나. 얘기를 나눌 수 있도록 제발 집으로 와."

엄마는 차를 가지고 올리비아를 찾으러 나가고, 얼마 뒤 거리 끝에서 딸을 발견한다. 그러는 동안 몇 번의 심호흡을 했고, 그래서 올리비아를 차에 태웠을 때는 대화를 시작할 준비가 되어 있었다.

올리비아는 무엇을 이해하는가?

열여섯 살 정도가 되면 복잡하고 추상적인 생각들을 꽤 이해할 수 있다. 10대에게는 가까운 친구와의 관계가 굉장히 중요해서 친구가 부모보다 더 많은 영향을 줄 수도 있다. 청소년기는 두뇌가 두 번째로 빨리 발달하는(유아기에 이어) 시기이지만 전두피질(계획하고, 충동을 억제하고, 복잡한 생각들을 실행하는 일을 담당하는 두뇌의 부분)은 아직 완전히 발달해 있지 않다. 그래서 종종 충동적이고 자기중심적으로 보인다. 예를 들어 술을 마시고 운전하는 게 위험하다는 사실은 알지만 자기중심적인 태도 때문에 '내게는 그런 일이 일어나지 않을 거야.'라고 믿는다. 모든 사람이 나를 지켜본다고 믿는 것은 10대의 전형적인 생각이다.

이제 엄마가 올리비아와 대화하면서 지침을 어떻게 활용하는지 살펴보자.

 파란불

엄마: 올리비아, 아까 엄마가 화를 내서 미안해. 정말 슬퍼 보이는데 학교에서 무슨 일이 있었니?

엄마는 긍정적인 말로 대화를 시작한다. 딸과의 소통에서 자신만 잘못했다고 생각하진 않지만 엄마는 어른답게 행동하기로 했고, 그게 올리비아의 마음을 여는 데 도움이 된다는 걸 알기 때문이다. 엄마가 학교에서 무슨 일이 생겼는지 안다고 말하니 올리비아로선 그렇지 않은 척할 수가 없다.

올리비아: (흐느끼면서) 내일 학교에 못 가겠어요. 너무 창피해요.
엄마: 차를 좀 마실까? 준비되면 얘기해.

엄마는 지금 올리비아가 마음을 가라앉힐 시간이 필요하다는 걸 안다. 마실거리를 준비하는 것은 사소한 행동이지만 엄마가 올리비아를 배려하고 보살펴준다는 느낌을 줄 뿐 아니라(특히 아이가 포옹을 원하지 않을 때) 두 사람 모두에게 시간을 벌어준다. 이 상황에서는 최대한 아무 일 아닌 것처럼 보이는 것이 중요하다. 그것이 어떤 사건이든 올리비아는 학교에 가야 하지만 엄마는 지금 당장은 묻지 않기로 한다.

다시 집으로 돌아온 두 사람은 식탁에 앉는다.

올리비아: 그 끔찍하고 못된 애들한테 괴롭힘을 당하는 루스를 보호하려고 했어요. 하지만 모든 일이 엉망진창이 되었어요. 그 애들이 악랄하게 편집한 우리 사진과 둘에 관한 얘기를 sns에 올렸어요. 전교생이 그 사진을 봤어요.

엄마: 세상에, 가슴이 아프구나. 이렇게 화나고 슬픈 게 당연해. 엄마가 너였어도 그랬을 거야. sns는 끔찍한 무기가 될 수 있어. 게다가 아이들이 거짓말을 지어내서 올리면 정말 많은 문제를 일으키지. 하지만 너는 루스에게 좋은 친구가 되어주려고 했어. 분명 루스도 고마울 거야.

엄마는 창피하고, 슬프고, 화가 나는 올리비아의 감정을 하나하나 말하면서 인정한다. 그리고 루스에게 친절했던 올리비아의 행동도 강조한다. 알고 보니 그 못된 아이들이 루스를 계속 괴롭히면서 폭행을 저질렀고, 루스는 최근에 이혼한 부모님 일로 힘들어하고 있었다. 올리비아가 루스의 유일한 친구였다는 사실도 알게 되었다. 모든 사실을 알게 된 엄마는 올리비아가 루스를 두둔하는 게 얼마나 중요한지, 루스를 어떻게 도와주고 학교에 알려 더 이상의 괴롭힘이 일어나지 않게 할 것인지를 의논했다.

올리비아: 어쩌죠? 학교를 옮겨야만 할 거예요. 절대로 내일 학교에 갈 수 없어요. 이 일을 전교생이 다 알거든요. 복도를 지나갈 수도 없을 거예요. 모두가 나와 루스를 보며 비웃을 테니까요. 정말 학교에 못 가요, 못 가요.

엄마: 정말 난처하겠구나. 네 얼굴을 보면 알 수 있어. 전교생이 너를 비웃고 욕하는 사진과 글을 보았다니 상상하기도 어려워. 몸은 어떠니? 많이 긴장한 것처럼 보이는데.

지금 올리비아의 입장에선 학교에 갈 수 없다고 생각하는 게 당연하다. 엄마는 지금은 이 문제를 다룰 때가 아니라고 깨닫는다. 그리고 기다리기로 한다. 지금은 올리비아의 감정을 인정하고, 올리비아가 감정과 몸으로 느끼는 것에 집중한다.

올리비아: 몸 전체가 그냥 딱딱하게 느껴져요. 배도 아프고요. 학교에서는 덥고, 가슴이 빨리 뛰었어요. 이러다 기절할 수도 있겠구나 싶었어요.

엄마: 그랬구나. 몸은 그런 식으로 위험이 닥쳤다는 것을 알려주지. 그리고 피곤해 보이네. 방금 전쟁터에서 돌아온 것 같아. 이렇게 하면 어떨까? 잠시 긴장을 푸는 시간을 갖자. 두 시간 정도 이곳을 휴대 전화를 사용하지 않는 장소로 만들자. 원하면 루스나 다른 친구에게 문자를 보내서 잠시 전화기를 꺼 두겠다고 말해도 돼. 그런 다음 방법을 찾아보자. 괜찮지? 욕조에 뜨거운 물을 받아줄까?

이제 올리비아는 어느 정도 차분해진 것 같다. 엄마는 딸에게 시간을 가질 것을 권하며 문제는 그 후에 해결하자고 한다. 주어진 두 시간 동안 올리비아는 마음을 추스르고 생각을 정리할 것이다. 문제 해결을 위해서는 이런 시간이 정말 중요하다.

저녁 식사를 마친 엄마와 올리비아가 다시 마주 앉는다.

엄마: 기분이 어때?

올리비아: 기운이 다 빠져나갔어요. 그리고 좀 허탈해요. 그 애들이 무슨 짓을 했는지 믿을 수 없을 정도예요.

엄마는 먼저 올리비아의 기분을 확인하는 걸로 대화를 시작한다. 올리비아의 마음이 차분해졌고, 엄마 역시 흥분이 가라앉았을 때 대화를 시작하기 위함이다.

엄마: 그렇게 느끼는 게 당연해. 정말 힘든 하루를 보냈잖아. 그럼 이제 어떻게 하면 학교를 안전한 곳으로 만들 수 있을지 얘기해보자. 학교는 너와 루스가 공부하고 친구들과 생활하는 곳인 만큼 괴롭힘을 당하지 않는 곳이 되어야 해. 그렇게 할 수 있는 방법들을 생각해보자.

엄마는 올리비아의 감정을 인정한다. 그런 다음 올리비아가 학교를 안전한 곳으로 느낄 수 있는 곳으로 만든다는 목표를 말로 표현하면서 문제 해결 과정을 준비한다.

올리비아: 글쎄요, 내가 파티하면서 술을 마시는 것 같은 사진을 본 사람이 아무도 없는 새 학교로 옮기는 게 한 가지 방법일 거 같아요. 아니면 당분간 학교에 가지 않고 집에 있을 수도 있고요.

엄마: (올리비아의 생각을 적으며) 좋아, 그럼 엄마가 지금 나오는 방법들을 모두 기록할게. 그런 다음 이걸 하나씩 살피면서 무엇이 가장 효과적일지를 고민하자.

아이디어를 짜내는 게 문제 해결의 두 번째 단계다. 부모 입장에서는 터무니없어 보일지라도 이 단계에서는 모든 아이디어가 좋은 아이디어라는 사실을 잊지 말자. 엄마는 지금이라도 딸의 말문을 막고 싶지만 학교를 떠나고 싶다는 올리비아의 생각에 바로 안 된다는 말을 하지 않는다는 사실에 주목하자. 그 대신 모든 아이디어를 기록해서 하나하나 살펴보자고 한다.

엄마: 당분간 엄마가 너를 학교에 데려다줄 수도 있어. 그러면 스쿨버스를 타지 않아도 되겠지? (이 아이디어도 기록한다.) 교감 선생님께 전화가 왔었어. 무슨 일이 벌어졌는지 들으셨대. 학교가 그런 행동을 그대로 보아 넘기지 않겠다는 사실을 알리고 싶으셨나봐. 그래서 다음 주에 학부모들을 모아 놓고 sns의 공격에서 너희들을 어떻게 보호할지 이야기한대. 그리고 수련회도 연다고 해.

올리비아: 맙소사, 상황이 더 나빠질 거예요. 루스와 내게 일어난 일 때문이라는 걸 모두가 알게 될 테니까요!

엄마: 그래, 무서울 수 있어. (잠시 말을 멈춘다.) 엄마도 교감 선생님과 그 문제

를 의논했어. 교감 선생님은 조치를 취하기 전에 우리를 만나고 싶어 하셔. 그래야 너와 루스가 안전하다고 느끼고, 학교의 조치가 상황을 더 나쁘게 만들지 않는다고 확신할 수 있으시대. (이 내용도 기록한다.)

올리비아는 한숨을 쉰다.

엄밀히 따지면 엄마의 아이디어는 아니지만 상당히 가능성 있는 생각이라 생각한 엄마는 교감 선생님과의 만남과 수련회도 목록에 기록한다. 이제 몇 가지 아이디어를 얻었으니 목록을 살피며 방법을 찾을 때다.

엄마: 이제 기록한 것들을 살피며 몇 가지로 좁혀볼까?

올리비아: 음, 며칠만이라도 학교를 빠져도 돼요?

엄마: 올리비아, 그럴 수는 없어. 너는 한 번도 학교를 빼먹은 적이 없잖니. 게다가 곧 토론 대회에 참가해야 하잖아. 그렇지 않니?

올리비아: 맞아요. 그럼 이번 주는 차로 학교에 데려다줄 수 있어요?

엄마: 그럼, 그럴 수 있지.

올리비아: 그리고 교감 선생님을 만나야 해요?

엄마: 싫다면 억지로 만나지 않아도 돼. 하지만 엄마는 그게 너에게 가장 도움이 될 거라고 생각해. 무슨 일이 있었는지 교감 선생님이 정확하게 알려면 너에게 들으셔야 하거든. 그리고 교감 선생님이 그 아이들에게 너와 관련된 게시물들을 삭제하라고 하셨대. 그리고 아직 확실하진 않지만 그 아이들은 처벌을 받을 거야.

올리비아: 그렇군요. 그 게시물이 올라가 있는 동안 백만 명은 보았을 거예요.

엄마: 그래, 맞아. (잠시 말을 멈춘다.) 그래서 이번주는 엄마가 너를 차로 학교에 데려다줄 거야. 그리고 교감 선생님을 만나 네가 학교를 안전한 곳으로 느끼게 할 방법을 찾아내도록 도울 거야.

엄마는 올리비아와 대화한 내용과 해결 방법을 적은 내용을 요약한다. 엄마는 학교에 가지 않으려하는 올리비아의 말에 결석을 허락하지 않겠다고 분명히 밝히면서 올리비아의 행동에 한계를 정해주었다.

엄마: 올리비아, 엄마 아빠는 너를 정말 사랑한단다. 이런 일은 절대 일어나지 않았으면 하는 끔찍한 일들 중 하나지. 게다가 이 일은 명백히 너를 향한 괴롭힘이야. 그걸 너도 알고 있지? 그래도 너에게 절대 이런 일을 하지 않을 좋은 친구들이 있어서 기쁘구나. 괴롭힘이 얼마나 큰 상처를 줄 수 있는지 깨달았으니 앞으로 너는 더 강력하게 괴롭힘에 맞설 수 있을 거야. 우리 '스스로에게 친절해지는 시간'을 갖는 게 어떨까? 내일 학교 다녀와서 엄마랑 발 관리를 받거나 함께 요가 수업을 들을래?
올리비아: 그런데 숙제를 아직 못했는데요?
엄마: 숙제 다 하고 나서.
올리비아가 웃는다. 엄마는 그런 올리비아를 안아준다.

엄마는 계속 학교에 가고 싶지 않다고 조르는 올리비아의 말에 넘어가지 않으려 조심하고, 올리비아와 함께 '스스로에게 친절해지는 시간'을 갖자며 긍정적인 분위기로 대화를 끝낸다.

대화를 통해 엄마는 올리비아가 속상한 일을 겪을 때 흥분하지 않고 차분히 들어줄 수 있다는 사실을 보여주었다. 또 올리비아가 자신의 감정을 알아차리고, 자신의 감정과 실제 상황에 모두 효과적으로 대처할 수 있게 만들어주었다. 이렇듯 엄마와 아이가 함께 문제를 해결하는 것은 효과적이다. 아이가 10대일 때는 특히 더 그렇다. 이번 일로 올리비아는 문제가 생겼을 때 엄마와 대화를 통해 헤쳐 나갈 수 있다는 사실을 알게 되었을 것이다.

앞에 나온 대화들과 이번 사례를 본질적인 대화의 본보기로 삼자. 물론 이야기의 주제나 아이의 상황(나이, 성격, 필요, 문제)은 여기에 나온 사례들과 다를 수 있다. 그러나 지금까지 익힌 기술(감정 코치 수단, 스스로에게 해야 할 세 가지 질문과 지침)을 활용하면 된다.

이제부터는 이 기술을 바탕으로 폭력, 기후 변화, 전자 기기, 사회 정의 그리고 분열된 사회와 관련하여 본보기가 되는 대화들을 보여주려고 한다. 각 연령대의 아이들이 무섭다고 느끼는 다양한 문제들을 다루었다. 이 대화들을 무조건 따라하라는 것이 아니다. 그보다는 생각을 자극하고, 대화를 이끄는 데 도움이 되었으면 한다.

아이들은 부모에게 많은 질문을 한다. 부모로서 당신의 역할은 이런 문제들을 전문적으로 설명해 주는 선생님이 되는 게 아니다. 아이들이 자신의 감정을 잘 다룰 수 있도록 하여 세상을 무서운 곳으로 느끼지 않게 해주어야 한다. 이 과정에서 나눈 대화가 아이를 열린 마음으로 세상에 참여하게 하고, 가진 것을 베풀게 하고, 지혜롭게 하고, 자신감 있는 어른으로 성장하게 하는 데 도움을 줄 것이다.

7장

폭력에 관한 대화

당신은 폭력에 둘러싸여 있다고 생각하는가? 학교, 백화점, 쇼핑몰, 직장, 종교 시설 같은 공공장소에서 벌어진 총기 난사 사건이나 강도 사건을 들으면 그렇게 생각할 수 있다. 문제는 이런 뉴스가 단지 두려움을 안기는 데서 끝나지 않고 삶을 송두리째 바꾸어놓을 수도 있다는 데 있다. 현대인들은 이제 연주회에 가거나 거리 행사에 참여하는 것처럼 한때는 평범했던 일을 할 때도 걱정을 해야 한다. 금속 탐지기를 통과하고, 공항에서 신발을 벗고 벨트를 푸는 일은 이제 당연하다. 아이들이 화재나 재난에 대비하여 훈련을 하는 모습도 종종 봐야 한다.

아이들을 위협하는 위험은 가장 기본적인 안전에 대한 신뢰를 훼손한다. 안전하지 않을 수 있다는 생각 때문에 학교에 가기를 두려워하는 아이가 있어서는 안 된다. 동시에 아이가 위험할 때 그 자리에 부모가 없어서 보호해주지 못하는 일은 없어야 할 것이다.

이 책에서는 생각의 영향력에 관해 많이 이야기했다. 생각은 감정에서 비롯되고, 행동으로 이어진다. 학교에서 벌어진 총격 사건, 공공장소에서 일어난 위험한 사건에 관해 아이와 대화를 나누기 전에 이 점을 다시 기억하자. 물론 학교에서 이런 일이 일어날 가능성은 거의 없지만 요즘은 언제 어디서든 24시간 뉴스를 접할 수 있기 때문에 생각보다 가까운 일로 느낄 수도 있다. 그럼에도 학교는 여전히 아이들에게 가장 안전한 장소임에 틀림없다. 실제로 가정 폭력 통계를 봐도 학교가 집보다 더 안전하다.

이 장에서는 앞부분에서 익힌 기술을 활용하여 학교와 사회에서 일어나는 폭력에 관해 아이들과 어떻게 이야기를 나눌지 논의하려고 한다. 아이들이 듣거나 목격하거나 경험할 수도 있는 실제 위협과 폭력에 관한 대화도 나눌 것이다. 그 전에 폭력에 관한 논의가 당신과 당신의 아이들에게 어떤 영향을 줄 것인지 생각해보라. 대화 중에 아이에게 꼭 필요한 대처법을 알려주면 아이는 물론 당신의 감정을 다스리는 데도 도움이 될 것이다.

- 이 논의에 개인적인 이해관계가 얽혀 있는가? 그리고 그것이 아이와의 대화에 어떤 영향을 줄 것인가? 과거에 폭력을 당한 개인적인 경험이 이 일과 아무런 상관이 없는 일을 논의하는 데 영향을 줄 수 있다.

- 당신 혹은 당신과 가까운 누군가가 폭력 사건을 겪었는가? 피해를 입었거나 주변의 누군가가 폭력을 당하는 모습을 지켜보았다면 그때 입은 정신적 외상이 지금까지 영향을 끼치고 있을 수도 있다.

• 배우자는 어떤가? 폭력에 관해 이야기할 때 의견이 같은가? 당신이나 배우자가 폭력을 겪은 경험이 있는지 이 기회를 통해 이야기해보라.

• 폭력은 우리에게 얼마나 큰 영향을 주는가? 범죄율이 높은 동네에 살거나 아이가 다니는 학교에서 폭력 문제가 발생한 적이 있다면 아이에게는 이런 대화가 좀 더 현실적으로 느껴질 것이고, 그만큼 더 불안이 클 것이다.

• 당신의 아이는 폭력에 관해 얼마나 이해하고 있는가? 어떻게 하면 나이에 맞는 대화를 할 수 있을까?

• 어떻게 하면 아이의 걱정을 줄여줄 수 있을까? 아이의 질문에 얼마나 자세하게 얘기해줘야 할까? 아이가 감정을 조절하도록 돕기 위해 어떤 도구를 사용할 수 있을까?

먼저 첫 번째 대화는 학교에서 일어난 총기 난사 사건에 초점을 맞춘다.

대화1

총기 난사가 뭐예요?

#유치원 #학교 총기 난사 #총기 폭력

소피아는 3주 전부터 유치원에 다니고 있다. 얼마 전, 미국의 한 중학교에서 총기 난사 사건이 발생했다는 뉴스를 보았다. 그 사건으로 세 명의 아이가 사망했다.

다음 날, 버스에서 내리는 소피아의 표정이 시무룩하다. 오늘 하루가 어땠는지 묻는 엄마의 질문에 소피아는 눈을 내리깔고 "괜찮았어요."라고 대답한다.

😞 **빨간불**

엄마 눈에는 소피아가 시무룩해 보인다. 버스에서 친구와 함께 앉지 못해서 그런 건지 아니면 유치원에서 무슨 일이 있었던 건지 궁금하다.

"우리 딸, 무슨 일 있었어?"

소피아가 한숨을 쉬더니 묻는다. "엄마, 학교 총기 난사가 뭐예요?"

딸의 질문에 엄마는 호흡을 가다듬는다. 이런 문제를 이렇게 빨리 다루게 될 거라곤 생각 못했다. "무슨 이야기를 들었어?"라고 묻는다. 생각과 달리 날카로운 목소리가 튀어나온다. 엄마는 딸아이가 있는 곳에 총을 든 남자가 나타난다는 생각만 해도 무섭다. 그런데 그런 이야기를 딸에게 해야 한다고 생각하니 더 무섭다.

소피아는 계속 고개를 숙이고 있다. "아니에요, 아무 일도 아니에요. 간식은 뭐예요?"

엄마는 안심하면서 "소피아는 그 일을 잊어버릴 거야."라고 애써 되뇌인다.

그날 밤, 새벽 두 시에 잠이 깬 엄마는 침대 옆에 서 있는 소피아를 발견한다. "잠을 잘 수가 없어요. 무서운 꿈을 꿨어요. 유치원 식당에 한 남자가 있었어요. 총을 들고."라고 딸은 말한다.

166

무엇이 잘못됐을까? 유감스럽게도 아이들은 자신이 듣거나 겪은 충격적인 일을 그냥 잊어버리지 않는다. 어른도 마찬가지다. 긍정적이든 부정적이든 마음속으로 격렬하게 반응하고, 또 오랫동안 기억한다. 문제는, 해야 할 대화를 피하면 다시 말을 꺼내기가 어렵다는 사실이다. 아이들은 부모의 감정을 섬세하게 읽기 때문에 부모가 어떤 주제를 불편해하는지 다 안다. 그래서 어려운 주제를 꺼낼 때 주저한다. 엄마가 소피아에게 반응을 보이기 전 심호흡을 하고 이렇게 말했다면 상황이 어떻게 바뀌었을까?

 파란불

엄마 눈에는 소피아가 시무룩해 보인다. 버스에서 친구와 함께 앉지 못해서 그런 건지 아니면 유치원에서 무슨 일이 있었던 건지 궁금하다.

"우리 딸, 무슨 일 있었어?"

소피아가 한숨을 쉬더니 묻는다. "엄마, 학교 총기 난사가 뭐예요?"

엄마는 잠시 소피아에게서 등을 돌려 심호흡을 한다. 충격을 받은 엄마의 표정을 소피아가 보지 못하게 조심한다.

엄마는 한 발 물러서서 자신의 감정을 먼저 조절한다. 딸의 질문에 충격을 받았지만 심호흡을 통해 진정시키려는 것이다. 걱정스러운 표정을 숨기려고 몸을 돌리기까지 했다. 엄마가 속상해하는 걸 알아차린 소피아가 마음을 털어놓지 않을까봐 엄마는 자신의 표정을 숨긴 것인데, 이는 중요한 행동이다.

엄마: 엄마는 네가 궁금한 걸 물어보는 게 좋아. 그 말은 어떻게 들었어?

소피아: 유치원에 가는 길에 뒤에 앉은 언니랑 오빠들이 하는 이야기를 들었어요. 그리고 쉬는 시간에 누군가가 총을 들고 탕탕탕 쏘는 흉내를 냈어요. 집에 오는 버스에서도 아이들이 우리 유치원에 총기 난사가 벌어질 수 있다고 했어요.

엄마는 소피아가 유치원과 스쿨버스에서 들은 이야기를 주의 깊게 듣는다. 선뜻 이야기하려고 하지 않을 때는 질문을 통해 답을 끌어낸다. 엄마는 이렇게 소피아가 아는 내용을 바탕으로 반응을 보일 수 있다. 동시에 소피아가 이해할 수 있는 범위를 넘어서거나 더 불안하게 할 수도 있는 이야기는 하지 않을 수 있다. 예를 들어 소피아는 총기 난사로 아이들이 죽었다는 이야기는 듣지 못한 것 같고, 엄마는 그 이야기는 할 이유가 없다고 생각한다.

엄마: 그 이야기를 듣고 어떤 기분이 들었어?

소피아는 아무 대답도 하지 않는다. 엄마는 아이에게 생각할 시간을 준다.

소피아: 모르겠어요.

엄마: 엄마는 총을 쏜다는 이야기를 들으면 몸으로 걱정되는 게 느껴지거든. 어떤 때는 배가 울렁거리고, 어떤 때는 얼굴에 걱정하는 표정이 나타나. 소피아도 그럴까? 스쿨버스에서 내릴 때 보니 머리를 숙이고 있었어. 무언가 때문에 힘들어하는 것 같았어.

소피아는 고개를 끄덕이고 엄마는 기다린다는 의미로 간식을 준비한다. 잠시 후, 두 사람은 식탁에 마주앉는다.

엄마: 학교 총기 난사가 뭐냐고 물었지? 학교나 학교 주변에서 마구 총을 쏜다는 뜻이야.

소피아: 누가 그렇게 해요? 왜 그렇게 하는데요?

엄마: 좋은 질문이야. 소피아가 다니는 유치원이랑 학교는 안전하고, 학교에 총을 가지고 오면 안 되지. 학교 총기 난사에 관해 무슨 이야기를 들었니?

소피아: 큰 아이가 학교에 총을 가지고 와서 마구 쏘았대요. 그게 정말이에요?

엄마는 생각할 시간을 갖기 위해 주방으로 가 물을 한 잔 마신다.

엄마: 작년에 학교를 떠나서 이제 그 학교에 오지 않아야 할 어떤 큰 아이 때문에 몇몇 아이들이 다친 건 사실이야. 그건 무서운 일이야.

소피아: 아니, 왜요?

엄마: 글쎄, 대답하기 어려운 질문이지만 최선을 다해서 이야기해 볼게. 화를 내는 건 괜찮지만 사람을 다치게 하지는 말아야 한다고 유치원에서 배웠지? 그런데 어떤 사람들은 병이 있어서 그걸 배우지 못하거나 감정을 조절하지 못해. 그래서 다른 사람들을 다치게 할 때가 있어. 아주 어렸을 때 소피아 너도 화가 나면 다른 사람을 때리곤 했잖아, 기억나지? 그런데 화가 난 사람이 자신의 감정을 참지 못하고, 총까지 가지고 있다면 그 총으로 사람들을 다치게 할 수 있어. 총은 매우 위험한 물건이거든.

소피아: 엄마가 아는 사람 중에도 그런 사람이 있어요?

엄마: 아니, 없어. 우리가 그런 사람을 만날 것 같지는 않아. 다행히도 대부분의 사람들은 그런 감정을 어떻게 조절해야 하는지 알고, 또 아이들은 총을 갖지 못하거든.

소피아: 누군가 우리 유치원에 들어와서 나를 쏠 거라고 생각해요?

엄마: (소피아를 꼭 끌어안으며) 아니, 그렇게 생각하지 않아. 하지만 너를 비롯한 많은 아이들이 그 일이 일어나서 다칠까봐 걱정이야. 소피아 네가 안전하다고 느끼게 만드는 것이 엄마의 일이야. 엄마는 네가 마음속에 있는 말을 해주어서 정말 기뻐. 네가 다니는 유치원은 안전해. 모든 선생님들이 너희를 안전하게 지키려고 애쓰고 계셔. 우리가 집에서 안전에 관해 얘기하는 것처럼 그분들도 너희의 안전에 관해 얘기하실 거야. 불이 났을 때 안전하게 몸을 피할 계획을 짜거나 대피 훈련을 하는 것도 그 때문이란다.

엄마는 소피아의 말을 끝까지 들어주면서 딸이 자신의 감정을 알아차리게 도와준다. 소피아는 처음에 자신이 느끼는 감정을 구분하지도 못하고, 그러고 싶어 하지도 않는다. 이에 엄마는 자신이 똑같은 상황에 처해 있다면 어떤 기분일지를 털어놓음으로써 딸을 도와준다. 엄마는 소피아가 어떤 감정일 거라고 넘겨짚는 대신 비슷한 감정을 느끼지 않느냐고 묻는다. 소피아가 고개를 끄덕이자 엄마는 걱정하는 게 당연하다고 인정한다. "그건 무서운 일이야."는 소피아가 공포를 느끼는 게 당연하다는 것을 인정하는 말이고, "많은 아이들이 걱정한단다."는 상황을 설명하는 동시에 소피아를 안심시키는 말이다. 엄마는 총은 정말 위험한 무기이기 때문에 많은 사람이 총을 무서워한다고 말하면서 딸의 공포를 인정한다.

그럼 이제 엄마가 무엇을 하지 않았는지에 주목하자. 엄마는 총기 난사가 절대 일어나지 않을 거라고 말하지 않았고, 그런 식으로 소피아를 안심시키려고 하지도 않았다. 물론 어떤 부모도 그런 식으로 약속할 수는 없다. 하지만 엄마가 소피아에게 그랬듯 보호받을 수 있다는 기대를 심어줄 수는 있다.

소피아: 좋아요. 그럼 이제 밖에 나가서 놀아도 돼요?

엄마: 물론이지. 마음속 얘기를 해주어서 고마워. 그리고 걱정되는 일이 있을 때는 언제든 말해.

이 시나리오에서는 한계를 정하거나 문제를 해결할 필요가 없다. 소피아는 학교에 가지 않겠다고 조르거나 버스를 타는 게 무섭다고 하지 않기 때문이다. 엄마는 소피아의 기분이 나아지도록 돕기 위해 어떤 계획을 할 필요도 없다. 그러나 소피아가 계속해서 사건에 대해 걱정한다면, 예를 들어 그 이야기를 계속해서 하거나 악몽을 꾼다면 상황이 바뀔 수도 있다.

엄마와 소피아의 대화는 긍정적으로 마무리됐다. 소피아는 밖에 나가서 놀아도 되느냐는 말로 대화를 끝냈고, 이는 놀 수 있을 만큼 기분이 좋아졌다는 것을 의미한다. 엄마는 소피아가 마음속 걱정을 말해줘서 기쁘고, 앞으로도 계속해서 말해주어야 한다고 다시 한 번 강조한다.

대화2

유대교 회당에서 일어난 폭력 사건

#초등학교 #총기 폭력 #편견 #종교

열 살 노아와 엄마는 도시 근교의 작은 유대 공동체에 살고 있다. 그런데 최근 두 차례에 걸쳐 유대교 회당에서 반유대주의 사건이 벌어졌다. 첫 번째 사건은 정체를 알 수 없는 누군가가 유대교 묘지의 묘비에 뿌리는 페인트로 나치의 상징인 만卍 자 무늬를 그려 넣고 "유대인들은 우리를 대신하지 못한다"라는 문구를 써놓고 사라진 것이다. 두 번째 사건은 유대인 보호를 위해 얼마 전에 고용한 회당 경비원이 기도 시간에 건물 밖에서 총을 휘두르는 사람을 붙잡은 것이다.

두 사건으로 유대인 공동체는 충격을 받았고, 아이를 데리고 회당에 다니던 노아의 엄마 레이첼 역시 큰 걱정에 휩싸였다. 레이첼은 노아에게 이 사건들을 어떻게 설명해야 할지 난감했다. 아이의 안전이 걱정된 레이첼은 결국 유대교 회당에 노아를 데려가는 일을 그만둔다. 그러던 어느 날 노아가 유대교 회당이 위험한 장소냐고 묻는다.

 파란불

엄마: 노아, 왜 그런 질문을 하는 거지?

노아: 학교에서 에번이 총을 들고 유대교 회당에 가서 유대인들을 죽이려던 남자에 관해 말했거든요. 그리고 엄마가 오랫동안 나를 회당에 데려가지 않았잖아요.

엄마: (심호흡을 하며) 세상에, 뭐라고? 노아, 에번이 그렇게 말했을 때 기분이 어땠니?

엄마는 노아의 말에 깜짝 놀란다. 엄마는 노아가 그 일에 대해 알게 될 줄 몰랐다. 노아는 자신의 반에서 유일한 유대인이어서 그런 이야기를 들었을 거라 생각하지 않는다. 엄마는 심호흡을 한 뒤 아이가 무엇을 알고 있는지부터 파악하려고 한다.

노아: 처음에는 에번이 지어낸 이야기라고 생각해서 그냥 웃었어요. 믿을 수 없는 얘기라서요. 그런데 선생님이 사실이라고 하셨고, 그 말을 들으니 겁이 났어요. 그래서 선생님께 무슨 일이 벌어졌느냐고 물었는데 엄마한 테 물어보래요.

엄마: 그때 기분이 어땠니?

노아: 별로 좋지 않았어요. 뱃속이 이상했어요. 엄마한테 전화하고 싶었지만 수업 중이어서 못했어요. 양호실에 가야 하나 생각했지만 간다고 말하기 가 부끄러웠어요.

노아는 자신의 감정 그리고 그 감정과 관련된 몸의 감각을 확인했다. 그렇 지 않았다면 엄마가 이끌어주거나, 그럴 경우 엄마는 노아가 어떤 기분일지 를 물으면서 노아가 자신의 감정을 알아차릴 수 있도록 도와야 했을 것이다.

엄마: 정말 끔찍했겠구나. 어떤 기분인지, 또 그 기분을 어떻게 조절할 것인 지 스스로 알아냈다니 엄마는 네가 자랑스러워. 선생님께 이 말을 해주셨 으면 좋았을걸. 선생님은 엄마와 네가 이 얘기를 했는지 확인하고 싶으셨 나봐. 이렇게 말해줘서 기뻐.

엄마는 노아의 감정 그리고 무슨 일이 있었는지 노아가 털어놓은 점을 모 두 인정한다.

노아: 그래서 엄마, 무슨 일이 있었어요?

엄마: 맞아, 회당에서 일이 있었어. 그렇지만 아무도 다치지 않았어. 한 남자가 찾아왔는데, 손에 총을 들고 있었대. 그런데 그 남자가 조금 이상한 소리를 하니까 경비 아저씨가 경찰을 불렀나봐. 바로 경찰이 와서 그 남자를 데려갔대. 그 남자는 총을 쏘지 않았고, 아무도 다치지 않았어.

엄마는 짧고 간단하게 설명한다. 불필요한 내용은 넣지 않는다. 예를 들면 그 남자가 반유대주의 구호를 외쳤다거나 회당에 모인 사람들을 모두 죽이겠다고 위협했다는 말은 하지 않는다. 엄마는 노아가 그런 자세한 내용까지 들었다면 자신에게 분명 말했을 거라 판단한 것이다.

노아: 그 남자는 왜 그랬대요?
엄마: 엄마도 모르겠어. 아마 무언가에 화가 났는데 화난 마음을 조절하지 못하고 총을 휘둘렀나봐. 아니면 어떤 병이 있어서 자신이 무슨 짓을 했는지 정말 몰랐을 수도 있고. 어느 쪽이든 누군가가 총을 가지고 있고, 그 총을 사용할지도 모른다고 생각하면 무서울 거야. 무서울 때 어떤 기분이니, 노아?

엄마는 반유대주의 문제까지는 거론하지 않는다. 그런 이야기를 하기엔 아들이 너무 어리다고 생각하기 때문이다. 그 문제는 아들이 꺼낼 때 다룰 것이다. 같은 이유로 엄마는 유대인 묘지가 엉망이 되었다는 이야기도 꺼내지 않는다.

노아: 말했잖아요. 배가 울렁거렸다고요. 조금 떨리기도 했어요. 학교에서 총을 든 남자가 나타난 게 사실이라고 선생님이 말했을 때 몸이 떨렸어요. 사람들이 총에 맞아 죽었을지도 모른다고 생각했거든요.

엄마: (고개를 끄덕이며) 엄마도 무서우면 속이 울렁거리고 몸이 떨려. 그건 정말 무서운 일이니까.

노아: 엄마가 나를 회당에 데려가지 않는 것도 그거 때문이에요? 안전하지 않아서?

엄마: 이번 토요일에는 갈 거야. 좋지 않은 일이 생기긴 했지만 회당은 여전히 안전한 곳이거든. 앞으로도 계속 안전하게 지킬 수 있는 방법을 찾기 위해 사람들이 모일 거야. 회당 경비원 아저씨가 그곳에 들어가는 모든 사람들이 총 같은 무기가 없는지 확인할 거고. 총을 든 남자가 들어올 일은 없을 거야.

엄마는 이 이야기를 하면서도 상당히 불안하다. 엄마 자신도 아직 회당의 안전성에 관한 걱정에서 벗어나지 못하고 있다. 하지만 엄마는 자신의 두려움을 노아에게 전염시키지 않으려고 조심한다. 회당에 가지 않았던 이유를 얼버무리고 넘어간 것도 그 때문이다.

엄마는 자신의 두려움 때문에 노아를 회당에 데려가지 않았지만 이제 다시 갈 거라고 약속한다. 이제 엄마는 랍비에게 전화를 걸어 자신의 두려움을 털어놓으려고 한다. 또한 노아가 조금 더 성장한 뒤에 반유대주의에 관해 어떻게 대화를 나누어야 할지에 관해서도 도움을 청하려고 한다.

빼앗긴 운동화

#초등학교 #불량배 #도둑질

열두 살 라파엘의 엄마는 아들에게 크리스마스 선물로 새 운동화를 사주었다. 새 학기가 시작되자 라파엘은 그 운동화를 신고 학교에 갔다. 그런데 화장실에서 만난 상급 학년인 제이슨이 다가오더니 라파엘에게 그 운동화를 달라고 한다. 팔레트 나이프를 보여주며 순순히 따르지 않으면 찌르겠다고 위협까지 했다. 겁에 질린 라파엘은 자신의 운동화를 벗어 제이슨에게 주었고, 제이슨은 자신이 신고 있던 낡은 운동화를 벗어 라파엘에게 건넸다.

라파엘은 화장실에서 뛰어나와 교실로 돌아갔다. 하얗게 질린 라파엘의 얼굴을 본 친구 잭이 라파엘에게 무슨 일이냐고 물었다. 제이슨이 운동화를 가져갔다는 말에 잭은 안절부절못하면서 모든 아이가 제이슨을 무서워한다고 말했다. "운동화를 돌려받고 싶어? 그럼 줄리언과 이야기해보자."라고 잭이 제안했다. 줄리언은 제이슨에게 맞설 수 있는 유일한 아이였다. 줄리언은 라파엘의 운동화를 되찾아줄 수는 있지만 그러려면 대가로 자신에게 무언가를 해줘야 한다고 말했다. 그 대가가 무엇인지는 '나중에' 알려주겠다고 했다.

그날 저녁 라파엘은 엄마와 그날 하루를 어떻게 지냈는지 이야기했다. 라파엘은 몸이 좋지 않아서 다음 날 학교에 가기 어려울 것 같다고 말한다. 엄마가 아들의 이마에 손을 대보지만 열은 없다. 다른 아픈 데가 있는 것 같지도 않다. 엄마는 학교에서 라파엘에게 무슨 일이 있었는지 궁금하다.

엄마: 라파엘, 학교에서 아무 일 없었니? 오늘 어떻게 지냈어?

라파엘: 괜찮았어요. 그런데 운동화를 잃어버렸어요.

엄마: 엄마가 크리스마스 선물로 준 운동화 말이니? 어쩌다가 그랬을까?

라파엘은 대답 대신 우물쭈물거린다.

엄마: 어떻게 학교에서 운동화를 잃어버릴 수 있는지 이해가 되지 않아서 그
　　래. 그럼 신발도 없이 어떻게 다녔니?

라파엘: 엄마, 그 얘기는 하고 싶지 않아요.

그 말에 엄마는 오늘 무슨 일이 생겼다는 걸 눈치 챘다.

엄마: 오늘 학교에서 뭔가 나쁜 일이 일어난 것 같구나. 지금 당장 얘기할 필
　　요는 없고 나중에 얘기하겠다고 약속해줘. 저녁 먹은 뒤에 어때?

　라파엘이 안절부절못하고 있다. 더 이상 피할 수 없다고 생각한 엄마는
라파엘이 마음의 준비를 할 수 있도록 시간을 주고 싶다. 저녁 식사 후 식탁
을 치우면서 엄마는 그 문제를 다른 각도로 접근하겠다고 마음먹는다.

엄마: 학교에서 스트레스를 받는 일은 종종 생기지.

라파엘이 한숨을 쉰다.

　엄마는 라파엘이 선뜻 마음을 털어놓지 않을 거라고 생각한다. 하지만 대
화를 나누다 보면 무슨 일이 있었는지 짐작할 수 있을 것이다.

엄마: 무슨 일이 있었는지 다른 누군가가 아니?

라파엘: 잭이 알아요. 걔는 내가 운동화를 되찾을 수 있다고 말했어요. 그런데 그러려면 내가 줄리언에게 무언가를 해줘야 한대요.

엄마: 오, 라파엘. 정말 힘들고 무서운 하루를 보냈겠구나!

엄마는 자신이 두려워하는 일이 실제로 일어났다는 사실을 확인한다. 엄마는 라파엘이 자신의 감정을 알아차리고 인정하도록 돕는 데 초점을 맞춘다.

라파엘이 등을 돌린다. 엄마는 라파엘의 어깨가 들썩거리는 걸 본다.

엄마: 어떤 애가 네 운동화를 빼앗았구나. 그 애가 너를 협박했니?

라파엘이 고개를 끄덕인다.

엄마: 그 일이 언제 일어났니?

라파엘: 쉬는 시간에 화장실에서요.

엄마: 그런 일이 일어났으면 엄마도 무서웠을 거야. 그때 기분이 어땠어?

라파엘: 겁이 났어요. 숨이 멎는 것 같고 가슴이 쿵쾅거렸어요. 그 아이는 팔레트 나이프를 가지고 있었어요. 엄마도 알죠? 그림 그릴 때 쓰는 나이프 말이에요. 엄청 날카롭거든요. 지난주에 그걸 사용하다가 베일 뻔한 적도 있어요. 운동화를 주지 않으면 그 나이프로 나를 찌르겠다고 했어요. 그래서 곧바로 운동화를 벗어서 걔한테 줬어요. 겁쟁이가 된 기분이었어요.

엄마: 그렇게 겁을 먹은 게 당연해. 네 머릿속에는 맞서 싸워야 한다는 생각이 있었기 때문에 겁쟁이가 된 것 같은 기분이 들었을 거야. 하지만 엄마는 네가 그 아이에게 운동화를 줘버려서 기뻐. 정말 기뻐! (라파엘을 끌어안

으며) 만약 네가 맞서 싸웠다면 어떻게 됐을까? 그 아이가 실제로 그 나이 프로 너를 찔렀으면 어떻게 됐을까?

엄마는 라파엘의 두려움을 인정하면서 라파엘이 맞서 싸우지 않은 게 다행이라고 강조한다.

라파엘: (흐느껴 울면서) 어떻게 해야 할지 모르겠어요. 내일 학교에 가는 게 무서워요. 그리고 줄리언이 원하는 대로 해야 해요?
엄마: 우린 지금 생각해야 할 게 많아. 마음을 정리한 다음에 이야기할까? 우리 둘 다 마음을 진정시켜야 할 것 같아.

엄마는 두 사람이 잠시 쉬어야 한다고 결정한다. 이 일은 두 사람 모두에게 힘든 문제이기 때문이다. 라파엘과 엄마는 좋아하는 프로그램을 찾아 함께 텔레비전을 시청한다. 그런 다음 엄마는 저녁 간식과 마실 거리를 준비한다.

엄마: 안전해야 할 학교에서 이런 일이 생겼다는 건 정말 무서운 일이야.
라파엘: (고개를 끄덕이며) 방법을 찾아야 해요. 학교에 가는 게 무서워요.
엄마: 그럴 거야. 엄마에게 그런 일이 생겼다면 너와 똑같은 생각을 했을 거야. 함께 머리를 맞대보자. 그리고 어떻게 하면 학교를 안전한 곳으로 느낄지 생각해보자. 아이디어를 내볼까?
라파엘: 내가 줄리언이 원하는 대로 해야 줄리언이 내 운동화를 되찾아줄 거라고 잭이 말했어요.

엄마: (라파엘의 말을 받아 적으며) 엄마는 학교가 어떻게 도와줄 수 있는지 알아
볼게. 그 아이가 학교에서 네 운동화를 빼앗은 거니까!

라파엘: 그건 안 돼요. 엄마가 학교에 그 얘기를 하면 내가 더 힘들어져요. 내
가 그냥 다른 학교로 옮기거나 집에 있는 게 낫다고요.

엄마: 라파엘, 우리는 지금 아이디어를 짜내고 있다는 사실을 잊지 마. 지금
은 어떤 아이디어든 다 적은 다음 나중에 살펴볼 거야. 그냥 네가 운동화
에 대해 신경 쓰지 않는다고 아이들에게 말할 수도 있어. 그러면 줄리언
과 엮이거나 그 아이가 말하는 대로 하지 않아도 돼.

라파엘: 내 운동화를 몰래 다시 가져올 수도 있을 거예요.

엄마: 그러네. 우리한테 몇 가지 아이디어가 있네. 그 아이디어들을 살펴보
자. 그 아이 몰래 네 운동화를 가져올 때의 장단점은 뭘까? 그리고 그렇게
하면 네가 학교에서 더 안전하다고 느끼게 될까?

라파엘: 아뇨, 그렇지 않을 거예요. 그래도 운동화는 되찾을 거예요.

엄마: 학교의 누군가에게 이 일을 알리는 건 어떨지 이야기해보자. 그 방법
이 무섭게 느껴진다는 걸 알아. 네 운동화를 빼앗아간 아이가 복수할까봐
걱정되기 때문이지. 그럼 학교에 이야기할 때의 좋은 점은 뭘까?

라파엘: 내 운동화를 되찾을지도 몰라요.

엄마: 맞아. 그리고 아이들이 학교에서 안전하게 지내도록 지켜주는 게 학교
어른들의 책임이기도 하고. 그분들은 그러기 위해 노력하고 있거든. 또
그분들은 혹시라도 학교에 다른 아이들을 괴롭히고 협박하는 아이가 있
는지 알고 싶을 거야.

라파엘: 제발, 엄마. 그 애가 내게 복수하지 않으면 좋겠어요.

엄마: 이해해. 무서운 게 당연해. 네가 말했다는 걸 알면 그 아이가 너를 더 괴롭힐 수 있으니까. 하지만 그 아이가 한 나쁜 짓을 알리지 않고 그대로 두면 그 애들이 이기는 거야. 그러면 애들은 앞으로도 계속해서 아이들을 괴롭히겠지. 그 아이들이 계속 나쁜 짓을 하는데도 아이들은 겁에 질려 입을 다물고 있을 거고.

라파엘: 엄마, 엄마는 학교에 알리면 어떻게 될지 모르잖아요.

엄마: 아니, 알아. 하지만 네가 왜 겁을 내는지도 충분히 이해해.

라파엘: 맞아요.

엄마: 좋아, 그럼 이렇게 하면 어떨까? 줄리언에게 운동화를 되찾아달라고 하지 마. 너는 누구에게도 신세를 지고 싶지 않으니까. 그 대가로 무얼 요구할지 모르는 상황에선 더욱 그렇지. 나는 네 엄마로서 내 역할을 할 거야. 학교 담당자들과 몰래 얘기할게. 물론 네가 원하지 않으면 너를 관련시키지 않을 거야. 하지만 나는 무슨 일이 있었는지 책임자에게 알려야 해. 괴롭힘을 당하는 아이가 너 혼자는 아니라고 생각하거든. 너희 학교에는 전담 경찰이 있고, 그분은 분명 무슨 일이 일어나고 있는지 알고 있을 거야. 내일 교감 선생님께 전화해서 그 얘길 먼저 할게.

라파엘: 좋아요. 그 부분은 제가 선택할 수 있는 게 별로 없는 것 같네요. 그렇죠?

엄마: (미소를 지으며) 맞아. 네가 안전하다고 느끼고 안전해지도록 돕는 것이 내 역할이야. 엄마는 너를 위해 최선을 다할 거야. 너의 임무는 공부인데 안전하다고 느끼지 못하면 공부를 할 수가 없어.

그러면서 라파엘을 껴안는다.

엄마는 여기에서 라파엘에게 무엇을 가르쳐주었는가? 첫째, 뒤에 엄마가 있다는 사실을 알려주었다. 둘째, 두 사람의 힘만으로는 문제를 해결하는 데 한계가 있다는 사실을 알려주었다. 라파엘을 안전하게 지키는 것이 엄마의 역할이고, 학교 선생님과 담당자들의 역할이다. 라파엘의 의사와 상관없이 엄마 혼자 행동해야 한다면 엄마는 그렇게 할 생각이다.

대화 4

총기 난사 위협으로 일찍 끝난 학교 수업

#중학교 #학교 총기 난사 #봉쇄 #총기 폭력 #법 집행

그레이스는 도시 근교의 중학교에 다니는 열네 살 학생이다. 그레이스의 엄마 엘리는 어느 날 아침 학교에서 보내온 안전 문자를 받는다. 위험한 일이 생길 수도 있어서 수업을 일찍 끝내고 아이들을 버스에 태워 집으로 보내고 있다는 내용이었다.

엘리는 무슨 일이 생겼는지 알아보기 위해 그레이스에게 전화를 건다. 가쁜 숨을 몰아쉬며 전화를 받은 그레이스는 괜찮다고 말한다. 한 학생이 자신의 SNS에 '학교에서 총을 쏘겠다'는 글을 올렸고, 그날 아침 다른 학생이 스쿨버스에서 그 게시글을 확인한 것이다. 그 글을 본 학생이 선생님에게 알렸고, 선생님은 교장 선생님께 보고했다. 얼마 지나지 않아 경찰이 찾아와 글을 올린 아이를 데리고 나갔고, 진상을 조사하는 동안 학생들을 모두 집으로 보내라고 권고한 것이다.

엄마 아빠 모두 회사 일로 바쁘다는 것을 아는 그레이스는 집에 있으니 괜찮다고 말한다. 엄마 엘리는 혼자 있을 그레이스가 걱정되어 되도록 빨리 집에 가겠다고 약속한다. 그날 오후 그레이스가 엄마에게 몇 번 전화를 걸었지만 회의 중인 엄마는 받지 못한다. 엄마는 딸에게 "괜찮니? 무섭지 않니?"라는 메시지를 보냈고, "네, 괜찮아요. ㅋㅋㅋ."라는 그레이스의 답장을 받는다.

퇴근 후 엘리가 돌아왔을 때 그레이스는 자기 방에서 텔레비전을 보고 있다. 얘기를 하고 싶어 하지 않는 눈치다. 엄마, 아빠, 그리고 열일곱 살인 오빠 크리스토퍼까지 모두가 모여 저녁을 먹는 시간, 그제야 그레이스는 그날 무슨 일이 있었는지 이야기한다.

 파란볼

크리스토퍼: 아, 지긋지긋해!

아빠: 무슨 소리지? 이건 가볍게 다룰 일이 아니야. 충격적인 일이고, 진지하게 생각해야 할 일이야.

그레이스: 맞아요. 완전히 겁에 질렸어요. 선생님은 문으로 몰려드는 아이들을 막아야 했고요. 학교에 폭탄이 있다고 말하는 아이도 있었어요. 무슨 일이 일어났는지 아무도 몰랐어요.

아빠: 그때 기분은 어땠니?

그레이스: 토할 것 같았어요.

크리스토퍼: (히죽히죽 웃으면서) 겁쟁이!

아빠: 진심이니?!

아들에게 화가 난 아빠는 물을 가져온다는 핑계로 자리에서 일어난다. 그러고는 싱크대로 가 몇 번의 심호흡을 한다.

한발 물러섬으로써 아빠는 크리스토퍼에게서 관심을 돌리고, 아들의 자극적인 표현에 충동적으로 반응하지 않을 수 있다. 또 심호흡을 통해 아빠는 마음을 가라앉히고, 그레이스의 이야기에 귀 기울이기 위해 이 자리에 있다는 사실을 잊지 않을 수 있다.

엄마: 좀 더 자세히 말해줄래? 누구와 함께 있었는지, 기분은 어땠는지.

그레이스: 목요일 1교시는 자치 활동 시간이에요. 그런데 2교시 종이 울리기 직전에 선생님들은 휴대 전화를 확인하라는 안내 방송이 나왔어요. 선생님이 휴대 전화를 확인하고는 얼굴이 창백해지더니 수업을 중단한다고 말했어요. 우린 모두 환호성을 질렀는데 한 친구가 왜냐고 물었어요. 선생님은 학교가 협박을 받았다고 말했어요. 무슨 협박이냐고 물었지만 선생님은 더는 말해줄 수 없다면서 버스가 우릴 태우러 오고 있다고만 하셨고요. 그때부터 아이들이 겁에 질렸어요. 선생님은 우리에게 책상에 조용히 앉아 있으라면서 문을 잠그라는 말을 들었다고 했어요. 총소리처럼 이상한 소리가 들리면 책상 밑으로 숨으라고요. 그때부터 구역질이 나기 시작했어요. 몇몇 아이들은 손을 잡았어요. 나는 누군가가 문틈으로 총을 쏘는 장면을 상상했어요. 그런데 선생님이 휴대 전화를 사용하지 말라고 하셨어요. 그러지 않았다면 모든 아이들이 부모님들께 문자나 전화를 했을 거예요. 그렇게 오랫동안 교실에 조용히 앉아 있었어요. 선생님은 아

무 일도 없을 거라고, 이것은 일종의 훈련이라고, 경찰이 학교에 왔을 거라고 말씀하셨어요. 하지만 선생님도 무서워한다는 걸 느낄 수 있었어요.

엄마: 우리 그레이스가 오늘 지독하게 무서운 일을 겪었구나. 누군가 들어와서 총을 쏜다는 건 상상만으로도 무서운 일이니까.

실은 엄마 또한 적잖이 충격을 받았다. 하지만 지금은 딸의 말에 맞장구치고, 딸의 두려움을 인정하면서 귀 기울여 듣고 있다는 걸 보여주는 게 자신이 할 수 있는 최선이란 걸 알았다.

그레이스: (눈물을 흘리며) 정말 끔찍했어요. 누군가 교실에 마구 총을 쏴서 내가 죽으면 아무에게도 작별 인사를 할 수가 없을 거란 생각이 들었어요. 그동안 하지 못했던 일들도 생각났고요. 이번 주말에 열리는 댄스 파티를 정말 기다렸거든요. 파티에 갈 수 없을지도 모른다는 생각이 들었어요.

엄마는 그레이스의 얘기를 들으면서 그레이스뿐 아니라 자신과 남편도 힘들어하고 있다는 사실을 깨달았다. 크리스토퍼의 표정도 창백해 보였다. 엄마는 그레이스를 꼭 안아주었다.

엄마: 우리 잠시 심호흡을 하면서 발의 감각을 느껴볼까? 그런 다음 주변을 조금 둘러보는 게 좋겠어.

그 말에 크리스토퍼가 무슨 말을 하려 했지만 엄마가 힐끗 쳐다보자 멈추고 함께 심호흡을 했다. 누구도 먼저 말을 꺼내지 않았고, 아빠는 그레이스에게 다가가 딸을 꼭 안아주었다.

아빠: 그레이스, 많이 힘들었을 텐데 모든 이야기를 해줘서 기뻐. 그런 이야기를 할 수 있다는 게 중요하고, 네가 그렇게 해주어서 자랑스러워. 정말 무서운 경험이었을 거야. 아빠는 무슨 일이 벌어질지 모른다는 게 가장 무서운 일 중 하나라고 생각해. 아무것도 모르는 상황에서는 상상할 수 있는 가장 무서운 일이 마음을 채우는 법이거든. 어쩌면 그게 더 무서울 수도 있고. 오늘은 다행히 모두 무사했지만 그렇게 마음 졸이면서 기다리는 동안 무슨 일이 벌어질지 모른다는 생각에 많이 무서웠을 거야.

아빠는 그레이스가 느낀 감정을 인정하면서 마음이 우리를 지배하면 끔찍한 일을 상상하게 할 수도 있다는 사실을 알려준다.

그레이스: 맞아요. 저와 친구들이 생각했던 모든 일이 실제로 다른 학교에서 다른 아이들에게 일어난 일이에요.

아빠: 그래, 사실이지. 총을 든 남자가 학교에 침입해서 아이들이 줄을 지어 학교를 빠져나가는 모습을 아빠도 보았단다. 너에게도 같은 일이 벌어질 거라고 생각할 수 있어. 협박을 받고 교실 문을 걸어 잠그거나 총기 난사 대비 훈련을 할 때도 머릿속으로는 그런 상황이 떠오를 거야.

아빠는 그레이스가 설명한 무서운 생각들이 정상적이라고 인정한다. 그레이스만 특별하게 그런 공포를 느끼는 것이 아님을 알려준다.

엄마: 많은 학교가 협박을 받고, 학교를 봉쇄하고, 총기 난사 대비 훈련을 하고 있지만 실제로 그런 사건이 벌어지는 경우는 거의 없어. 미국에만 10만 개가 넘는 학교가 있어. 이들 학교 중 그런 사고가 일어난 학교는 극히 드물어. 학교에서 총에 맞을 가능성은 거의 없다는 뜻이야. 물론 그렇다고 해서 걱정이 사라지는 것은 아니야. 두려움은 강력한 감정이거든. 그레이스 네가 오늘 경험한 것처럼.

엄마는 그레이스가 실제 위험보다 더 크게 공포를 느꼈을 수 있다고 조심스럽게 이야기한다. 엄마는 생각이 감정에 영향을 끼친다는 사실을 그레이스가 이해하고, 그걸 바탕으로 자신의 경험을 다른 방식으로 바라보도록 하는 게 목표다.

그레이스: 그래요. 저와 친구들은 우리가 분명 죽을 거라고 생각했어요. 그땐 다른 생각을 할 수가 없었어요.
아빠: 그랬구나. 그런데 우리가 문제를 해결할 방법을 찾을 수 있어. 아마 그런 일은 다시 일어나지 않을 거야. 하지만 내일 학교에 가야 하니 걱정을 덜 느낄 수 있는 방법을 찾아볼까?
그레이스: 으악. 지금으로선 내일 학교에 간다는 생각을 할 수가 없다고요.

아빠는 그레이스의 문제를 해결하기 위해 다음 단계로 넘어가려 하지만 그레이스는 아직 어지러운 마음에서 허우적대느라 아빠를 따라가지 못한다. 예민한 그레이스를 보며 아빠는 문제 해결을 뒤로 미루기로 한다. 그레이스의 가족은 감정을 추스를 시간과 여유를 갖기로 한다. 그리고 다시 모여 어떻게 하면 그레이스가 좀 더 편안한 마음으로 학교에 갈 수 있을지를 의논하자고 한다.

그때, 내일 정상 등교하라는 학교의 알림 문자를 받는다. 함께 문자를 확인한 그레이스가 엄마에게 묻는다.

그레이스: 엄마, 내일 하루만 학교를 쉬면 안 돼요? 에밀리의 엄마가 내일 집에 있다고 에밀리가 집으로 와도 된다고 했어요. 학교에 가는 게 정말 무섭단 말이에요.

엄마는 그레이스에게 앉으라고 한다. 아빠도 함께 앉는다.

엄마: 그레이스, 너는 정말 무서운 경험을 했어. 엄마 아빠도 네가 내일 학교에 갈 걸 생각하면 얼마나 무섭고 불안한지 잘 알아. 하지만 내일 학교에 가지 않으면 다음 날 학교에 가는 건 더 힘들 거야. 당장 학교에 가지 않으면 안심이 되겠지. 하지만 학교로 돌아가야 한다는 사실을 알기 때문에 더 불안할 거고, 너는 더 학교를 피하고 싶어질 거야. 엄마가 내일 꼭 학교에 가야 한다고 생각하는 것도 이 때문이야. 어떻게 하면 네가 최대한 덜 불안할지를 고민해보자.

두려움은 빠른 속도로 눈덩이처럼 커지고, 두려움을 줄이기 위해서는 맞서는 게 가장 좋은 방법이라고 엄마는 분명하게 밝힌다. 이 경우에는 내일 학교에 가는 것이 맞서는 방법이다.

그레이스: 그러면 나를 데려다주고 데려와요. 버스는 못 타겠어요. 모든 아이들이 그 일에 대해 얘기할 거예요.

엄마: 좋아.

아빠: 학교에서는 전화를 사용하지 않는다는 규칙을 잠깐 미루고 점심시간에 엄마나 아빠한테 전화해서 괜찮다고 알려주는 건 어때? 원하면 엄마 아빠가 너에게 전화를 걸 수도 있어.

엄마: 그 일 때문에 힘들어하는 아이들을 도우려고 내일 상담 선생님이 오시지? 어쩌면 상담 선생님을 만나야 할 수도 있을 거야. 엄마 아빠도 내일 저녁에 급히 잡힌 학부모 회의에 갈 거고.

그레이스: 가방에 스트레스를 풀어주는 공을 넣어갈 수도 있어요. 불안할 때 그게 가끔 도움이 되거든요. 내가 몸이 좋지 않다고 엄마가 양호 선생님께 말해줄 수도 있겠네요. 그러면 내가 교실에서 나가겠다고 해도 아무도 묻지 않을 거예요.

그레이스의 가족은 여러 가능성을 검토한다. 그럼에도 그레이스는 계속 집에 있겠다며 애원하고, 엄마 아빠는 안 된다고 말한다. 결국 엄마는 에밀리의 엄마에게 전화를 건다. 그리고 정말 아이들이 에밀리 집에서 모인다면 그레이스도 수업이 끝난 후 그곳으로 보내겠다고 말한다.

엄마는 한계를 명확하게 정한다. 내일 하루 쉬겠다는 딸의 부탁을 들어주지 않는다. 그리고 계획을 세운다. 내일은 차로 그레이스를 학교에 데려다주고 데려온다. 그리고 그레이스가 교실에서 선생님과 함께 있다고 확인해줄 때까지 기다린다. 그레이스는 점심시간에 엄마나 아빠에게 괜찮다는 연락을 한다. 또 스트레스를 푸는 데 도움이 되는 공을 챙기고, 그래도 힘들면 심호흡을 하겠다고 계획을 세운다. 그럼에도 스트레스가 심해 진정할 수 없는 상태가 되면 양호실을 찾겠다고 마음먹는다. 상담 선생님을 찾아갈 것인지는 확실하지 않아 계획에서는 뺀다. 다음 날 저녁에는 그레이스가 축구 연습을 해서 바쁘지만, 연습이 끝나고 집으로 오는 길에 그날 있었던 일을 이야기하기로 계획한다.

그레이스와 부모는 내놓은 아이디어들을 검토하면서 어떤 아이디어는 거부하고(학교에 가지 않는 것, 상담 선생님을 찾아가는 것), 어떤 아이디어는 조절하면서(내일 차로 데려다주고 데려오는 것, 수업 후에 에밀리의 집에 가는 것), 새로운 아이디어 몇 가지를 포함했다(공을 가져가는 것, 점심시간에 전화하는 것). 그리고 그날 하루가 어땠는지, 계획대로 이루어졌는지를 돌아보기로 했다. 또 필요하면 계획을 수정하기로 했다. 예를 들어 많은 아이가 상담 선생님을 만난다면 그레이스도 만날 수 있다.

축구 수업을 마친 그레이스를 직접 데려오면서 엄마와 그레이스는 그날 하루를 돌아본다. 그레이스는 역시나 교실에 들어갈 때 정말 무서웠다. 그래서 심호흡을 하고 총기 난사가 일어날 가능성이 매우 낮다는 사실을 되새기면서 마음을 진정시켰다. 점심시간에는 아빠에게 연락했다. 차로 학교를 오간 게 도움이 되었다. 이제는 다시 버스를 탈 수 있을 것 같다. 엄마 아빠의 계획이 맞았다. 그리고 친구들과 버스에서 댄스 파티에 대한 계획을 짜야 한다.

어서, 자살해

#자살 #괴롭힘 #고등학교 #인터넷

또래 집단을 괴롭히는 다른 형태의 폭력도 있다. 안타깝게도 아이들이 성장하면서 또래 간의 폭력은 더 복잡하고 은밀해진다. 학교나 집단뿐 아니라 온라인, 문자, 그리고 전자 기기를 이용한 방법으로도 이어진다는 점에서 문제의 심각성이 크다.

열일곱 살인 릴리언은 고등학교 생활에 잘 적응하고 있다. 릴리언은 아빠와 둘이 산다. 치어리더 팀에서 활동 중이고, 미식축구 경기를 보러 갔다가 첫 번째 남자 친구인 네이트를 만났다. 릴리언의 아빠는 딸의 남자 친구를 보고 싶어 하지만 네이트는 내켜 하지 않는다. 릴리언과 네이트는 주로 네이트의 친구들과 공원에서 즐거운 시간을 보낸다.

어느 날 친구들이 문자 메시지를 확인하고 있을 때 릴리언이 나타났다. 무슨 내용인가 싶어 들여다보니 폭행을 당한 한 남자아이의 모습이 들어 있었다. 그리고 사진 밑에는 "다음은 너야."라는 메시지가 달려 있었다. 깜짝 놀란 릴리언이 무슨 일이냐고 물었지만 네이트의 친구들은 네가 상관할 일이 아니라며 답을 피했다.

다음 날, 릴리언은 네이트와 친구들이 깔깔거리며 문자 메시지를 보내는 모습을 목격했다.

"너는 벌레야. 흙으로 돌아가. 죽어라, 벌레!"

며칠 뒤에는 다른 메시지를 확인했다.

"칼을 써봐. 너는 살 가치가 없어."

릴리언은 네이트에게 무슨 일이냐고 직접 물었다. 네이트는 '비열한 녀석'인 제이콥과 싸우고 있다고 했다. "걔가 내 친구 개빈의 학교생활을 힘들게 만들었거든."

네이트와 친구들은 제이콥을 괴롭히고 있었다. 릴리언은 제이콥이 무슨 못된 짓을 했냐고 물었다. "제이콥이 아이들을 괴롭히는 개빈을 막아달라고 학교에 알렸거든. 그러니 마땅히 걔도 당해야지."라고 말했다.

릴리언은 자신이 보고 들은 게 믿기지 않는다. 지금까지 본 적 없고, 보고 싶지도 않은 네이트의 다른 면을 보고 있기 때문이다. 한 번도 만난 적 없는 제이콥이란 아이를 생각하면 마음이 아프다. 한편으론 제이콥에게 한 행동 때문에 네이트에게 문제가 생길까봐 걱정된다. 릴리언의 아빠는 자신을 만나려고 하지 않는 네이트에 대해 미심쩍어했다. 그래서 아빠에게 털어놓기가 더욱 꺼려진다. 친구들에게 말할 수도 없다. 네이트를 곤경에 처하게 만들까봐 걱정되고, 친구들과는 그다지 친하지 않기 때문이다.

릴리언의 아빠는 딸의 이런 변화를 눈치 챈다. 요즘 부쩍 불안해하고, 걱정스러운 표정을 짓거나 멍하니 있는 날이 많기 때문이다. 학교생활이 어떠냐는 질문에도 대답이 없다. 아빠는 저녁을 함께 먹으면서 좀 더 솔직하게 묻기로 마음먹는다.

 빨간불

아빠: 릴리언, 요즘 무슨 일 있니?

릴리언: 아뇨, 아무 일도 없어요.

아빠: 네 표정이 그렇지 않다고 말하고 있구나. 게다가 이번 주 내내 거의 아
　　무 말도 하지 않았잖니. 혹시 남자 친구와 무슨 일 있니?

릴리언: (울음을 터트리며) 그냥 절 내버려둬요.

그러더니 자기 방으로 뛰어가 문을 쾅 닫는다.

　아빠는 당황한다. 딸의 마음에 공감해주려 했는데 딸은 대화를 시작도 하
기 전에 울면서 자리를 떴다. 아빠는 이제 어떻게 해야 할지 모르겠다. 아빠
는 딸과의 대화를 곰곰이 생각해보고, 감정을 자극해서 미안하다고 사과하
기로 마음먹는다. 그는 릴리언의 방 앞에 가서 노크를 한 뒤 들어가도 되느
냐고 묻는다. 잠시 후 그는 릴리언의 침대 끝에 앉아 심호흡을 한 뒤 다시 대
화를 시도한다.

파란불

아빠: 릴리언, 좀 전에 아빠가 한 말이 비난하는 것처럼 들렸다면 미안해. 너
　　와 남자 친구의 관계에 대해 흠잡으려던 것은 절대 아니었어. 아빠는 그
　　저 네가 걱정돼서 그랬어. 아빠 눈에는 요즘 네가 걱정이 많고 슬퍼 보이
　　거든. 그런데 아빠는 그게 무엇 때문인지 모르겠구나. 아빠는 너를 사랑
　　해. 우리 둘뿐이잖니. 무언가 잘못되었다고 생각되면 나는 아빠로서 너를
　　살펴야 해.

아빠는 울고 있는 릴리언의 마음이 진정되기를 기다린다.

아빠: 아빠가 나가면 좋겠니? 아니면 그냥 여기에 있을까?

그 말에 릴리언이 고개를 끄덕인다.

아빠는 자신의 감정을 조절한다. 저녁 식탁에서 벌어진 일에 책임을 느끼고, 릴리언을 비난할 생각이 없었음을 분명히 밝힌다. 아빠는 릴리언에게 방에서 나가주기를 원하는지 묻는다. 고등학생인 릴리언이 혼자 곰곰이 생각할 시간을 원한다는 걸 알기 때문이다. 아직은 말하고 싶지 않거나 아빠가 옆에 있는 것을 좋아하지 않을 수 있다는 사실도 잘 안다.

아빠: 그래, 이렇게 네 옆에 있을 수 있어서 기뻐. 음, 아빠가 네 나이였을 때는 학교에서 무슨 일이 생기면 스스로 해결해야 한다고 생각했어. 해결할 수 있는 일도 많았지만 그러지 못하는 일도 많았어.

아빠는 자신이 릴리언의 나이였을 때 겪은 일들을 이야기하면서 선뜻 마음을 털어놓지 않으려 하는 딸의 감정을 인정한다.

릴리언: (눈물을 흘리면서) 어떻게 해야 할지 모르겠어요. 그냥 걱정만 돼요.

아버지는 딸이 마음을 털어놓기를 기다린다.

릴리언: 사실대로 말하면 나를 비난하실 거예요?

아빠: 아니, 그렇지 않아. 아빠가 널 비난할까봐 걱정하게 해서 미안하구나.

릴리언: 네이트의 친구들이 한 친구를 괴롭히고 있는 것 같아요. 걔들이 그 아이에게 피해를 줄까봐 걱정돼요.

아빠: 상당히 심각한 문제구나. 그 일로 네 기분이 어땠니?

비난하지 않겠다는 약속을 한 뒤 아빠는 무엇 때문에 릴리언이 고민하는지 주의 깊게 듣는다. 딸이 어떤 기분인지 더 알아내기 위해 짧은 질문을 하고, 성급하게 해결책을 제시하지 않으려고 조심한다. 대신 그는 릴리언이 자신의 감정을 확인하면서 딸 스스로 그 일을 처리하도록 한다.

릴리언: 끔찍했어요! 하지만 어떻게 해야 할지 모르겠어요. 그 아이가 너무 걱정돼요. 그 아이가 자살이라도 할까봐 무서워요.

충격적이다. 하지만 아빠는 릴리언의 말을 중간에 끊지 않아야겠다고 마음먹고는 조용히 심호흡을 한다. 아빠는 계속 릴리언과 눈을 맞추고, 열심히 듣고 있다는 걸 보여주기 위해 고개를 끄덕인다.

릴리언: 네이트의 생각을 바꾸려고 계속 설득하고 있어요. 하지만 걔는 달라지려고 하지 않아요. 계속 제이콥이 나쁜 아이이고, 그런 취급을 받을 만하다는 말만 해요. 하지만 누구도 그런 취급을 받을 이유는 없어요.

아빠: 이 일로 네가 얼마나 속상한지 알겠구나. 그래서 내내 걱정이 많고 슬퍼 보였구나. 혹시 네 몸은 이 일을 어떻게 느끼니?

릴리언: 제이콥을 위협하는 문자 메시지를 보내는 걔들을 보고 있으면 토할 것 같아요. 그리고 지금은 머리가 아파요. 그 아이에게 계속 문자 메시지를 보내는 모습이 생각나서요.

아빠: 아빠가 어렸을 때 친구 중 한 명이 괴롭힘을 당했어. 그런데 너무 무서워서 난 아무 도움도 주지 못했단다. 누군가에게 말하면 그 아이들이 나

를 찾아내 괴롭힐 것만 같았거든. 어느 날 그 친구는 나쁜 친구들에게 쫓겨 나무 위로 올라갔다가 떨어져서 뇌진탕을 입었어. 하지만 그 친구는 괴롭히는 아이들이 무서워서 나무에서 떨어지고도 아무 말을 하지 않았지. 그런데 지나가다가 그 장면을 본 다른 아이가 엄마한테 말한 거야. 공교롭게도 그 엄마는 내 친구의 엄마와 친구였지. 친구 엄마는 그 일을 경찰에 신고했고, 괴롭히던 아이들은 모두 체포되었어. 하지만 기소되지는 않았어. 내 친구가 고발을 원치 않았거든. 하지만 그 후로 그 누구도 괴롭힘을 당하지 않았어. 친구가 괴롭힘 당하는 걸 보고도 아무 말을 하지 못한 내가 미웠단다. 겁쟁이처럼 느껴졌거든. 지금 너는 아무것도 할 수 없고, 네 잘못이 아닌데도 네 잘못이라고 느낄 수 있어.

아빠는 자신이 청소년기에 겪은 비슷한 사건에 관해 이야기하면서 릴리언의 걱정이 당연하다고 인정한다.

릴리언: 고마워요, 아빠. 사실 어떻게 해야 할지 모르겠어요. 맞아요, 아무것도 하지 않고 있으니 내가 겁쟁이처럼 느껴져요. 나는 제이콥을 몰라요. 무슨 일이 일어났는지도요. 제이콥을 도울 방법을 생각할 수가 없어요. 어떻게 해야 해요?

릴리언은 괴롭힘을 막기 위해 자신이 무엇을 해야 하냐고 물으면서 문제 해결 과정으로 넘어간다.

아빠: 글쎄, 일단 네가 제이콥을 도울 수 있는 아이디어들을 적어볼까? 말이
　　안 되는 아이디어 같아 보여도 괜찮아. 일단은 적어보자. 불가능한 건 나
　　중에 지우면 되니까. 지금은 어떤 생각이든 해보자.

　　**아빠는 딸의 무력감(“도울 방법을 생각할 수 없어요.”)을 고려해 해결책을 강요
하지 않고 문제 해결 방법(“일단 아이디어들을 좀 적어보자.”)을 제공한다.**

릴리언: 좋아요. 먼저 제이콥이라는 그 아이가 어떻게 지내는지 확인하고 싶
　　어요. 걔는 이 일을 무시하는데 나만 흥분했을 수도 있으니까요.
아빠: (딸의 아이디어를 기록하면서) 아니면 학교 상담 선생님께 얘기해서 이 일에
　　관해 선생님이 아시는 게 있는지 물어볼 수도 있어. 아니면 네가 먼저 여
　　쭤볼 수도 있고.
릴리언: 음, 그건 하나도 도움이 되지 않을 거라고 생각해요. 그리고 이 일이
　　아이들 귀에 들어갈까봐 무서워요. 하지만 우리는 아이디어를 내는 중이
　　니까 일단 기록해요. 제이콥 때문에 걱정이라고 네이트에게 말하는 것도
　　가능해요. 네이트는 내 말을 무시하지 않거든요.
아빠: 아니면 네가 네이트를 집으로 데리고 와서 셋이서 그 문제를 함께 의
　　논할 수도 있고. 아니면 아빠가 학교에 연락해서 이 일에 대해 뭔가 조치
　　를 취하라고 요구할 수도 있어.
릴리언: (눈살을 찌푸리며) 됐어요, 아빠. 이제 아이디어는 충분해요.
아빠: 그럼 이제 아이디어들에 관해 자세히 얘기해보자. 제이콥이나 학교 상
　　담 선생님께 얘기하는 것에 관해 어떻게 생각해?

릴리언: 제이콥과는 할 수 있어요. 하지만 상담 선생님과는 얘기하고 싶지 않아요. 선생님은 내가 그 문자 메시지와 관련이 있다고 생각하실 수도 있거든요.

아빠: 그럼 두 가지 아이디어를 합쳐서 아빠와 네가 함께 상담 선생님과 얘기하는 건?

릴리언: 아빠, 난 정말 아빠가 끼어드는 게 싫어요.

아빠: 릴리언, 아빠를 잘 알잖니. 아빠가 언제 마음대로 의견을 밀어붙였던 적이 있니? 이건 정말 중요한 일이야. 그래서 네가 솔직히 말해준 게 고맙고. 너는 분명 제이콥이 받은 문자를 네가 받았다면 얼마나 괴로웠을지 상상해봤을 거야. 그리고 우리 둘 다 제이콥에게 무슨 일이 생기기를 원치 않고. 그 애가 괴롭힘을 당하는 걸로도 부족해 자살해야 한다는 말까지 듣는다면 정말 끔찍한 일이 일어날 수도 있어. 아빤 지금까지 네 생활에 크게 간섭하지 않았어. 하지만 이번 일은 너무 큰 문제라서 너 혼자 처리하게 둘 수가 없구나. 네가 안전하지 않을 수 있거든.

릴리언: 그게 무슨 말이에요, 아빠?

아빠: 우리가 따로따로 이 문제를 다루거나 너와 내가 함께 학교 책임자나 상담 선생님께 얘기해야 한다는 뜻이야. 어느 쪽이든 아빠가 끼어들 수밖에 없구나.

릴리언: (얼굴을 찡그리며) 알겠어요. 아빠가 상담 선생님이나 교감 선생님께 전화해도 돼요. 나는 제이콥과 얘기할게요.

아빠: 그리고 네가 네이트를 집으로 데리고 왔으면 좋겠구나. 아빠가 직접 만나고 싶어. 그 아이에게는 캐묻지 않을 거라고 약속하마. 네가 좋아하

는 요리를 해줄 수도 있어.

릴리언: 좋아요. 토요일에 응원 연습을 하러 가기 전에 나를 데리러 오라고
　　　할게요. 그때 네이트를 만나면 돼요.

아빠: (릴리언을 껴안으며) 솔직하게 말해줘서 정말 고마워.

　아빠와 릴리언은 먼저 아이디어를 짜낸 다음 그중 무엇을 행동으로 옮길
수 있는지를 체크한다. 또한 아빠는 한계를 정한다. 릴리언은 아빠가 나서지
않기를 바라지만 상황이 심각하다고 생각한 아빠는 물러날 수 없음을 확실
히 한다. 이때도 강요가 아니라 릴리언이 선택하게 한다. 그리고 아빠는 솔
직하게 얘기해 준 릴리언에게 고마운 마음을 전한다.

8장

자연재해와
기후 변화에 관한 대화

자연재해의 빈도와 강도는 모두 증가하고 있다. 지난 5년 중 4년이나 사상 최대 기온을 경신했고, 또 지난 10년간 심각한 기상 이변이 자주 발생했다. 전 세계적인 기후 변화와 그 변화가 가져오는 영향에 관한 뉴스는 거의 매일 볼 수 있을 만큼 이제 흔한 일이 되어 버렸다. 상황이 이렇다 보니 아이들이 기후 변화에 대해 걱정하는 게 새삼스러운 일도 아니다.

어떤 문제에 관해 대화할 때 그 문제와 관련해 자신이 겪었던 경험이나 마음의 짐이 드러나는 것은 자연스러운 일이다. 예를 들면 다른 사람이 아닌 내 부모가 자연재해의 직접적인 피해자일 수도 있는데, 이때 느낀 감정이 아이들에게 영향을 줄 수도 있다는 것이다. 당신이 기후 변화를 중요한 사회 문제로 생각한다면 그 문제에 대한 당신 가족의 대화 방식은 달라질 것이다. 또 당신이 그 문제에 많이 신경 쓸수록 당신의 아이들 역시 기후 문제에 감정적인 반응을 보이기 쉽다.

언젠가는 아이들과 자연재해와 기후 변화에 관해 이야기를 나누어야 할 것이다. 그렇다면 어떻게 대화를 나누는 것이 좋을까? 그리고 이 책에 소개된 수단들을 어떻게 활용하면 '충분히 좋은' 대화를 할 수 있을까? 날씨와 자연재해를 주제로 대화할 때도 역시 스스로에게 먼저 물어보라.

▶ 이 주제와 관련해 개인적인 경험이 있는가? 예를 들어 자연재해를 직접 겪었거나 기후 변화에 대해 관심이 많은가? 그렇다면 그 기억이나 감정이 아이와 대화할 때 어떤 영향을 줄 수 있을까?

▶ 아이가 기후 변화와 자연재해에 관해 이해하고 있는 것은 무엇인가? 어떻게 아이의 수준에 맞는 대화를 할 수 있을까?

▶ 아이가 기후 변화나 재해를 불안해하는가, 아니면 원래 걱정이 많은 아이인가? 어떻게 하면 아이의 걱정을 덜어줄 수 있을까?

자연재해에 대한 일반적인 두려움과 지금 다가오고 있는 폭풍우 또는 위험을 피해 대피했던 것처럼 구체적으로 겪은 일에 관한 대화는 다르다. 아이의 나이와 어디에서 비롯된 두려움인지에 따라서도 대화가 달라진다. 눈앞에 자연재해가 닥칠 때 인간은 자연의 위대함 앞에서 아무것도 아님을 깨닫는다. 인간이 통제할 수 있는 범위를 넘어서기 때문이다.

이제부터 나오는 사례들은 기후 변화와 자연재해에 관한 일반적인 걱정을 보여준다. 다양한 문제에 초점을 맞추는 동시에 아이의 나이를 고려하여 사례를 선정했다. 내 앞에 재난이 닥쳤을 때 불안의 정도에 따라 어떻게 대화를 이끌어나갈지 보여준다. 당신의 상황과 딱 들어맞는 사례가 없다고 걱정하지 마라. 대화의 내용을 적당히 변형해서 적용할 수 있다.

대화1

왜 북극곰이 죽어가나요?

#어린이집 #기후 #선생님 #사회 참여

여섯 살 라일라는 엄마 아빠가 일하는 동안 어린이집에서 지낸다. 아빠가 데리러 간 어느 날, 라일라는 커다란 콜라주를 들고 서 있었다. 선생님은 아빠에게 오늘 세계의 어떤 지역이 더 춥고 더운지, 그리고 그것이 동물들이 서로 다른 지역에 사는 이유임을 설명해줬다고 말했다. 아이들이 콜라주를 만드는 동안 선생님은 지구가 점점 더워지고 있고, 그 때문에 그곳에 사는 동물들이 먹이를 구하기가 어려워지고 있다고 설명했다. 그러면서 북극곰을 더는 볼 수 없을지도 모른다고 말했다. 오래전에 지구에 살았던 공룡이 '멸종'해 지금은 볼 수 없는 것처럼 말이다. '멸종'은 아이들이 처음 듣는 단어였다. 차를 타고 집으로 오는 길에 라일라가 물었다.

라일라: 아빠, 나는 북극곰이 정말 좋아요. 그런데 다음에 동물원에 가면 북극곰을 보지 못해요?

아빠: 우리 라일라가 북극곰에 관해 정말 많이 생각하고 얘기하는구나.

이런, 아빠는 진지한 대화를 준비하는 게 좋겠다고 생각한다. 어떻게 하면 이 문제를 좀 더 깊이 있게 다룰 수 있을지를 곰곰이 생각하면서 아빠는 라일라가 느끼는 감정에 초점을 맞춘다.

라일라: 그런데 아빠, 왜 북극곰이 죽어가요?

아빠: 집에 가서 엄마와 함께 얘기하자.

집에 도착한 라일라는 엄마에게 그림을 보여준다. 하지만 엄마 아빠는 라일라가 아직 어려서 기후 변화에 관해 어떻게 얘기할지 생각해본 적이 없다.

라일라: 엄마, 아빠, 북극곰이 왜 죽어가요?

엄마는 자신이 아빠보다 이런 대화에 더 준비되어 있다고 생각한다. 그동안 생각해온 주제이기도 하고, 라일라의 언니 마리솔이 멸종에 관한 숙제를 할 때 도와준 적이 있기 때문이다.

두려움을 느끼는 라일라의 감정에 관한 이야기로 대화를 시작해도 좋다. 하지만 확실한 정보를 알려주면 아이가 세상을 조금이나마 더 이해하면서 자신의 불안을 전체적으로 바라볼 수 있는 만큼 엄마는 기후 변화에 관한 이야기부터 하려고 한다. 일단 엄마는 라일라가 이해할 만한 것을 중심으로 몇 가지 간단한 사실을 알려준다.

엄마: 라일라, 서식지라는 말이 무슨 뜻인지 기억나니? 집이란 뜻이고, 큰 아이들이 쓰는 말이기도 해. 그런데 동물들이 더는 자기 집에서 살 수 없을 때가 있거든. 선생님이 말씀하신 것처럼 공룡에게 그런 일이 일어났을 거라고 생각하는 거야. 아주 오래전 일이란다.

라일라: 그런데 나는 북극곰이 정말 좋아요.

엄마: 그래, 엄마도 좋아해! 그리고 북극곰이 동물원에서 금방 사라지지는 않을 거야.

여섯 살짜리, 특히 불안해하는 아이와 이야기할 때는 이렇게 대화를 끝낼 수도 있다. 아이를 안심시키는 것만으로도 충분하다. 하지만 라일라가 다른 곳에서 기후 변화에 관해 들었을 거라는 생각이 들면 대화를 더 이어나간다. 어린아이와 대화할 때 미리 짐작해서 너무 많은 말을 하는 것은 위험할 수 있다. 만약 엄마가 이런 식으로 대화를 계속했다면 어떤 상황이 되었을까?

 빨간불

엄마: 그래, 나도 좋아해! 그런데 지구 온난화라고 불리는 것 때문에 북극곰이 사라지고 있어. 우리 같은 사람들이 우리가 사는 지구를 더럽히고 있거든. 그리고 지구가 더러워지면 지구가 뜨거워져. 지구가 뜨거워지면서 북극곰이 사는 얼음이 녹고. 그래서 북극곰이 살 수 없는 거야.

엄밀히 따지면 엄마의 설명이 맞지만 라일라는 어떻게 받아들일까? 라일라의 귀에는 자신의 가족이 세상에 나쁜 짓을 하고 있다는 말로 느껴질 수도 있다. 어린아이에게는 이런 설명이 무서울 수 있다. 사람들(어쩌면 라일라?)이 나쁜 일을 하고 있긴 한데, 그 상황을 해결할 방법은 없다는 뜻으로 들리기 때문이다. 사실 엄마는 이렇게 설명할 수도 있었다.

엄마: 그래, 엄마도 좋아해. 그런데 날씨가 변하면서 동물에게 영향을 줄 때
도 있어. 할아버지와 할머니, 친척들이 우리 집에 와서 함께 지낸 일 생각
나니? 다른 때보다 집이 복잡하고 붐비지 않았어?

엄마는 라일라가 겪은 일(친척의 방문)과 사실(집이 지저분하고 붐빈다)을 이야
기하면서 구체적인 대화를 한다.

엄마: 그래도 친척들이 함께 지내는 동안 자기 물건을 깨끗이 정리한 덕분에
우리 집은 계속 깨끗했어. 그렇지? 우리가 살고 있는 세상도 비슷해. 많은
사람이 살고 있는 만큼 모두가 깨끗하게 지켜야 해. 그렇지 않으면 북극
곰 같은 동물들이 살아야 할 집이 없어져. 집이 녹아버리기 때문이지. 우
리 집이 지저분해지는 것과 같아. 그래서 물건을 아껴 쓰고, 남은 음식을
거름으로 만들고, 사용하고 난 뒤에는 전등을 꺼야 하는 거란다.

엄마는 세계적인 문제인 기후 변화를 간단한 말로 설명한다. 그런 다음
라일라의 걱정을 덜어주기 위해 가족이 함께 실천할 수 있는 일상적이고 사
소한 일을 제안한다.

여섯 살짜리 아이들은 "왜"라고 묻기 좋아한다. 아이가 질문할 때는 그 나
이의 아이가 무엇을 이해할 수 있는지에 초점을 맞춰야 한다. 너무 많은 이
야기를 하면 아이의 걱정이 오히려 더 커진다.

우리 집도 떠내려가요?

#초등학교 #기후 #날씨 #소문 #스쿨버스

초등학교에 막 입학한 에이버리는 바닷가 근처에 살고 있다. 어느 날 엄마는 스쿨버스에서 내린 아이의 얼굴이 젖어 있는 것을 본다. 버스에서 큰아이들이 우리가 어른이 될 즈음에는 지구 온난화 때문에 여러 지역이 떠내려갈 거라고 말했다고 한다. 아이의 말을 듣는 순간, 엄마는 가슴이 철렁했다. 보름 전 강한 폭풍우가 지나간 뒤 이 문제에 관해 남편과 이야기했기 때문이다.

다섯 살 라일라와 달리 초등학교에 입학한 에이버리는 스쿨버스와 학교에서 다른 아이들과 어울리고, 부모가 모르는 사이 다양한 이야기를 듣고 있다. 그런 만큼 엄마는 아이와 터놓고 이야기하는 것이 중요하다고 생각한다. 에이버리가 버스에서 들은 내용에 대해 이야기하고 싶어 한다는 사실이 한편으론 다행이라는 생각도 든다. 그리고 에이버리는 다섯 살 라일라보다 세상을 더 잘 이해할 수 있다. 예를 들어 라일라는 지역에 따라 기후와 날씨가 다르다는 사실을 안다. 하지만 엄마가 아는 이상 지금까지 라일라는 기후 변화에 관한 이야기를 들은 적이 없다. 에이버리 입장에서도 궁금한 것이 많을 것이다. 엄마는 아이가 이해할 수 있게 가능한 구체적으로 대답해야 한다고 생각한다.

집으로 돌아와 엄마는 간식을 준비한다. 에이버리는 훨씬 진정된 듯하지만 궁금한 것이 많은 얼굴이다. 둘이 대화를 나누기 좋은 시간이다.

엄마: 버스에서 힘들었던 것 같구나. 지금은 기분이 어때?

엄마는 먼저 아이가 무엇을 알고 있고, 어떤 질문을 하고 싶은지 듣기로 마음먹는다.

에이버리: 네, 정말 슬펐어요. 못된 애들이에요.
엄마: 그래, 많이 슬펐을 거야. 몸의 어디에서 슬픔이 느껴졌니? 배였니? 얼굴에서 슬퍼하는 게 보여. 울고 있었으니까.

엄마는 곧바로 기후 변화에 대해 얘기하기보다는 구체적인 감정에 더 초점을 맞춘다.

에이버리: 맞아요. 배에서 느껴졌어요. 나비가 잔뜩 날아다니는 것처럼 배가 울렁거렸어요.
엄마: 그렇구나. 그런데 그런 감정을 어떻게 느끼기 시작했어?

엄마는 계속 질문하고 무서운 일에 대해 말할 기회를 주면서 아이가 어떻게 느끼고 생각하는지를 알아내려고 한다.

에이버리: 걔들은 찰스가 수영을 못한다면서 비웃었어요. 나도 수영을 못해요. 그런데 수영을 못하면 큰 폭풍우가 왔을 때 떠내려갈 거라고 걔들이

208

말했어요. 무슨 말이냐고 했더니 큰 폭풍우가 오고 있는데 너무 강해서 우리 학교와 집이 떠내려갈 거래요. 그게 진짜예요?

엄마: 걔들 말을 듣고 무섭고 슬펐구나. 먼저 지금은 어떤 폭풍우도 오고 있지 않아. 날씨 전문가들은 언제 폭풍우가 올지 잘 알고 있고, 엄마 아빠도 뉴스를 보기 때문에 알지. 큰 폭풍우가 오면 우리는 미리 알 수 있어.

그의 뒤에 부모님이 있고, 그와 가족을 안전하게 지키는 데 도움이 될 정보를 얻을 수 있다는 사실을 알려주면서 엄마는 에이버리를 안심시킨다.

에이버리: 하지만 정말 큰 폭풍우가 오면 어떻게 해요?

엄마: 음, 어느 도시든 큰 폭풍우가 오면 어떻게 할지 계획을 세워두고 있어. 우리도 계획이 있고. 우리 동네에 폭풍우가 닥치면 우리는 여기를 떠나 친척 집으로 갈 거야. 그곳은 바닷가에서 멀리 떨어진 육지에 있어서 폭풍우가 거의 오지 않아. 하지만 지금까지 그래야 했던 적이 한 번도 없었고, 앞으로도 그럴 필요가 없을 것 같아.

에이버리: 그런데 엄마, 폭풍우는 왜 와요?

에이버리의 질문에 엄마는 몇 가지 사실을 알려준다. 엄마는 1학년이 이해할 수 있도록 최대한 간단하고 구체적으로 알려주려고 한다. 아이가 겪은 일, 이미 알고 있는 사실과 연결해서 쉽게 설명하려고 한다.

엄마: 폭풍우는 구름과 바람, 물 때문에 생겨. 폭풍우도 그냥 기후야. 기후는

일상생활의 일부지. 너도 알다시피 햇살이 환할 때도 있고, 구름이 많을 때도 있고, 비가 올 때도 있잖아. 봄과 여름은 따뜻하고, 가을과 겨울은 춥지? 날씨는 지역마다 달라. 그래서 춥고 눈이 많이 오는 북쪽보다 이곳은 더 따뜻하지. 물론 폭풍우를 무서워할 수는 있어. 그리고 많은 아이들이 너처럼 폭풍우를 무서워해. 하지만 일 년에 몇 번이나 폭풍우가 올까? 우리가 폭풍우를 겪은 날이 얼마나 될까? 아마 손가락으로 셀 수 있을 정도로 적을 거야.

엄마는 기후 변화에 관해 곧바로 이야기하지 않기로 마음먹었다. 엄마는 아이가 다른 문제보다 버스에서 벌어진 일 때문에 화가 났다는 걸 알고 있다.

몇 주 뒤, 엄마는 이제 기후 변화에 관해 대화를 나눌 시기가 되었다고 판단한다. 아이가 그동안 폭풍우와 날씨에 관해 자주 물어보았고, 선생님이나 친구에게 듣게 하기보다 자신이 먼저 가르쳐주는 게 좋겠다고 생각해서다. 엄마와 에이버리는 TV를 틀어 '내셔널 지오그래픽' 프로그램을 함께 시청한다. 그리고 저녁을 먹으면서 대화를 시작한다.

엄마: 그 프로그램에 대해 어떻게 생각해, 에이버리?

에이버리: 굉장해요! 날씨는 정말 다양해요.

엄마: 정말 놀랍지? 그런데 우리가 사는 이곳의 날씨도 내가 자랄 때와는 달라졌어.

에이버리: 왜요?

엄마: 음, 우리가 세상을 대하는 태도가 날씨에 영향을 준다는 사실을 과학

자들이 알아냈거든. 사람들이 차를 타거나 공장에서 기계를 돌리면서 기름과 가스를 태우면 연기가 하늘과 땅 사이에 떠다녀. 우리 차에서 배기가스가 나오는 걸 봤지? 하늘과 땅 사이에 공해가 많아지면 날씨가 바뀌어. 이상하게 들리겠지만 쇠고기를 먹으려고 소를 많이 키워도 그런 일이 벌어진단다. 동물도 방귀로 가스를 내보내거든. 그걸 기후 변화라고 해. 엄마가 네 나이였을 때보다 사람들이 폭풍우나 날씨 때문에 생긴 나쁜 일에 대해 더 많이 이야기하는 것도 그 때문이야.

엄마는 자신의 경험 그리고 가족이 이용하는 차에서 나오는 배기가스처럼 주변의 것을 예로 들어 설명한다. 어쩔 수 없다는 듯이 "예전보다 더 나빠졌어."가 아닌 "엄마가 어릴 때보다 기후 변화에 대해 더 많이 이야기하고 있어."라고 말한다.

에이버리: 기후 변화는 위험해요?

엄마: 오랜 시간이 흐른 후에는 그렇지. 하지만 지금 엄마가 말하는 '오랜 시간'은 우리가 죽고 나서도 한참 뒤를 의미해 . 인간이 노력하면 위험해지지 않을 수도 있다는 뜻이야.

에이버리: 어떤 노력을 하면 돼요?

이제 엄마는 몇 가지 방법을 제시하여 에이버리가 노력하면서 희망을 가질 수 있게 한다.

엄마: 차를 덜 이용하고, 사용하지 않을 때는 전등을 꺼서 기름이나 가스 사용을 줄일 수 있어. 마트에 갈 때는 장바구니를 들고 가고, 음식물 쓰레기로는 퇴비를 만들어 쓸 수 있지. 비닐 사용을 줄이고, 쓰레기를 재활용하는 것도 공기와 물을 깨끗하게 하는 방법이야. 쇠고기를 적게 먹는 것도.

에이버리: 멋지네요. 그래서 우리 집에 쓰레기통이 세 개예요? 그래서 엄마가 쓰레기를 제자리에 넣으라고 한 거예요?

노아: (웃으면서) 그래, 잘 이해했구나! (에이버리를 안아준다.)

엄마는 에이버리의 나이에 맞춰 기후 변화를 간단하게 설명한다. 기후 변화가 지역 사회에 미치는 영향에 대한 추가 설명은 하지 않는다. 대신 인간이 기후 변화에 어떤 긍정적인 영향을 줄 수 있는지를 설명하면서 에이버리가 부정적인 감정을 가지지 않도록 했다. 시간을 두고 이야기함으로써 아이가 문제에 관해 충분히 생각하고 더 많은 질문을 할 기회를 주었다. 또 앞으로도 아이가 계속 질문하고 이야기할 수 있도록 문을 열어놓았다.

대화3

우리 집에 불이 날까봐 무서워요

#자연재해 #초등학교 #대피 #화재

3학년인 알렉시스는 엄마가 캘리포니아에 사는 이모와 통화하는 소리를 우연히 들었다. 이모는 산불로 인해 대피해야 할지도 모른다고 했다. 통화가 끝나자 알렉시스가 엄마에게 묻는다.

파란불

알렉시스: 엄마, 이모는 괜찮을까요?

엄마: 그건 왜 묻지, 우리 딸?

알렉시스: 엄마와 이모가 통화하는 걸 들었어요. 학교에서 산불에 관한 동영
상을 본 적이 있는데 엄청나게 컸어요. 게다가 이모는 숲 근처에 살잖아
요. 캘리포니아에서는 산불이 많이 나고요.

엄마: 우리 딸이 산불에 대해 많이 생각한 것 같구나.

엄마는 아이의 감정에 초점을 맞추면서 알렉시스가 자신의 감정을 구분
하게 도와준다. 그러면서 아이의 걱정을 좀 더 명확하게 파악한다.

알렉시스: 산불에 관한 숙제를 해야 하거든요.

엄마: 그리고 산불에 대해 다른 감정도 느끼는 것 같구나.

알렉시스: 네, 많이 무서워요.

엄마: 그래, 화재는 무섭지. 어린 시절에 엄마가 살던 캘리포니아에서 산불이
나서 연기를 마셨던 기억이 나. 집이 불에 타서 없어질까봐 무서웠어. 집
에 불이 나지 않는데도 무서웠단다.

알렉시스: 나도 그래요. 이모가 걱정돼요.

엄마: 무엇이 걱정되는지 말해줄 수 있니?

딸을 위로하거나 안심시킬 수 있지만 엄마는 아이들이 어른과 똑같은 걱
정을 하지 않을 때도 있다는 사실을 안다. 그래서 계속 질문한다.

알렉시스: 어젯밤에 우리 집이 불에 타서 없어지는 악몽을 꿨어요. 가슴이 쿵 쾅거렸어요. 엄마, 그런 일이 일어날 수 있어요?

엄마: 불이 나면 위험하다는 생각, 이모 집에 불이 나거나 우리 집이 불타 없어질까봐 걱정을 너무 많이 한 것 같구나.

알렉시스의 감정을 되짚으면서 엄마는 그 감정을 인정한다. 알렉시스는 엄마가 자신을 진지하게 받아들인다고 느낀다.

알렉시스: (눈물을 터트리며) 맞아요.

엄마: (알렉시스를 껴안으며) 불이 나는 건 정말 무서운 일이야. 일단은 심호흡으로 마음을 진정시키자.

알렉시스가 울음을 멈출 때까지 두 사람은 함께 심호흡을 한다. 엄마는 심호흡이 감정을 가장 빨리 조절할 수 있는 방법이라는 걸 알고, 이제 둘은 마음을 가라앉히고 악몽에 관해 이야기할 수 있다.

엄마: 다음에 악몽을 꾸면 엄마에게 말해줄래?

알렉시스: 그럴게요. 어젯밤엔 너무 무서워서 침대에서 나올 수가 없었어요.

엄마: 음료랑 간식을 좀 가져올게. 이야기하느라 간식을 까먹었네.

간식을 가운데 놓고 두 사람은 식탁에 마주앉는다.

엄마: 이제 화재에 관한 이야기를 좀 할까?

알렉시스: 좋아요.

이제 알렉시스는 훨씬 차분해졌다. 엄마는 계속해서 간단하고 구체적으로 설명하려고 한다.

엄마: 네가 가장 먼저 알아야 할 사실은 대부분 지역에서는 화재가 별로 일어나지 않는다는 거야. 캘리포니아도 마찬가지고. 다행히도 불 끄는 방법을 잘 알고, 용감한 소방관들이 많아. 그렇다고 화재가 무섭지 않다는 건 아냐. 소방관들이 불 끄는 방법을 잘 안다는 거지. 또 기상 예보관이 언제 불이 날지 알려줘. 너도 배웠겠지만 날씨가 건조할 때 불이 많이 나거든. 이모처럼 조금 위험한 지역에 사는 사람들에게는 기상 예보관들이 미리 말 해줄 수 있어. 이모는 안전할 거야. 그리고 우리 집 근처에는 숲이 없으니 여기서는 산불이 일어나지 않을 거고.

엄마는 화재가 무서울 수 있다고 인정하면서 사람들과 알렉시스의 이모가 안전하게 지내기 위해 무엇을 할 수 있는지에 초점을 맞춘다. 그리고 그들이 사는 집 근처에서는 캘리포니아의 산불 같은 화재는 일어나지 않는다고 알려준다.

알렉시스: 엄마, 이모 집이 불에 타서 없어질까요? 우리 집은 어때요?
엄마: 불이 날까봐 얼마나 걱정하는지 알겠어. 엄마도 네 나이 때 그랬거든. 하지만 우리 집에 불이 날 가능성은 거의 없어. 집에 불이 나는 건 흔한 일이 아니거든. 그래도 불이 난다면 어떻게 할지 계획을 세워두고 있기도 하고? 혹시 기억나니? 이모 집 근처에서 산불이 났지만 이모는 안전했잖

니. 이모는 지금도 안전해. 혹시 또 산불이 나면 이모는 우리 집에 와서 지낼 거야. 그건 어때?

알렉시스: 좋아요. 이모가 우리 집에 와서 같이 지내면 좋겠어요. 우유 한 잔 더 마셔도 돼요? 그리고 오늘 저녁은 뭐예요?

알렉시스는 좋은 질문을 하고, 엄마는 현실 그리고 지금 여기에 계속 초점을 맞춘다. "이모는 지금 안전하다는 것" 그리고 "우리는 화재에 대비해 계획을 세워두고 있다는 것"은 누구든 안심시킬 수 있다.

엄마는 길게 이야기하지 않는다. 알렉시스에게 꼭 필요하고 알렉시스가 원하는 만큼의 정보만 알려준다. 알렉시스가 질문하면서 대화를 이끌게 하고, 알렉시스가 이모와 화재에 대한 걱정을 덜하도록 돕는 게 엄마의 목표다. 그리고 알렉시스는 대화 주제를 바꾸면서 이야기를 마무리한다.

대화 4
천둥과 번개가 무서워요
#폭풍우 #날씨 #열 살 전후 #공포증 #소문

어릴 때는 대개 천둥번개를 무서워한다. 열두 살 케빈 역시 천둥과 번개를 무서워한다. 그런데 〈사이언스〉지에 실린 논문에 따르면 기온이 1도 상승할 때마다 번개가 12%씩 증가한다고 한다. 케빈은 벼락을 맞아 팔을 잃은 사람에 관한 이야기를 들은 뒤로 폭풍우가 온다는 예보가 있을 때마다 겁이 나서 밖으로 나가지 못한다. 아빠는 처음에 아들의 두려움을 심각하게 받아들이지 않았다. 대부분의 아이들이 폭풍우를 무서워하는 줄 알았다. 하지만 얼마 전 케빈은 복통을 호소하며 학교에 갈 수 없다고 고집했고, 열은 없었지만 배가 아픈 독감일 수 있다고 생각한 아빠는 아들을 집에서 쉬게 했다. 폭풍우 예보가 있었지만 그것 때문일 거라곤 생각지 않았다. 결과적으로 폭풍우는 오지 않았다. 그런데 그날 저녁 다음 날 아침 출근 시간에 폭풍우가 온다는 예보가 나왔고, 케빈은 이번에도 배가 아프다고 했다. 캐빈의 행동에 의문을 품은 아빠는 아이와 마주 앉아 얘기를 해야겠다고 마음먹었다.

 빨간불

아빠: 대체 무슨 일이지? 정말 아픈 거야 아니면 폭풍우 때문인 거야?

케빈: (소리를 지르며) 내버려둬요. 아프단 말이에요.

그러곤 자기 방으로 뛰어가 문을 쾅 닫는다. 문제가 해결될 것 같지 않다.

아빠: (짜증난 표정으로 아이를 뒤따르며) 역시 그렇지? 넌 내일 학교에 가야 해. 뭐가 두렵다는 거지? 넌 더 이상 아기가 아니야.

케빈: (얼굴을 가리고 흐느끼며) 가요, 가요, 간다고요! 아빠는 정말 나빠요!

아빠는 케빈이 강해지길 바라지만 학교에 가야 한다는 최후통첩과 '아기'라는 말이 역효과를 냈다. 이제 케빈이 자신의 감정과 두려움에 맞서기는 더 어려워 보인다.

다음 날 아침, 케빈을 깨우러 갔지만 아이는 이불을 뒤집어쓴 채 꼼짝하지 않으려고 한다. 아빠는 이제 논리적으로 케빈을 설득하려고 한다.

아빠: 서둘러 케빈, 일어나서 학교 가야지. 오늘도 안 가면 안 돼.

케빈: 몸이 좋지 않아요. 절 좀 내버려두세요.

아빠: 지금 일어나지 않으면 다음 주에 밖에 나가서 놀지 못하게 할 거야.

케빈: 상관없어요. 나가세요.

아빠의 말은 전혀 효과가 없다. 아빠는 이제 궁지에 몰렸다.

아빠: (이불을 걷어내고 케빈을 침대에서 일으키며) 지금 당장 옷 입어. 그렇지 않으면 내가 입혀줄 거야.

케빈: 아빠, 미워요!

아빠는 케빈을 억지로 일으켜 세워 옷을 입히고 차 안으로 밀어 넣는다.

아빠는 이런 식으로 아이를 학교 앞에 내려주고 싶지 않았다. 하지만 이제 와서 상황을 되돌릴 방법은 없어 보인다.

오전 10시, 아빠는 학교에서 온 전화를 받는다. 케빈이 몸이 좋지 않다면서 양호실에 와 있다고 한다. 양호 선생님은 아빠에게 케빈을 조금 누워 있게 한 다음 교실로 보내겠다고 말한다.

아빠는 케빈의 상황이 더 나빠지고 있음을 알아차린다. 그렇다고 해서 내버려둘 수는 없다. 어떻게 하면 좋을까? 아빠는 그동안 있었던 일을 곰곰이 되새겨본다. 생각해보니 자신 역시 어릴 때 폭풍우를 두려워했다. 두려워하는 케빈을 보면서 강하게 밀어붙인 것도 그 때문이었다. 두려워하는 자신을 보며 극복해야 한다고 말한 무심하게 말한 아버지의 모습의 떠오른다. 그때 너무 부끄러웠고, 다시는 아버지에게 두렵다고 말하지 않겠다고 다짐했다.

아빠는 새롭게 아들을 대해야겠다고 결심한다. 그날 오후 케빈이 돌아오자 아빠는 간식을 만들어준 뒤 함께 얘기할 수 있느냐고 묻는다. 케빈은 오늘 숙제가 너무 많다면서 저녁에 얘기하자고 한다. 저녁을 먹자마자 아빠는 다시 케빈에게 지금은 어떠냐고 묻는다.

😊 **파란불**

아빠: 케빈, 어젯밤과 오늘 아침 일은 미안해. 아빠가 너한테 조바심을 냈어. 사실은 우리가 이런 이야기를 했어야 했는데 말이야. 실은 아빠가 네 나이였을 때 폭풍우를 정말 무서워했었어.

아빠는 사과를 먼저 한 뒤 자신이 과거에 느꼈던 두려움을 털어놓으면서 케빈의 긴장을 풀어준다.

케빈: 정말이에요?

아빠: 응, 정말이야. 폭풍우가 온다는 뉴스를 들으면 뱃속이 이상해지는 느낌이었어. 토할 것 같은 날도 있었고, 심장이 너무 빨리 뛰어서 가슴에서 튀어나올 것 같은 날도 있었어.

아빠는 자신과 케빈의 감정을 찾아내 인정하면서 불안한 게 정상이라는 생각을 전한다.

케빈: 아빠는 왜 무서웠어요?

아빠: 음, 아빠가 시골에서 살았잖니. 가장 가까운 동네라고 해도 꽤 멀리 떨어져 있었거든. 그렇다 보니 폭풍우가 칠 때마다 천둥번개를 볼 수 있었어. 엄청나게 큰 소리가 들리니 무서웠어. 나무가 번개를 맞아 넘어지는 광경도 봤고. 아빠는 그 소리가 싫었어.

케빈: 그런데 지금은 왜 무서워하지 않아요?

아빠: 폭풍우에 관해 공부한 뒤로 두려움이 줄어들었어. 폭풍우가 어떤 작용을 하고, 어디에 필요한지를 공부했거든.

이제 케빈에게 번개에 관한 몇 가지 사실을 알려줘야 할 때다. 아빠는 번개가 위험하다고 생각하는 케빈의 두려움을 부인하지 않는다. 대신 실제로 얼마나 멀리 떨어진 곳에서 번개가 치는지 과학적으로 설명하면서 케빈을 안심시킨다.

아빠: 폭풍우에 관해 공부하면서 실제로 사람이 벼락에 맞을 확률은 거의 없다는 사실을 깨달았어. 집이나 학교, 건물, 차 안에 있으면 안전해. 나무에서는 멀리 떨어져 있으면 되고. 다리 밑에 있어도 괜찮아. 그리고 번개가 얼마나 자주 땅에 부딪힐 것 같니? 거의 없어. 번개는 특정한 한 곳만 때려. 그래서 실제로 벼락에 맞을 일은 거의 없어. 벼락에 맞을 확률은 소행성이

지구에 부딪힐 확률보다 작아. 거의 없다고 생각해도 된다는 말이지.

케빈: 정말이에요? 그럼 벼락에 맞았다는 사람 얘기는 뭐예요?

아빠: 그 사람을 직접 아니? 아니면 그냥 그 사람에 대해 들은 거니? 뉴스와 인터넷 덕분에 우린 좋든 나쁘든 전 세계의 소식을 다 들을 수 있어. 하지만 우리는 우리 가까이에서 일어난 일이라고 느끼지. 텔레비전과 인터넷의 영향이란다. 그런데 뭔가를 제대로 공부하면 더 넓게 보거나 달리 볼 수 있어.

아빠는 폭풍우뿐 아니라 뉴스와 소문을 접할 때 어떻게 스스로 질문하면서 이해할지 본보기를 보여준다. 케빈이 좀 더 정확하게 위험을 받아들이는 방법을 알려주기 위해서다.

케빈: 폭풍우에 관해 알고 나니 정말 무서워하지 않게 되었어요? 나는 바로 무서움이 사라지지는 않을 것 같아요. 폭풍우가 온다는 말만 들어도 무서워요.

아빠: 캐빈, 이렇게 말해줘서 고맙구나. 아빠가 알고 있으니 네가 걱정과 두려움에서 벗어나도록 도와줄 수 있구나.

아빠는 케빈의 감정을 다시 인정하면서 아들이 계속 이야기할 수 있도록 문을 열어둔다.

아빠: 너도 알겠지만 많은 아이들이 폭풍우를 무서워해. 이렇게 무서울 때

도움이 되는 방법이 있는데, 그중 하나를 지금 보여줄까?

케빈: 좋아요.

아빠: 좋아, 그럼 큰 풍선을 부는 흉내를 내봐. 그러려면 숨을 크게 내쉬어야 해. (한 손을 배에 올리고, 다른 한 손가락으로 다섯까지 세면서 숨을 들이쉰다.) 이제 열까지 세면서 천천히 풍선을 불 거야. (손가락으로 수를 세면서 천천히 숨을 내쉬는 방법을 케빈에게 보여준다.) 이제, 네가 해봐.

케빈은 아빠와 함께 수를 세면서 풍선을 불 듯 심호흡을 한다.

아빠는 케빈에게 마음을 가라앉히는 데 도움이 되는 방법만 알려주는 것이 아니다. 어른들도 마찬가지로 두려울 때 대처할 방법이 필요하다는 사실도 보여준다.

아빠: 잘했어, 케빈. 천천히 숨을 들이마시고, 더 천천히 숨을 내쉬면 몸이 편안해져. 바로 이게 네가 폭풍우 때문에 두려울 때 할 수 있는 한 가지 방법이야.

케빈: 고마워요, 아빠.

열 살 전후의 아이들은 뉴스와 사회 문제를 접하면서 바깥세상에 관해 점점 더 많이 알아간다. 하지만 알게 된 것을 모두 이해할 정도로 성숙하지는 않다. 복잡하고 추상적인 개념을 이해할 정도로 인지 능력이 발달할 때까지는 불안해하는 것이 당연하다. 불안을 다스리고 조절하는 법을 가르쳐주면 불안한 감정 앞에서도 용기를 낼 수 있다.

우리 집이 재난을 당했어요

#폭풍우 #날씨 # 대피 #실제 사건 #10대 초반 #심리 치료 #확대 가족 #상실 #죽음 #소문

열네 살 시드니는 얼마 전 허리케인의 피해를 입은 마을에 산다. 시드니는 가족과 함께 대피했지만 기르던 개를 잃어버렸다. 부모님은 그 개가 물에 빠져 죽었을 거라고 생각한다. 피해를 입는 바람에 시드니의 가족은 집을 수리하는 동안 재난관리청이 제공한 이동식 주택에서 살고 있다.

시드니에게 무슨 일이 일어났는지는 설명할 필요가 없다. 가족 모두가 함께 겪은 일이기 때문이다. 시드니의 부모는 잃어버린 직업을 어떻게 되찾고 소득을 어떻게 보충할지, 혹시 보험으로 손실을 메울 수는 없을지 등에 대한 걱정이 아이에게 미치지 않도록 노력했다. 시드니가 꼭 들어야 할 부분에 대해서만 딸이 듣는 곳에서 이야기했다. 그리고 시드니가 악몽을 꾸기 시작하자 딸과 더 많은 이야기를 나눴다.

슬픔 속에서도 가족들은 일상적으로 해오던 일들을 그대로 하면서 가능한 정상적으로 생활하려고 노력했다. 이동식 주택으로 이사할 때는 외가 식구들이 큰 도움을 주었다. 그들은 시드니가 이전에 사용했던 것과 똑같은 침대 시트를 구해 최대한 시드니의 방과 똑같이 꾸미려고 했다. 또 장을 봐다가 평소에 먹던 음식을 요리했다. 그리고 자리가 좁고 불편해도 함께 식사를 했다.

엄마 아빠는 외가의 도움뿐 아니라 적십자 같은 단체의 지원도 받았다. 지역 YMCA가 폭풍우 피해를 입은 가족에게 운동할 수 있는 기회를 주어 시드니와 엄마는 매주 요가 수업에 다니기 시작했다.

재난이 닥쳤을 때 부모가 아이들을 도와주기 위해서는 먼저 자신의 고통을 다스려야 한다. 자신의 고통을 알아야만 다른 사람을 도울 수 있기 때문이다. 실제로 내가 행한 연구를 보아도 두려움, 슬픔, 충격에서 빨리 벗어난 부모를 둔 아이들의 회복 속도가 상대적으로 더 빨랐다.

물론 쉬운 일은 아니다. 어른이라고 해서 그 일이 생각나지 않는 것은 아니기 때문이다. 특히 엄청나게 충격적인 사건은 머릿속을 떠나기는커녕 불쑥불쑥 더 생각난다. 이로 인해 악몽에 시달리거나 일상생활에 불편을 겪는 것은 자연스러운 일이다. 문제는 부모가 느끼는 스트레스를 아이도 함께 느낀다는 데 있다. 하지만 끓어오르는 감정을 주체하고, 인내하고, 아이들을 격려하면서 효과적으로 한계를 정하기란 어렵다. 가족이 위기를 겪을 때 부모가 자신을 돌보는 게 중요한 이유가 여기에 있다. 재난이나 힘든 일을 당한 뒤에는 위안이 된다고 생각되는 행동이나 연습을 할 시간이 필요하다. 먼저 당신 자신을 돌보아야 당신의 역할인 '배터리'가 될 수 있다.

그런데 그 배터리를 충전할 수 없을 때는 어떻게 해야 할까? 외부의 도움을 받으면 된다. 혼자 힘으로는 극복하기 어렵다는 생각이 들거나 실제로 악몽을 꾸거나 그 기억에서 벗어나기 위해 지나치게 발버둥치고 있다는 생각이 들 때는 도움을 받아야 한다. 외상 후 스트레스 장애를 전문적으로 치료하는 의사를 찾아가거나 심리치료사와 상담하는 것도 방법이다.

시드니에게는 상실과 두려움에 대한 대화가 필요하다. 시드니의 가족은 변화된 현실에 적응하고 있기 때문이다. 임시 주택으로 옮긴 지 보름쯤 지난 뒤 시드니는 그 일이 어떻게 일어났고, 자기 가족이 어떤 피해를 입은 것인지 묻는다.

저녁 식사를 마친 어느 날, 시드니의 가족은 식탁에 계속 앉아 있다. 엄마 아빠는 시드니에게 어떤 이야기는 하고, 어떤 이야기는 하지 않을 것인지 미리 의논했다. 어떻게 그 일이 일어났는지, 그 일이 그들의 삶에 어떤 영향을 주었는지, 그리고 개가 어떻게 죽었는지에 관해 딸이 궁금해한다는 사실을 엄마 아빠는 안다. 나중에 다른 곳에서 들을 수도 있겠지만 지금은 폭풍우 때문에 사람들이 어떻게, 얼마나 많이 사망했는지에 관한 얘기는 하지 않기로 했다. 그런 이야기는 걱정만 키우기 때문이다.

 파란불

엄마: 몇 주 동안 많이 힘들었네, 그렇지?

시드니: 네, 많이 피곤해요. 친구들도 보고 싶고요. 엘리자베스는 할머니 집으로 갔고, 토니는 이모 집으로 갔대요. 그리고 학교에서 보이지 않는 애들도 많은데 어디로 갔는지는 모르겠어요. 엄마 아빠, 그런데 왜 우리한테 이런 일이 일어났죠? 왜 우리 집은 이렇게 심하게 망가졌어요?

아빠: 어려운 질문이구나, 시드니. 이렇게 끔찍한 일은 예측하기가 어려워. 우리가 옆 동네나 다른 집에 살았다면 괜찮았을 수도 있지. 그런데 안타깝게도 우리 집이 물에 잠겼단다. 그래서 로버도 잃었지.

시드니는 엄마 아빠에게 많은 말을 했다. 아빠는 열심히 들으면서 딸이 가장 궁금해하는 게 무엇인지(이런 일이 우리한테 왜 일어났어요?) 알아차렸다. 그리고 어떻게 대답할지 곰곰이 생각했다.

엄마: 혹시 우리에게 다른 나쁜 일이 또 일어날까봐 걱정되니?

시드니: 네, 또 허리케인이 오는데 우리가 경보를 듣지 못하고 휩쓸릴까봐 걱정돼요. 대피할 시간도 없을 테니까요.

엄마: 무서운 생각이구나. 음, 엄마가 네 나이였을 때 이모가 많이 앓다가 돌아가셨어. 그 일을 겪으며 다른 어른들, 특히 부모님이 아프다가 돌아가시면 어쩌나 걱정을 많이 했어. 아니면 내가 아파서 죽으면 어쩌나 하는 걱정도 했고. 하지만 그런 일은 일어나지 않았어. 그런데 나쁜 일이 일어났을 때 계속 나쁜 일이 생길까봐 걱정하는 건 당연해.

엄마는 시드니가 다른 나쁜 일이 또 생길까봐 걱정하는 것을 알고 있다. 충격적인 일을 겪은 뒤에 나타나는 자연스런 반응이고, 엄마도 이미 겪은 일이기 때문이다. 엄마는 그 말을 입 밖에 내면서 시드니가 순순히 털어놓지 않았을 말을 하게 해준다.

아빠: 시드니, 솔직하게 말해줘서 고마워. 마음속에 숨겨놓고 말하지 않으면 걱정만 더 커질 뿐이거든. 이렇게 마음을 털어놓으면 그걸 해결하기 위해 뭔가 할 수 있어. 우리가 지금 하는 것처럼 함께 의논할 수 있단다.

시드니: 학교에서 친구들이 많이 걱정해요. 홍수로 죽은 사람에 대한 얘기를 하는 아이들도 있어요. 상담 선생님이 그건 소문이라고 했지만요. 이런 일이 생긴 다음에는 사실이 아닌 온갖 이야기들이 돌아다니기 때문에 소문을 퍼뜨리는 건 나쁘대요.

아빠: 그래, 맞는 말이야. 걱정에 대해 얘기를 나누는 건 좋은 일이야. 하지만

사람들이 하는 말이 모두 진짜는 아니라는 사실을 알아야 해. 엄마 아빠는 네가 어떤 말이 진짜고, 어떤 말이 가짜인지 구별할 수 있게 해줄 수 있어. 사람들은 무슨 일이 일어났는지 정확하게 모를 때 이야기를 지어내거든. 하지만 그건 사실이 아닐 때가 많단다. 그리고 실제로 일어난 일보다 그런 소문을 듣는 게 훨씬 더 무서울 수도 있어.

아빠는 잘못된 정보에 대해 중요한 충고를 한다. 시드니는 엄마 아빠가 자신의 뒤에 있고, 그가 힘든 감정에 잘 대처하도록 도울 거라고 느끼기 때문에 마음을 털어놓는다.

시드니: 엄마 아빠, 고마워요. (엄마 아빠를 껴안으며) 이제 숙제하러 가야 해요.

청소년에게는 추상적인 사고를 할 수 있는 능력이 있다. "우리한테 왜 이런 일이 일어났나요?" 같은 질문과 특정 사건의 의미에 관한 이야기는 어린아이들과는 할 수 없을 것이다. 하지만 이런 질문들에 대답하기는 어렵다. 쉽고 간단하게 대답할 수 없는 문제이거나 그 문제에 관한 부모의 관점과 철학이 다를 수 있기 때문이다. 아이의 생각을 발전시키도록 도와주고 싶은 마음과 중요한 가치관을 전하고 싶은 마음 사이에서 부모가 갈등하고 있을 수도 있다.

청소년기는 결국 자신의 정체성을 만들어가는 시기다. 10대는 어떤 문제를 바라보고 해석하면서 자신의 관점을 만들어간다. 그런데 충격적인 일을 겪으면 이렇게 발전하던 독립심이 위협 받는다. 두려움을 느끼면 인간은 자연스럽게 '안전기지'로 돌아가려고 한다. 사건을 경험한 뒤 나이에 맞지 않게 어리게 행동하거나 퇴행하는 것도 이 때문이다. 도움을 줄 수 있는 친인척이나 주변인들과 치유를 위한 의미 있는 대화를 해야 할 때다.

대화6

기후 변화: 거짓말?! 의견 충돌이 심할 때

#10대 중반 #기후 변화 #예의 #언쟁 #분노 #학교

열여덟 살 이던은 도시 근교에 있는 고등학교에 다닌다. 그는 학생회 활동을 하고, 몇몇 동아리에도 가입돼 있다. 어느 날, 부모님이 퇴근했는데도 이던은 방에서 나오지 않는다. 저녁을 먹으며 보니 무언가에 단단히 화가 나 있다. 오늘 하루 동안 어떻게 지냈느냐는 아빠의 물음에 이던은 학교에서 기후 변화 문제로 친구들과 싸웠다고 했다. 선생님 중 한 분이 지구 온난화가 거짓말이라고 이야기한 것이 이유였다.

☺ 파란불

이던: 학교가 정말 싫어요. 아이들도 그렇고 선생님도 그렇고 너무 멍청해요.

아빠: 이던, 화가 많이 난 것 같구나.

이던: 네, 정말 화가 나요. 존스 선생님은 어떻게 기후 변화가 가짜라고 주장할 수 있는 거죠? 선생님은 도대체 어떤 세상에 살고 있는 거예요? 다른 아이들도 선생님과 함께 나를 비웃었어요.

228

아빠: 정말 기분이 엉망이겠구나. 당황했니? 아빠 생각에는 분명히 화가 많이 났을 것 같은데…….

아빠는 질문을 하면서 이던이 자신의 감정을 알아차리도록 도와주고, '분명히'라는 단어를 써서 아들의 감정을 강조해서 인정한다.

이던: 당황스러웠어요. 내가 무엇을 들었는지 믿을 수 없을 만큼요. 어떻게 그렇게 바보 같을 수 있어요? 어떻게 아무도 기후 변화가 진짜라고 믿지 않을 수가 있죠?

아빠: 정말 힘들었겠구나. 네가 옳다고 알고 있는 일에 동의하는 사람이 별로 없었구나. 그래서 비웃음을 당하고 공격받는다고 느꼈구나.

이던: 아빠는 이해돼요? 나는 엄청 화가 났는데요.

아빠: 그래, 얘기만 들어도 화가 나는 것 같구나. 그때 기분이 어땠지?

이던: 말 그대로 흥분했어요. 땀도 났고요. 완전히 궁지에 몰린 기분이었어요. 엄청나게 화가 났고요. 나는 내가 옳다는 걸 알아요. 그런데 그들은 무턱대고 나를 비웃었어요. 에이즈가 동성애자가 받는 벌이라거나 백신이 자폐증을 일으킨다고 외치는 사람들을 보는 느낌이었어요. 아직도 그렇게 생각하는 사람들이 있다니 놀라웠어요.

아빠: 네가 알고 있고 믿고 있는 일 때문에 사람들의 비웃음을 받는 건 정말 힘든 일이야. 그렇지?

이던: 맞아요. 내가 아는 게 옳다고 상대방을 설득할 수 없다는 건 정말 무서운 일이에요.

아빠: 서로에 대한 배려가 부족했던 것 같구나. 조롱당했다고 느꼈으니 말이야. 아빠가 같은 상황이었어도 너처럼 느꼈을 거야. 모든 사람이 그럴 거라고 생각해.

아빠가 그 상황을 서로에 대한 배려가 부족했다고 표현한 덕분에 이던은 자신이 왜 조롱당했다고 느꼈는지 알아차렸다. 또 아빠는 이던의 감정이 정상적이라고("모든 사람이 그럴 거야.") 인정했다.

이던: 당연하죠. 역시 아빠는 잘 알고 있네요.

아빠는 이던의 말에 넘어가지 않기로 한다. 대신 한걸음 물러서서 상황을 바라본다.

아빠: 열심히 노력하기도 했지만 운도 따라준 덕분에 넌 학생회 임원이 되었어. 오늘은 느끼지 못하겠지만 그래서 네게는 힘과 영향력이 생겼지. 오늘의 너처럼 느끼는 사람들이 많을 거야. 너와 생각이 다른 사람들, 다르게 느끼는 사람들이 많다는 의미야. 아빠가 지금의 네 나이였을 때 같은 반에 크완자 축제를 지키는 아프리카계 미국인 친구가 있었어. 나를 포함한 대부분의 친구들은 그 축제에 관해 들어본 적조차 없었지. 심지어 그 친구가 만들어낸 이야기라고 비난했어. 그때 그 친구를 대한 것을 떠올리면 지금도 기분이 좋지 않아. 경험해 보니 어떤 문제에 관해 예의를 갖춰 대화하는 게 어려울 때가 있어. 이번처럼 기후 변화 같은 문제를 이야기

230

하거나 감정이 달아올랐을 때는 특히 더 그렇지. 혹시 학교에서 이 문제에 관해 제대로 대화를 할 수 있는 기회가 있니?

아빠는 이던의 자기 효능감(어떤 일을 성공적으로 해낼 수 있다고 믿는 기대와 믿음)을 자극하면서 그 상황을 다룰 '공적인' 힘과 영향력을 강조한다. 그리고 자신의 과거를 고백하며 이던이 이 일을 더 넓은 관점으로 보도록 돕는다.

이던: 잘 모르겠어요. 지금은 생각하고 싶지 않아요. 아직은 오늘 일에 대한 화가 풀리지 않았거든요.

아빠: 알았어. 대신 언제든 얘기해. 아빠가 도와줄게.

이던: 고마워요, 아빠.

청소년기에는 실제로든 마음속으로는 이렇게 화를 내는 일이 흔하다. 청소년은 자신의 정체성을 적극적으로 드러내면서 자신에게 무엇이 중요한지 찾아간다. 지역 사회나 학교 또는 아르바이트나 자원봉사를 통해 바깥세상에 참여하면서 새로운 방식으로 세상과 소통하고 어른이 될 준비를 하는 시기이기도 하다.

이 시기의 자녀가 새로운 생각하고 무언가를 하려고 할 때 부모는 자신의 가치관이나 삶의 목표를 이야기하거나 상담자 역할을 하면서 영향을 줄 수 있다.

아빠는 그날의 논쟁에 관해 더 이상 언급하지 않는다. 그런데 며칠 뒤 이던이 다시 이야기를 꺼낸다.

빨간불

이던: 아빠, 며칠 전에 존스 선생님이랑 그날 나를 조롱했던 아이들에 관해 몇몇 친구들과 이야기했어요. 저와 친구들은 존스 선생님을 징계해야 한다고 교장 선생님에게 말할 거예요. 선생님이 그런 말을 하게 둘 수는 없어요. 선생님 말을 진짜로 믿는 아이들도 있으니까요.

아빠: (깜짝 놀라며) 뭐라고? 이던, 그건 말도 안 되는 생각이야. 그래서 무엇이 네 뜻대로 될 거라고 생각하니?

이던: 어휴, 아빠! 언제 아빠 생각을 물어봤어요?

아빠는 아이의 말을 들어주기보다 충동적으로 반응했고, 대화를 제대로 하지 못했다. 아이들이 조금 극단적인 행동을 하겠다고 나서면 가만히 들어주기가 어렵다. 우리 자신의 감정부터 조절해서 아이들이 장기적인 관점으로 볼 수 있도록 도와주기는 더 어렵다. 이 문제에 어떻게 다르게 대처할 수 있었는지 살펴보자.

😊 **파란불**

이던: 아빠, 며칠 전에 존스 선생님 그리고 기후 변화가 거짓말이라는 아이들과 말다툼을 벌였던 일에 관해 몇몇 친구들과 이야기했어요. 우리는 존스 선생님을 징계해야 한다고 교장 선생님에게 이야기할 거예요. 선생님이 그런 말을 하며 돌아다니게 할 수는 없어요. 선생님 말을 진짜로 믿는 아이들도 있으니까요.

아빠: 음, 그 일에 관해 많은 생각을 했구나.

아빠는 아들의 말을 인정하면서 다음에 무슨 말을 할지 생각할 시간을 번다.

이던: 네, 아직도 화가 나요.

아빠: 그렇게 해서 어떤 결과가 나오길 바라니? 무슨 일이 생기길 원해?

이던: 모르겠어요. 존스 선생님이 정신을 차리셨으면 좋겠어요.

아빠: 교장 선생님은 뭐라고 하실 것 같아?

이던: 모르겠어요. 하지만 합리적인 분이시잖아요. 교장 선생님은 틀림없이 기후 변화가 실제로 진행되고 있다는 사실을 이해하실 거예요.

아빠: 음, 아빠가 보기엔 네가 두 가지 목적이 있는 것으로 보이는구나. 하나는 기후 변화에 관해 대화하고 싶은 거고, 하나는 존스 선생님이 자신의 생각을 표현했다는 이유로 벌을 받기 바라는 것 같구나.

아빠는 이던이 문제 해결 과정에 참여하도록 준비한다. 첫 번째 단계는 목적을 확인하는 것이다.

이던: (웃으며) 아빠가 그런 식으로 말하니까 내가 헌법이 보장한 자유롭게 이야기할 자유를 선생님에게서 빼앗으려는 것 같네요.

아빠: 나는 그저 목표를 생각해보려는 거야. 며칠 전 너는 기분이 아주 나빴어. 너는 소수자였고, 네가 다른 생각을 가지고 있다는 이유로 사람들이 너를 조롱했다고 느꼈어. 기후 변화에 관해 건강한 토론을 하고 싶은 거

니? 아니면 존스 선생님이 벌을 받았으면 하는 거니?

이던: 음, 사실은 둘 다예요. 하지만 아빠가 그렇게 말하니 존스 선생님을 벌주는 건 복수가 될 것 같네요. 그럼 어떻게 하면 건강한 대화를 할 수 있을까요?

아빠는 이던이 최종 결과에 집중하도록 도와주면서 이야기를 계속한다.

아빠: 너는 학생회 활동을 하고 있으니 뭔가를 시작할 수 있는 기회가 많아. 이번 일처럼 토론할 주제가 있다고 생각될 때 학생회 임원은 어떤 식으로 이런 문제를 제기해야 할까?

이제 기후 변화에 관해 건강한 대화를 시작한다는 목표는 분명하다. 아빠는 아이디어를 짜내는 데 도움이 될 질문을 한다.

이던: 학생회는 주로 학교에 관한 문제를 다뤄요. 기후 문제에 관해 이야기하고 싶으면 학교에 초점을 맞춰야겠죠. 환경 동아리에서 학생식당 메뉴를 퇴비로 만들 수 있는 음식으로 바꾸고, 아이들이 쓰레기 분리수거를 잘할 수 있는 방법에 관해 토론하자고 계속 요구해오긴 했어요. 하지만 그건 다른 문제들에 비하면 너무 작은 문제예요.

아빠: 맞아, 작은 문제지. 하지만 작은 움직임이 모여 큰 발전이 이루어지지. 사람들이 학교에서 이 문제를 토론하게 할 다른 방법이 있니?

이던: 기후 변화와 그것이 우리 지역에 끼치는 영향에 관한 글을 학교 신문
  에 실을 수 있어요. 다음 주 편집회의 때 아이디어를 낼 수 있어요.
아빠: 정말 좋은 아이디어구나!

아버지의 격려는 이던이 비판받을 거라고 느끼지 않고 자유롭게 아이디
어를 내는 데 도움이 된다.

이 대화는 빨간불 시나리오와 어떻게 다른가? 우선, 감정이 그렇게 심하
게 달아오르지 않았다. 아버지는 세심하게 배려하면서 이던에게 말을 걸었
다. 이던의 말이 터무니없고 바보 같아 보여도 비판하지 않고 아들의 생각
을 다른 말로 바꾸어 표현했다. 이던이 원하는 것이 무엇인지 알아내기 위
해 한발 물러나 중립적인 질문을 했다. 덕분에 이던은 자신의 행동으로는 목
표를 이룰 수 없으며, 그 목표 역시 자신이 바란 것이 아니라는 사실을 깨달았
다. 아빠는 말을 많이 하지 않고도 아들을 문제 해결 과정으로 이끌었다.

여기서 강조한 도구들은 모든 연령대의 아이들, 불안한 기질을 가진 아이
들, 그리고 자연재해를 비롯한 모든 재해를 두려워하는 아이들, 엄청난 사건
을 목격하거나 직접 겪은 아이들 모두에게 적용할 수 있다. 이 책에 소개된
도구들과 아이디어들을 혼합하면 된다. 이렇게 할 때 당신은 차분하고 개방
적인 태도로 아이의 이야기에 귀를 기울일 수 있다.

9장

전자 기기의 위험성에 관한 대화

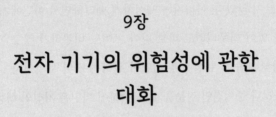

　요즘 아이들을 보면 당신이 아이였을 때와 많은 것이 달라졌다는 생각이 들 것이다. 일단 당신은 텔레비전을 가장 큰 정보 획득의 수단으로 알고 성장했을 것이다. 시간표에 맞춰 방송되는 프로그램을 보거나 비디오테이프에 녹화하여 다른 사람들과 함께 보았을 가능성이 높다. 종이 신문과 잡지도 읽었을 것이다. 집에 휴대 전화가 있었어도 당신이 아닌 어른들이 사용했을 것이며, 대부분 전화하는 데만 사용했을 것이다. 전화기로 사진과 글을 보내거나 상대방이 받자마자 사라지는 스냅챗 메시지 같은 것은 상상도 못 했을 것이다. 하지만 지금은 휴대 전화를 소유한 아이들이 많다 보니 아이가 어디에 있는지 확인하는 것은 금방이고, 수시로 연락하는 것도 가능하다.

　부모의 아이패드든 자신의 스마트폰이든 전자 기기를 손에 넣은 요즘 아이들은 광대한 온라인 세계 속에서 '언제 어디서든' 뉴스를 접한다. 당신보다 아이가 먼저 뉴스를 접할 수도 있기 때문에 아이가 뉴스를 걸러내고 바르게 해석할 수 있도록 도와주는 것은 거의 불가능하다. 가족이 함께 거실에 앉아 저녁 뉴스를 보면서 이야기를 나누는 것은 생각보다 흔한 일이 아니다. 이런 이유로 아이에게서 스마트폰을 뺏거나 사주지 않는 부모도 있다. 하지만 대부분은 오래가지 못한다. 학교에서 내주는 과제를 해결하거나 수업을 할 때 꼭 필요하기 때문이다. 분명한 것은, 휴대 전화나 태블릿 PC가 집중을 방해하고 정신을 어지럽힐 수 있다는 사실이다. 인터넷, 특히 소셜 미디어의 가장 무서운 면은 이로 인해 아이들의 행동이 바뀌고, 산만해지며, 걸러지지 않은 정보에 무의식적으로 노출된다는 것이다. 안타깝게도 이 중에는 위험한 요소, 그러니까 부모가 소중하게 여기는 가치관에 반하는 요소가 있을 수도 있다.

단순히 인터넷과 스마트폰 사용에 관해 말하려는 것이 아니다. 스마트폰을 적당히 활용하면서 아이들에게 무엇이 중요한지 대화를 통해 알려주려고 한다. '낯선 사람의 위험성'을 일깨우는 동시에 원만하게 대화하는 방법이다. 본격적인 얘기를 하기에 앞서 몇 가지 원칙을 먼저 생각해보자.

▶ 양육에 관한 당신의 가치관은 무엇이며, 전자 기기를 어떻게 생각하는가? 아이의 전자 기기 사용을 감독하거나 제한하는가? 아이의 나이에 따라 기준은 어떻게 다른가?

▶ 전자 기기 사용에 관한 규칙은 무엇인가? 예를 들어 식탁에서 스마트폰을 사용하게 하는가? 침대에서는?

▶ 아이들이 소셜 미디어를 이용할 때 어떤 규칙을 지키게 하는가? 아이의 친구 관계에 관한 원칙이 있는가?

▶ 집에서 스마트폰을 아무 때나 사용하게 하는가? 혹시 규칙을 어기면 사용하지 못하게 하는가?

▶ 스마트폰 사용을 전체적으로 어떻게 제한하는가? 예를 들어 할머니 댁에서는 사용을 금한다거나 특정 시간에만 사용하게 한다거나 아이들이 성장함에 따라 규칙을 어떻게 바꿀 것인가?

대화1

보지 말아야 할 장면

#어린이집 #인터넷 #자살

어린아이를 둔 부모들은 아이가 온라인상의 부적절한 콘텐츠에 노출되지 않기를 바랄 것이다. 하지만 그건 말처럼 쉽지 않다. 이번 사례는 무섭거나 부적절한 내용을 본 어린아이의 마음을 살피는 과정을 담았다.

 빨간불

여섯 살 사미르는 엄마와 함께 마트에 갈 때면 좋아하는 유튜브 채널을 볼 수 있다. 어느 날 오후, 아이와 함께 장을 보고 계산대에 서서 기다리던 엄마는 아이가 보던 화면을 흘낏 보았고, 순간 자신의 눈을 의심했다. 나무에 시체가 매달려 있는 장면이었다. 충격을 받은 엄마는 사미르의 손에서 얼른 아이패드를 잡아채 자신의 백에 넣었다. 깜짝 놀란 사미르는 영문도 모른 채 울기 시작했다.

계산을 마치고 집으로 돌아가는 내내 아이는 차 안에서 계속 운다. 엄마의 생각은 요동친다. 그 채널에 그런 콘텐츠를 올리도록 허용한 유튜브에 분통이 터지는 것은 그렇다 치고 사미르가 화면으로 본 내용을 얼마나 이해했을지 걱정이다.

엄마는 이제 어떻게 해야 할지 모르겠다. 자신이 방심했다는 생각이 든다. 그동안 사미르가 또 무엇을 보았을지 걱정되기도 한다. 엄마는 그 장면에 관해서는 아무 말도 하지 않겠다고 다짐한다. 아직 어린 사미르는 자신이 본 장면을 이해하지 못할 것이다. 하지만 그날 밤, 속상한 나머지 쉽게 잠이 오지 않는다. 나무에 매달린 시체의 모습이 계속 떠오른다.

사미르 입장에서는 그 장면과 엄마의 반응이 모두 혼란스럽다. 무슨 잘못을 했기에 엄마가 화난 목소리로 말하고, 재미있는 동영상을 보지 못하게 하는지 이해할 수 없다. 엄마가 많이 화난 것 같아서 물어보기도 겁난다. 그러는 한편 오늘 본 장면이 계속 생각난다.

다음 날, 어린이집에서 사미르는 나무에 매달린 남자를 그려 아이들에게 보여준다. 그 그림을 본 선생님 역시 깜짝 놀란다. 그날 오후 엄마가 사미르를 데리러 왔을 때 어린이집 선생님은 사미르에게 무슨 일이 있었느냐고 묻는다. 엄마는 그 사건으로 사미르도 당황했고, 그래서 아이와 그 일에 관해 이야기해야 한다는 사실을 뒤늦게 깨닫는다.

여섯 살 사미르는 세상을 어떻게 이해할까? 죽음이라는 말은 들어보았겠지만 그게 돌이킬 수 없는 일이라는 건 이해하지 못할 것이다. 자살이나 목을 매는 것에 대해서도 모를 것이다. 그리고 몰라야만 한다. 그렇다 해도 이 연령대의 아이들은 세상을 알고자 하는 의욕이 넘치는, 호기심 많은 탐험가다.

세상에 관해 배우는 방법 중 하나가 질문하기다. 그런데 이번 일에서 배운 게 있다면 엄마에게 묻지 말라는 것이다. 그게 엄마를 얼마나 화나게 하는 일인지 엄마의 반응으로 알았기 때문이다.

엄마는 어떻게 다른 방식으로 사미르를 대할 수 있었을까? 처음으로 다시 돌아가보자.

☺ 파란불

여섯 살 사미르는 엄마와 함께 마트에 갈 때면 좋아하는 유튜브 채널을 볼 수 있다. 어느 날 오후, 아이와 함께 장을 보고 계산대에 서서 기다리던 엄마는 아이가 보던 화면을 흘낏 보았고, 순간 자신의 눈을 의심했다. 나무에 시체가 매달려 있는 장면이었다. 엄마는 충격을 받았지만 심호흡을 하면서 마음을 가라앉히고 지금 당장 무엇을 해야 할지 고민했다. 그런 다음 사미르가 아이패드에서 눈을 떼게 한다.

"우리 아들"

엄마의 말에 사미르가 눈길을 돌린다.

"네가 좋아하는 초코바가 뭐지? 다시 말해줄래?"

그러면서 엄마는 자연스럽게 사미르의 손에서 아이패드를 치운다.

사미르는 "엄마!" 하고 소리치지만 곧 초코바 이야기에 관심이 쏠린다. 재빨리 아이패드를 자신의 백에 집어넣은 엄마는 두 종류의 초코바를 내밀며 "둘 중 더 좋아하는 게 뭐야?"라고 묻는다.

가게를 나서면서 엄마는 사미르가 그 장면을 어떻게 이해했는지 알아내기 위해 부드럽게 캐묻는다.

"유튜브에서 뭘 보고 있었어?"

"포켓몬을 보려 했는데 다른 게 나타났어요. 괴상했어요. 나무에 올라가는 남자 같았어요."

엄마의 걱정은 모르는 듯 아이는 계속 말을 이어간다.

"그런데 그 남자의 머리가 정말 웃겼어요. 머리를 거꾸로 박거나 몸이 뒤집어진 것 같았어요. 그리고 그건 포켓몬 같아 보이지 않았어요!"

아이의 말에 엄마가 동의한다.

"맞아, 때때로 유튜브에 문제가 생기기도 해. 그 동영상은 원래 거기에서 나오면 안 돼."

"그게 뭔데요?" 사미르가 묻는다.

"글쎄."라고 말하면서 엄마는 말을 멈추고 심호흡을 한다.

"엄마도 다 알지는 못해. 아마 아파서 사고를 당한 누군가를 보여주는 어른 동영상인 것 같아."

"아프다는 걸 어떻게 알아요?"

"음, 그 사람이 그래 보였어. 별로 좋아 보이지 않았거든."

엄마는 더 자세한 이야기는 사미르에게 도움이 되지 않을 거라고 생각한다. 그래서 이야기의 방향을 바꾼다.

"사미르, 지금 기분이 어때?"

"괜찮아요."라고 사미르가 대답한다. 그런 사미르에게 엄마는 뽀뽀를 해주곤 "밖에 나가서 놀고 싶은 것 같은데?"라고 묻는다.

자살은 분명 여섯 살짜리 아이에게 설명하기엔 무겁고 복잡한 이야기다. 아이가 이해할 수 없는 개념이거니와 사실 어른이 들어도 충격적이지 않은가. 그래서 엄마는 사미르가 자신이 본 것을 아픈 사람이 사고를 당한 것으로 해석하도록 도왔다. 지금은 아파서 사고를 당했다고 말하지만 나중에 사미르가 더 크면 사람들이 어떻게 아픈지에 관해 이야기를 나눌 생각이다. 눈에 보이게 아프기도 하지만 눈에 보이지 않게 아프기도 하다는 사실을, 몸이 아프기도 하지만 마음이 아프기도 하다는 사실을 알려줄 기회가 있을 것이다. 하지만 그런 토론은 여섯 살짜리 머리로 생각할 수 있는 범위를 뛰어넘는다.

대화2

온통 무서운 뉴스뿐이에요

#휴대 전화 #기상 경보 #유괴 경보 #초등학교

아이들이 성장하면 깨어 있는 시간의 대부분을 학교에서 보낸다. 당연히 부모는 아이들이 무엇을 접하는지 관리하기가 점점 어려워진다.

5학년 카터에게는 휴대 전화가 없지만 다른 친구들은 대부분 휴대 전화를 가지고 다닌다. 수업을 시작할 때 정해진 곳에 넣어둬야 하지만 카터의 친구 루커스는 오늘 전화를 호주머니 안에 숨겼다.

점심시간, 카터와 루커스는 고개를 파묻고 게임을 했다. 그때 알람과 함께 유괴 문자가 떴다.

"어린이 유괴. 용의자는 하얀색 자동차(번호판 435EFN)를 타고, 흰색 스웨터를 입은 열한 살 소녀와 함께 있다."

카터와 루카스는 서로 마주 본다. "이게 뭐야?"라고 카터가 묻는다. 루카스는 "몰라."라고 대답하고, 둘은 게임을 계속 한다.

집으로 가기 위해 스쿨버스를 기다리는데, 비가 내린다. 집으로 오는 내내 비가 내렸고, 루카스와 카터는 계속해서 스마트폰으로 동영상을 본다. 다시 알람과 함께 메시지가 뜬다.

"기상 경보: 세인트루이스 카운티에서 홍수 발생."

"여기에서 가까운 곳이야?"라고 루카스가 묻는다. 카터는 아무 말도 하지 않는다.

 빨간불

카터는 스쿨버스에서 내려 집으로 뛰어 들어간다. 그러곤 회사에 있는 엄마에게 전화를 걸어 묻는다.

카터: 엄마, 무슨 일이 벌어지고 있는 거예요?

엄마: 무슨 뜻이야, 우리 아들? 학교에서는 어땠어?

카터: 괜찮아요. 그런데 홍수가 날까요? 유괴된 여자아이는 어떻게 됐어요?

엄마: 잠깐만, 무슨 이야기를 하는 거니?

카터: 루카스와 놀고 있는데 걔 전화기에 홍수와 납치된 여자아이에 관한 메시지를 봤거든요.

엄마: 저런, 아무것도 걱정할 거 없어. 그건 그저 바보 같은 메시지야. 걱정은 그만하고 숙제나 해.

카터는 전화를 끊지만 너무 불안해서 숙제를 할 수가 없다. 홍수로 집이 쓸려 내려가지 않을지 그리고 유괴에 대한 생각을 멈출 수가 없다.

엄마는 카터가 그런 걱정을 할 줄 몰랐다. 아들이 다른 아이의 휴대 전화로 무서운 뉴스를 봤다는 이야기를 들었을 때 엄마는 당황하고 짜증이 났다. 아들을 안심시키고 싶었지만 뜻대로 되지 않았다. 카터는 엄마의 반응을 보면서 자신에게 짜증이 났다고 생각했다.

카터는 루카스의 전화기 화면에서 경고 메시지를 직접 보았다. 그래서 엄마가 걱정하지 말라고 해도 전혀 안심이 되지 않았다. 그냥 자신이 엄마를 성가시게 한 것 같아 마음이 불편했다. 엄마는 이 상황에 어떻게 달리 대처할 수 있었을까?

파란불

카터는 스쿨버스에서 내려 집으로 뛰어 들어간다. 그리고 아직 직장에 있는 엄마에게 전화한다.

카터: 엄마, 무슨 일이 벌어지고 있는 거예요?

엄마: 무슨 뜻이야, 우리 아들? 학교에서는 어땠어?

카터: 괜찮아요. 그런데 홍수가 날까요? 유괴된 여자아이는 어떻게 됐어요?

엄마: 저런, 오늘 무서운 뉴스를 많이 봤구나. 그런 얘기들을 어떻게 알았지?

카터: 루카스와 놀고 있는데 걔 전화기에 홍수와 납치된 여자아이에 관한 메시지가 떴어요.

엄마: 그랬구나. 그 메시지를 보니 기분이 어땠어?

카터: 몰라요. 그런데 학교는 왜 이런 무서운 일들을 우리에게 알려주지 않어요? 엄마, 나도 휴대 전화가 있어야겠어요. 그렇지 않으면 위험한 일이 일어나도 몰라요.

엄마: 그래, 혼란스러울 거야. 걱정스럽기도 하고.

카터: 그래요. 아이들이 유괴된다면 버스에서 내려 걸어오고 싶지 않아요.

카터의 말에 엄마는 갑자기 당한 기분이 든다. 하지만 아들이 그 뉴스를 어떻게 알게 되었는지 그리고 그 뉴스에 대해 어떤 기분이 드는지를 질문하면서 대처할 시간을 얻기로 한다.

엄마: 분명 굉장히 무서울 거야. 그런데 일어날지 아닐지도 모르는 일을 사람들에게 알리는 알림이 종종 온다는 사실을 알아야 해. 확실하게 일어난다는 뜻이 아니야. 유괴되거나 납치된 여자아이에 관한 메시지도 마찬가지야. 나중에 그 아이가 발견되었다는 메시지가 왔거든. 결국 그 아이는 납치된 게 아니었어. 그리고 홍수 경고? 우리가 사는 지역에 대한 경고가 아니라 다른 지역에 대한 경고였어. 그래도 왜 무서운지는 이해할 수 있어.

카터: 알겠어요. 그런데 엄마는 언제 집에 올 거예요?

엄마: 한 시간 뒤에. 가서 더 얘기하자. 그리고 지금은 기분이 어떠니?

카터: 괜찮아요.

엄마: 사랑해, 카터. 조금 있다 보자. 계속 걱정되거나 궁금한 게 있으면 언제든 전화해.

퇴근길, 엄마는 카터를 어떻게 코치할지 곰곰이 생각한다. 엄마는 카터가 자신의 전화기를 가져야 한다고 우길 거라는 걸 안다. 친구들은 대부분 자기 전화기를 가지고 있기 때문이다. 그래서 어떻게 대처할지 준비한다. 집에 돌아온 엄마는 바로 얘기를 꺼내지 않고 카터에게 저녁 식탁을 함께 차릴 것을 제안한다.

엄마: 카터, 기분이 어때?

카터: 괜찮아요. 그런데 진짜 납치가 아니었어요?

엄마: 응, 아니었어. 그 여자아이가 길을 헤맸대. 하지만 납치된다는 건 생각만 해도 무서운 일이지.

카터: 맞아요.

엄마: 루카스의 전화기에서 그 메시지를 보았을 때 네 몸의 어디에서 두려움이 느껴졌어?

카터: 심장이 빨리 뛰고 갑자기 더웠어요. 나와 루카스 둘 다 버스에서 내리는 게 무서웠어요. 그래서 둘 다 집으로 뛰어왔어요.

엄마: 네가 엄마에게 전화한 덕분에 우리가 지금 이 이야기를 할 수 있게 되어 고마워. 엄마가 네 나이였을 때는 무슨 일이 일어날 때 혼자 집에 있으면 무서웠거든. 언젠가 혼자 집에 있던 날 큰 폭풍우가 닥쳤는데, 엄청 무서웠던 기억이 나. 납치될까봐 무서웠던 적도 있고, 유괴될까봐 걱정하지 않는 아이는 없을 거야.

카터: 맞아요.

엄마가 정식으로 이야기하자면서 카터를 부르지 않았다는 점에 주목하자. 그 대신 엄마는 저녁 식탁을 차리는 일상적인 집안일을 함께 하자고 제안하면서 아들과 수다를 떤다. 엄마는 잘 듣고, 아들의 질문에 대답하면서 아들의 감정을 코치하고, 실제 사실을 알려준다.

엄마: 네가 친구의 휴대 전화에서 무서운 뉴스를 볼 때 어떻게 하면 기분이 나빠지지 않을지 아이디어를 내보자.

카터: 음, 내 휴대 전화가 있었다면 그 아이가 유괴되지 않았다는 두 번째 메시지를 보았을 거예요.

엄마: (종이에 카터의 아이디어를 적으며) 엄마가 아이디어들을 기록할게. 그런 다음에 따져보자. 네가 본 메시지가 사실인지 확인하려고 전화한 거 좋았어. 선생님께 물어볼 수도 있고.

카터: 루카스에게 다른 아이들처럼 전화기를 넣어두라고 할 수도 있어요.

엄마: 무언가 걱정될 때 엄마는 심호흡을 해. 심호흡을 하면 다음에 무엇을 할지 결정하는 데 도움이 돼.

엄마: 그래요, 집으로 돌아오는 내내 납치당할까봐 걱정됐어요. 집에 누군가 숨어서 나를 기다리고 있을지도 모른다는 생각도 들었어요.

엄마: 많이 무서웠겠구나.

카터: 네, 친구들 중에 스트레스를 줄여주는 공을 가지고 있는 애들이 있어요. 하나 사줄 수 있어요?

엄마: 좋아, 이제 아이디어들을 살펴보자. 카터, 네가 휴대 전화를 갖고 싶어 한다는 걸 알아. 하지만 엄마 아빠는 아직 네게 휴대 전화를 사주고 싶지

않아. 이유 중 하나는 오늘처럼 전화로 받은 메시지 때문에 네가 걱정할 수 있어서야. 보통은 단순한 알림이거나 실제로 일어나지 않을 일을 전하는 메시지인데도 말이지. 너를 보호하는 게 엄마 아빠의 책임이고, 지금 당장은 휴대 전화가 없어야 네가 안전하다고 느낄 거라고 생각하거든. 네가 고등학생이 되면 사주려고 해. 다른 아이들은 있는데 너만 전화가 없어서 힘들다는 걸 알아. 하지만 그게 엄마 아빠의 원칙이야. 하지만 스트레스 공을 갖고 싶다는 생각은 좋아. 같이 가서 사자. 그리고 선생님께 사실인지 아닌지 확인하는 건 어떻게 생각해?

카터: 할 수 있어요. 선생님은 모르는 게 없거든요.

엄마: 잠들기 전에 엄마가 하는 심호흡을 보여줄까?

카터: 좋아요.

엄마는 간단한 과정을 거쳐 카터가 문제를 스스로 해결할 수 있도록 도왔다. 카터가 '휴대 전화를 통해 본 무서운 뉴스로 인해 기분이 나빠지지 않게' 돕는 게 목표다. 두 사람 모두 아이디어를 내고, 엄마가 그 아이디어를 기록한다. 덕분에 카터는 엄마가 자신의 아이디어를 진지하게 받아들인다고 느낀다. 둘은 아이디어들에 대해 토론하고, 따져보고, 합의에 이른다. 잠들기 전에 심호흡을 하고 스트레스 공을 사기로 한다. 무서운 뉴스에 대한 진실 여부는 선생님께 물어보기로 한다. 교실에 휴대 전화를 가져오지 말라고 루카스에게 요구할지 말지는 결정하지 못했다. 그들이 좌지우지할 수 있는 일이 아니기 때문이다. 또 엄마는 금방 전화를 사주지는 않을 것임을 분명히 밝히면서 한계를 정하고, 이유를 설명한다.

SNS를 이용한 괴롭힘

#고등학교 #괴롭힘 #SNS

이제 막 고등학생이 된 엠마는 처음 몇 주 동안 친구들을 사귀며 잘 적응하는 듯했다. 그 모습에 엠마의 엄마 아빠도 안심했다.

어느 토요일, 엠마는 사만다 집에 초대받는다. 사만다의 부모님이 집을 비운 틈이었고, 초대받은 다른 친구들은 와인과 맥주를 돌리기 시작했다. 엠마는 마시지 않겠다고 거절하고, 친구들은 술을 마시지 않는다는 이유로 엠마를 괴롭히기 시작한다. 엠마는 곧장 엄마한테 데리러 와달라는 문자를 보낸다.

다음 날, 그 자리에 있던 누군가가 자신의 인스타그램에 사진을 올리면서 엠마를 '분위기를 망치는 아이'로 지목한다. 다른 아이들도 엠마에게 악의적인 댓글을 퍼부었다. 술을 마시지 않은 것뿐만 아니라 옷차림, 머리 모양, 목소리까지 비웃는다.

얼마 뒤 엠마의 SNS에 선정적인 댓글이 달리기 시작한다. SNS를 확인한 엠마는 그날 밤 내내 우느라 거의 잠을 이루지 못한다.

다음 날, 퉁퉁 부은 눈으로 등교하던 엠마는 아이들이 자신을 쏘아보며 야유하는 듯한 기분을 느낀다. 아이들은 SNS에서 하루 종일 엠마를 공격한다. 점심시간이 되자 엠마는 아프다는 핑계로 양호실로 도망간다. 엄마가 엠마를 일찍 데리러 온다.

엠마가 조퇴한 이유를 알게 된 엄마는 화가 치솟았다.

엄마: 엠마, 숨거나 도망치는 걸로 갈등을 피할 수는 없어. 내일 학교에 가서 문제를 해결해야 해.

엠마: (눈물을 글썽이며) 엄마는 이해 못해요.

엄마: 엄마도 네 나이일 때가 있었어. 어떻게 할지 생각해봐. 엄만 네가 할 수 있다고 생각해.

그날 밤, 엠마는 새로 사귄 친구들에게 문자를 보내지만 아무도 답을 하지 않는다. 다음 날 아침 버스가 엠마를 학교 앞에 내려주었지만 엠마는 학교로 들어가지 않는다. 그날 오후, 엠마의 부모는 엠마가 학교에 오지 않았다는 학교의 알림을 받는다. 엄마 아빠는 곧바로 확인하지만 평소 딸의 행동과 너무 달라 실수로 온 알림이라고 확신한다. 그날 저녁, 밥을 먹으면서 아빠는 딸에게 그 알림에 관해 묻는다.

아빠: 엠마, 네가 오늘 결석했다는 문자를 받았어. 정말이야?

엠마: 음, 아니에요. 현장 학습을 갔었어요. 학교에서 왜 그런 문자를 보냈는지 모르겠어요.

엄마: 혹시 어제 조퇴한 일과 관련이 있니?

엠마: (소리를 지르며) 아니에요! 아니라고요! 날 그냥 내버려두라고요.

엄마 아빠는 문제가 생겼다는 걸 깨닫는다. 하지만 딸에게 무슨 일이 일어나고 있는지 잘 모른다. 사실 엄마는 어제 엠마에게 "어떻게 할지 생각해 봐."라고 말하면서 대화를 끝낼 생각은 아니었다. 하지만 결과적으로 그렇게 되었다. 아무래도 엄마보다는 아빠가 얘기를 꺼내는 게 낫다고 결정내린다. 그날 저녁, 아빠가 딸의 방문을 두드린다.

☺ **파란불**

아빠: 엠마, 학교에서 무슨 힘든 일이 있었던 것 같구나.

엠마는 투덜거린다.

아빠: 아빠가 고등학생이 되기 직전에 이사를 했던 기억이 나는구나. 아는 친구가 하나도 없는 낯선 동네에서 고등학교 생활을 시작하는 게 끔찍했어. 홈스쿨링을 하게 해달라고 할머니 할아버지를 졸랐어.

엠마: 허락해 주셨어요?

아빠: 아니, 하지만 상황이 점점 나아졌어. 물론 처음에는 끔찍했지.

아빠는 엠마에게 감정에 관해 이야기하자고 하지 않는다. 딸이 방에서 나가라고 할까봐 걱정돼서다. 대신 자신의 경험을 이야기하면서 딸의 경험을 인정한다. 동시에 한계(학교에 가지 않을 수 없다는)를 정한다.

엠마: 아빠가 고등학교에 다닐 때도 아이들이 술을 마셨어요?

아빠: 지금은 애들이 술을 마시니?

아빠는 엠마의 질문을 이용해 정보를 모으면서 딸의 마음을 추측한다.

엠마: 네, 나는 마시고 싶지 않았는데 아이들은 나를 이해하지 못했어요. 그리고 걔들은 인스타그램에 나에 대한 나쁜 글을 올리고 있어요.

아빠: 저런, 정말 고약한 아이들이구나. 엠마, 기분이 어떠니?

엠마: 학교에서 얼굴을 못 들겠어요. 학교를 옮기기에 늦은 것 같지는 않은데…… 그렇지 않아요?

아빠: 정말 슬프고, 화가 나고, 난처하겠구나. 그리고…?

아빠는 학교를 옮겨도 되느냐는 엠마의 질문에는 대답하지 않고, 딸의 감정을 물으면서 화제를 바꾼다. 한계는 나중에 정할 수 있다. 게다가 자신이 무슨 말을 할지 엠마가 이미 알고 있고, 아빠의 거절을 빌미로 말싸움이 시작될 수도 있다는 걸 느껴서다.

엠마: 맞아요. 모멸감도 느껴요. 다시는 얼굴을 들 수 없을 것만 같아요.

아빠: 아빠가 인스타그램을 봐도 될까? 엄마 아빠가 자랄 때는 이런 게 없었거든. 아빠한테 모두 보여줄 수 있니?

아빠는 엠마의 말만 듣기보다 게시물을 살펴보면서 아이들이 실제로 어떤 게시물을 올렸는지 파악하려고 한다. 확인해 보니 엠마의 사진을 악의적으로 편집한 데다 내용은 비열하다. 대여섯 명의 아이가 집중적으로 인스타그램에 게시물을 올렸다는 사실도 파악한다.

아빠: 엠마, 어떻게 하면 네가 다시 편한 마음으로 학교에 갈 수 있을지 고민해보자.

엠마: 돌아갈 수 없다니까요. 내가 어떤 기분인지 아빠는 전혀 몰라요.

아빠: 그래, 엠마 네 말이 맞아. 아빠는 몰라. 아빠가 네 나이였을 때는 달랐어. 지금처럼 악의적으로 사진을 합성해 올린다거나 하는 일은 없었지. 하지만 아빠도 네 나이 즈음에 심한 괴롭힘을 당했고, 누군가 도와주기만을 바랐어. 그러니 아빠가 이 일을 도와줘도 될까?

아빠는 자신이 이 일을 도와줄 수 있다고 말함으로서 엠마가 거절하기 힘들게 만든다. 목표는 엠마가 '마음 편히 학교로 돌아가는 것'이다.

아빠는 딸의 책상 위에 있는 메모지와 펜을 집는다. 엠마는 문제 해결 과정을 어떻게 진행하는지 이미 알고 있다.

엠마: 좋아요, 대신 어떤 아이디어든 기록하겠다고 약속해요. 전학 가는 것에 대해 엄마 아빠가 진지하게 고민해주면 좋겠어요. 그리고 내가 모르게 아무 일도 하지 않으면 좋겠어요. 예를 들어 나한테 먼저 말하지 않고 선생님이나 교장 선생님을 만나지 마요.

아빠: (딸의 얘기를 기록하면서) 알았어. 교감 선생님께 연락한다는 게 아빠가 가진 아이디어 중 하나야. 학교에서 무슨 말을 하는지, 혹시라도 이전에 같은 문제가 있었는지 알아보고 싶어. 어쩌면 네가 첫 피해자가 아닐 수도 있거든. 엄마 아빠는 그 아이들의 부모에게 연락할 수 있어. 분명 그 부모들은 아이들이 술을 마시는지 모를 거야.

엠마: 그러면 정말 곤란해질 거예요. 잠잠해질 때까지 이틀 정도 쉬는 것도 방법이죠. 그리고 날 괴롭히지 않은 친구가 한 명 있어요. 헤더라는 아이에요. 걔한테 문자를 보내서 어떻게 되고 있는지 알아낼 수 있어요.

아빠: 좋아, 아이디어가 꽤 많이 모였네. 이제 하나씩 살피면서 무엇을 실천할 수 있는지 알아보자.

다음 날, 엠마의 부모는 교감 선생님과 맨 처음에 악의적인 사진을 올린 아이의 부모들에게 연락하기로 한다. 아빠는 등교를 하지 않는 것은 안 된다고 엠마의 행동에 한계를 정한다. 대신 다음 주에는 아침마다 차로 학교에 데려다주겠다고 제안한다. 그러면 엠마가 버스를 타지 않아도 된다. 엠마는 헤더에게 연락한다. 엠마는 자신을 괴롭힌 아이들이 중학교 때 헤더를 똑같이 괴롭혔다는 사실을 알아낸다.

엠마의 가족은 계획대로 실행하고, 아주 만족스럽지는 않지만(교감 선생님은 엠마를 이해하긴 했지만 그 일이 학교에서 벌어진 일이 아니라서 별다른 조치를 취하지는 않는다. 대신 학교에서 비슷한 일이 벌어지는지 지켜보겠다고 약속한다.) 엠마는 다음 날 학교로 돌아간다. 몇몇 부모는 잘못을 인정하고 사과한다. 엠마는 헤더의 도움을 받아 다른 친구들을 사귀겠다고 마음먹는다.

문제 해결 과정 덕분에 아빠는 딸이 괴롭힘에 대처하도록 도울 수 있었다. 아울러 엠마가 진짜 친구에게 자신의 마음을 털어놓고 새로운 친구를 사귀는 등 더 안전하다고 느낄 수 있는 전략까지 세울 수 있었다.

대화 4

섹스팅이 왜 나빠요?!

#고등학교 #섹스팅 #노골적인 사진 공유

열여덟 살 알리사는 고등학교 생활이 재미없다. 알리사는 운동 클럽에 가입되어 있지 않고, 몇 안 되는 친구들조차 올해는 아무도 같은 반이 아니다. 알리사는 하교 후 거의 문을 닫아놓고 자기 방에서만 시간을 보낸다.

어느 날, 엄마는 우연히 식탁에 놓인 알리사의 스마트폰 알림을 보게 된다. 알리사의 남자 친구 딜런이 보낸 노골적인 메시지가 눈에 들어온다. 신경이 쓰이지만 "애들이 그렇지 뭐."라고 혼잣말을 하면서 알리사에게 아무 말도 하지 않겠다고 다짐한다.

일주일 내내 알리사의 얼굴이 더 침울해 보인다. 집에 돌아오자마자 자기 방으로 들어가고, 문밖으로 나올 때는 눈살을 찌푸리고, 입술은 꽉 다문 상태다. 엄마는 걱정이 된다. 엄마가 먼저 다음 주말에 있을 학교 댄스 파티 때 입을 드레스를 사러 가자고 말한다. 알리사는 파티에 가지 않을 생각이라면서 거절한다. 그러곤 딜런과 헤어졌다고 말한다.

며칠 뒤, 엄마는 친구 제시카의 전화를 받는다. 알리사의 가장 친한 친구인 샬럿의 엄마다. 알리사와 딜런이 SNS를 통해 성적인 사진과 동영상을 주고받았는데, 딜런이 그중 일부를 친구들과 공유했다는 말을 샬럿에게 들었다고 말한다.

엄마는 소스라치게 놀란다. 어떻게 대화를 시작해야 할지조차 모르겠다. 딸과 한 번도 얘기해본 적 없는 문제다. 이런 문제가 생긴다거나 딸이 이런 행동을 할 수 있다는 것은 상상조차 해본 적 없다. 그러나 이제 대화를 해야 한다. 엄마 아빠가 보호자라는 걸 알리사에게 알려야 한다. 또한 직접 만나 든 사이버 공간에서 만나든 사람들을 어떻게 대할지에 관해 올바른 결정을 내릴 수 있도록 딸을 가르쳐야 한다. 그들은 엄마 아빠가 섹스팅(성적으로 노 골적인 사진과 문자를 주고받는 행위)에 대해 알고 있으며, 도와주고 싶다는 걸 딸 에게 어떻게 알릴지 전략을 짠다.

주말 아침, 엄마는 알리사의 방으로 가서 딸이 좋아하는 음식을 준비했다 고 말한다. 세 사람은 식탁에 둘러앉아 몇 분 동안 가벼운 대화를 나눈다.

😊 **파란불**

엄마: 알리사, 딜런이 너희끼리 주고받은 동영상을 공유했다고 샬럿의 엄마 가 알려주었어. 그래서 너한테 얘기해야겠다고 생각했고.

알리사는 아무 말 없이 자신의 접시를 내려다본다.

엄마: 힘들게 한 주를 보낸 게 당연해. 어떤 기분일지 상상도 못하겠어.

알리사: 그 얘기는 하고 싶지 않아요.

아빠: 우린 너를 사랑하고, 도와주고 싶어 한다는 걸 알면 좋겠어. 사적인 내 용을 다른 사람들과 공유하는 건 심각한 사생활 침해야.

무슨 일이 있었는지 안다는 걸 알리사에게 알리기 위해 엄마 아빠는 돌리 지 않고 직접적으로 대화를 시작한다. 그리고 도와주고 싶다는 뜻을 명확하 게 전달하면서 그들이 딸을 비난하지 않는다는 걸 보여준다.

알리사가 울기 시작한다.

엄마: 기분이 어때?

알리사: 내 기분이 어떨 거라고 생각해요?

엄마: 누구라도 그럴 거야. 네 몸을 보면 알 수 있어. 이렇게 웅크리고 있잖
니. 지난주 내내 엄청 슬퍼 보였어. 배신감도 심하게 느꼈을 거야.

엄마는 알리사가 자신의 감정을 알아차리고 인정하도록 돕는다.

알리사: (고개를 끄덕이며) 맞아요, 학교에 어떻게 가야 할지 모르겠어요. 딜런
은 어떻게 그럴 수가 있죠?

아빠: 딜런이 그 동영상을 누구와 공유했는지 아니?

알리사: 최소한 세 명과 공유했어요. 샬럿이 내게 알려줬어요.

아빠: 세상에, 정말 화가 나는구나.

엄마: 우리 산책을 좀 할까? 긴장을 풀고 마음을 가라앉힐 수 있을 거야. 이
문제에 어떻게 대처할지도 생각해보자.

알리사: 그럴지도 모르죠. 하지만 숙제가 많아요.

아빠는 자신의 감정을 이야기하면서 알리사의 감정을 인정하고, 정보를
더 모은다. 감정이 치솟은 엄마는 일단 흥분을 가라앉히고 문제 해결을 위
한 대화를 시작하는 게 더 낫다고 생각한다.

알리사가 숙제를 하는 동안 엄마 아빠는 딸과 어떻게 대화를 나눌지 의논
한다. 두 사람 모두 그런 동영상을 촬영하고 섹스팅을 한 딸에게 화가 난다.
하지만 왜 그랬냐고 야단치는 것은 지금 당장 도움이 되지 않는다고 판단한
다. 그리고 어쨌든 딜런이 한 짓을 딸의 실수로 여기고 싶지는 않다. 섹스팅

과 노골적으로 사생활을 드러내는 일에 대해서는 다음에 시간을 정해 제대로 토론해야 한다. 지금은 상황을 해결할 방법을 찾아야 한다. 알리사가 상처받고 배신당한 마음을 다스리도록 돕고, 인터넷에 낯부끄러운 동영상이 돌아다녀서 딸이 입을지도 모르는 피해를 최소화해야 한다.

저녁을 먹은 뒤 알리샤의 가족은 개를 데리고 산책을 나간다. 덕분에 알리사는 감정을 조금이나마 숨길 수 있다. 난처하거나 안절부절못하는 상황에서 부모의 눈을 피할 수 있기 때문이다.

아빠: 알리사, 그 동영상으로 인한 피해를 어떻게 줄일지 얘기해볼까?

알리사: 이미 피해를 입었을 거예요. 내가 할 수 있는 건 없어요.

아빠: 동영상을 가지고 있는 그 아이들과 딜런이 더 이상은 공유하지 못하도록 할 방법이 없을까 생각하고 있었어.

알리사: 그럴 수 있을까요?

아빠: 어떤 아이디어든 생각해보자. 터무니없어 보여도 괜찮아. 일단 얘기를 하고 어떤 방법이 합리적인지 찾아내는 거야.

엄마: 인터넷에 올라간 동영상이 영원히 삭제되지 않을 수도 있다는 걸 그 아이들은 모르는 것 같아. 그리고 동의를 받지 않고 사진이나 동영상을 퍼뜨리는 걸 금지하는 법이 있어. 그 아이들을 경찰에 신고할 수도 있다는 의미야.

아빠: 딜런의 부모를 만날 수도 있어. 그들이 딜런에게 동영상을 삭제하게 할 수 있을지 알아보는 거지.

알리사: 그 동영상을 가지고 있다고 생각하는 아이들과 샬럿이 친구예요. 걔

들에게 동영상을 지우라고 말해 달라고 샬럿에게 부탁할 수도 있어요. 그
다음 걔들이 동영상을 지우는 걸 샬럿이 확인할 수도 있어요. 그 동영상
을 다른 누군가와 공유했는지도 샬럿이 알아낼 수 있을 거예요.

엄마: 또 누군가가 딜런에게 이 문제에 관해 직접 얘기할 수도 있어.

아빠: 아니면 엄마 아빠가 학교에 전화해서 학교가 뭔가 조치를 취할 수 있
는지 알아볼 수도 있어. 그 친구들 모두 같은 학교에 다니지, 그렇지?

알리사: (고개를 끄덕인다) 딜런의 친구 잭이 나를 좋아해요. 내가 왜 딜런과 헤
어졌는지 이해한다고 말했어요. 이 문제에 대해 그 애와 얘기할 수 있을
거예요. 하지만 솔직히 지금은 학교를 다니고 싶지 않아요. 아무하고도
마주치지 않아도 되니까요. 온라인으로 수업을 할 수도 있어요. 내가 학
교에 가지 않으면 이 모든 게 잠잠해질 테니까요.

알리사는 기대하는 눈빛으로 부모를 바라본다.

아빠: 일단 하나씩 살펴보고 우리가 무엇을 할 수 있는지 정하자. 그 동영상
으로 네가 입을 피해를 최소화하는 게 목표야.

**아빠는 온라인 학습으로 바꾸고 싶다는 알리사의 바람에 대해서는 대꾸
하지 않는다. 대신 문제 해결 과정을 계속 진행한다.**

엄마: 경찰에 신고하는 건 어때? 동의 없이 노골적인 사진이나 동영상을 퍼
뜨리는 일은 범죄야.

알리사: 경찰이 딜런을 체포하면 어떻게요?

아빠: 그렇다면 네가 딜런과 친구들에게 직접 연락하는 건 어떨까?

알리사: 좋아요. 내가 잭에게 전화할게요. 그리고 다른 아이들에게 얘기해 달 라고 샬럿에게 부탁할게요.

엄마: 이런 메시지를 전해야 할 것 같아. "딜런이 한 행동은 범죄다. 나는 동 영상과 사진이 최대한 빨리 지워지는 것을 확인하면서 나를 지키기 위한 가장 빠른 방법을 찾으려고 한다."

아빠: 엄마 아빠가 딜런의 부모와 통화하는 건 어떻게 생각해? 엄마 아빠는 딜런의 부모를 알아. 그래서 격의 없이 대화할 수 있거든.

알리사: 좋아요. 하지만 나는 상관하고 싶지 않아요.

엄마: 물론이지.

알리사: 학교나 경찰에 알린다는 선택은 맨 마지막으로 남겨둬도 될까요?

엄마: 합리적인 생각이야. 하지만 너무 길게 끌고 싶지는 않아. 내일 저녁에 다시 모여서 확인하자. 그 아이들이 내일까지 삭제하지 않으면 월요일에 학교에 연락하거나 화요일에 경찰에 신고하는 거야.

알리사: 좋아요.

엄마 아빠는 알리사에게 자율권을 주고 싶다. 하지만 딜런이 책임을 지는 지 확인하고 싶기도 하다.

두어 주 후, 그 동영상들이 지워지고 난 뒤 엄마 아빠는 알리사와 자기 존 중, 사생활을 지키는 법, 낯 뜨거운 사진이나 동영상을 온라인으로 공유하는 일에 관해 좀 더 깊은 대화를 나누려고 한다. 몇 년 전에 했어야 할 대화다. 지 금 같은 일이 일어나지 않았다고 가정하고 과거로 돌아가자. 엄마 아빠는 열 네 살 알리사와 어떻게 대화할 수 있었을까?

엄마는 알리사와 친구 두어 명을 차에 태워 30분 거리에 있는 하키 경기장에 데려다준다. 엄마는 아이들이 뒷자리에서 인스타그램에 올릴 게시물에 관해 얘기하는 것을 듣는다.

엄마: 너희들에게 질문이 있어.

알리사: 뭔데요?

엄마: sns 얘기가 나오면 엄마가 좀 바보 같아서 말야. 부탁인데, 내 말 좀 들어줘. 너희는 언제 사진을 올리니? 그리고 누가 그 사진을 보지?

조: 저를 팔로우하는 모두가 보죠. 공공 게시물 같은 거니까요.

엄마: 그럼 아무나 너를 팔로우할 수 있어?

조: 공공 계정이 아닌 이상 제가 요청을 받아들여야만 가능해요. 우리 모두 개인 계정을 가지고 있고, 허락한 사람만 저를 팔로우할 수 있어요.

엄마: 그럼 누군가 네 사진에 무례하고 불쾌한 댓글을 달아도 모두가 그걸 볼 수 있어? 그다음에는 어떤 일이 일어나니?

조: 맞아요, 모두가 볼 수 있어요. 하지만 그 사람이 팔로우하지 못하게 차단할 수 있어요.

엄마: 하지만 이미 피해를 입은 다음 아니야?

조: 그렇죠. 그래도 그 후에 댓글을 지울 수는 있어요.

엄마: 너희 중에 그런 일을 당한 사람이 있어?

샬럿: 네, 봤어요. 너희들, 매트가 가브리엘라의 민망한 사진 올렸던 거 기억나? 가브리엘라가 술 취한 것처럼 보였잖아? 가브리엘라와 매트가 헤어진 직후에 화가 난 매트가 가브리엘라의 흉한 사진을 올렸잖아.

엄마: 저런, 그런 일이 있었구나. 잘 알겠지만 다른 사람이 너희들 사진이나 동영상을 촬영할 때는 정말 조심해야 해.

샬럿: 그런데 어떤 아이들은 이상한 동영상이나 사진을 찍어서 남자 친구에게 보내기도 한대요.

알리사: 웩! 역겨워. 그런데 엄마, 이 얘기 계속 할 거예요?

엄마: 그래, 알았어. 내가 너희 나이였을 때와는 정말 다르구나. 어쨌든 사진이나 동영상을 촬영할 때는 신중해야 해. 영원히 사라지지 않을 수도 있으니까. 가브리엘라가 5년 후에 면접을 보러 갔는데 사장이 인터넷에서 사진을 봤다고 말한다고 상상하면 어때?

청소년은 간섭받지 않으려 하고, 10대 후반이 되면 더 냉소적인 태도로 나오기 쉽다. 그렇기 때문에 아이가 10대 초반일 때 이런 대화를 하는 게 더 쉬울 수 있다. 또한 이렇게 얽히고설킨 대화는 아이의 친구들을 대화의 윤활유로 포함시킬 때 더 순조로울 수 있다는 것을 기억하라.

10장

사회 정의에 관한
대화

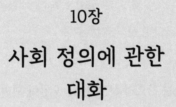

　대부분의 사람들은 더 나은 세상에 대한 이상이 있다. 하지만 그것을 어떻게 이룰지에 관해서는 의견이 다르다. 우리 아이들도 살면서 이런 문제로 의견 충돌을 겪는 일이 생길 것이다.

　아이들이 이런 갈등에서 길을 찾도록 도와주려면 가족 내에서 가치관을 확실히 잡아주는 것이 중요하다. 예를 들어 이민자나 다문화 가정에 관해 갈등이 생길 수 있다. 이민자나 다문화 가정의 증가가 사회의 다양성을 높이고, 자국민들이 원하지 않는 일을 해주어 경제를 활성화하는 면도 있지만 문화 차이에 따른 갈등 증가라는 면에서는 단점이다. 이런 갈등은 악의惡意와는 다르다. 예를 들어 이민자나 다문화 가정의 구성원을 열등하다거나 범죄 또는 질병을 전파하는 존재로 보는 건 악의다. 이로 인해 아이들이 행복하지 않을 때는 불의에 잘 맞서도록 가르치는 게 무서운 세상에서 자존감을 지킬 수 있게 해주는 방법이다.

이번 장에서 말하려고 하는 '사회 정의'는 사회에서 공정성, 정의와 평등을 이루려는 노력을 말한다. 가난, 편견, 인종 차별, 부당 대우, 그리고 차별 등 조금 무거운 문제들이 쟁점이 될 것이다. 그리고 이런 논의에서는 개인의 경험과 문화, 종교, 가치관이 중요한 역할을 한다. 인종, 문화, 종교, 사회 경제적 위치, 장애, 성별, 사상이나 신념 때문에 박해를 받거나 괴롭힘을 당했던 부모는 그런 경험이 없는 부모와는 다른 방식으로 아이들과 대화할 가능성이 높다. 종교적인 신념이 강한 가족은 종교적인 가르침을 바탕으로 대화를 이끌어 나갈 수 있다. 물론 여기에서도 양육에 관한 가치관이 중요한 역할을 한다. 이번 장은 양육에 대한 가치관에 대해 곰곰이 생각해보는 좋은 기회가 될 것이다.

나의 경우 아이들과 사회 정의에 관한 토론을 상당히 빨리 시작한 편이다. 맏이는 10대였지만 막내는 이제 막 초등학생이 됐을 때였다. 10대가 될 즈음, 내 딸들은 사회 참여에 관심이 많았다. 2018년, 정서 장애를 가진 한 학생이 플로리다의 마조리 스톤맨 더글러스 고등학교에서 총을 마구 쏘는 일이 발생했다. 이 일로 열일곱 명이 사망하고, 열일곱 명이 넘는 사람들이 부상을 당했다. 미국 전역의 청년들이 총기 폭력을 반대하며 들고일어났다. 딸들과 식탁에 앉아 있던 나는 이런 일이 어떻게 학교에서 벌어질 수 있는지, 이런 일이 왜 일어났는지를 얘기하면서 무시무시하지만 자주 일어나는 일은 아니라고 말했다. 그 사건 후 우리 아이들은 왜 그렇게 많은 사람들이 총을 가지고 있는지, 왜 총기 규제법이 소용없는지에 관해 곰곰이 생각하게 되었다.

"총을 살 권리는 모든 사람에게 있지만, 학교가 안전하다고 느낄 권리는 없다는 게 어떻게 공정해요?"라고 열일곱 살 딸이 물었다. 남편과 나는 안전에 초점을 맞추고 싶었지만 아이는 총기 폭력과 사회 정의에 관해 토론하고 싶어 했다. 토론 후 두 아이 모두 워싱턴DC에서 열리는 '생명을 위한 행진'에 참가하기를 희망했고, 실제로 그렇게 했다. 딸들은 이렇게 참여하는 시민이 되었다.

내가 처음으로 참여하는 시민이 된 것은, 1985년 5월 로널드 레이건 대통령이 독일 비트부르크의 군인 묘지를 방문했을 때다. 그곳은 나치 무장 친위대 군인들이 묻힌 곳으로, 나는 대통령의 묘지 방문에 항의하기 위해 친구들과 함께 그곳으로 갔다. 당시 나와 친구들은 레이건 대통령이 무고한 시민들이 죽어간 베르겐 벨젠 강제수용소는 방문하지 않고(나중에 대통령 일정에 추가됐다.) 대량학살을 저지른 사람들의 무덤은 방문한다는 이야기를 듣고 충격을 받았다.

상황에 따라 이런 문제를 더 일찍 이야기할 수도 있다. 예를 들어 유색 인종이거나 부모가 동성인 가정, 가난한 지역에 살 경우에 그렇다. 반대로 아이들이 꽤 성장할 때까지 이런 문제들에 대해 군이 이야기할 필요를 느끼지 못할 수도 있다. 이럴 땐 부모가 기준을 정해 먼저 대화를 시도하는 것도 방법이다. 아이가 어리다면 부모의 가치관을 중심으로 다른 사람을 상대하는 법과 존중에 관해 이야기할 수 있다. 3,4학년쯤 되었다면 시대에 따라 성정체성에 대한 생각이 어떻게 달라졌는지, 젊은 사람과 나이 든 사람의 생각이 왜 다른지를 이야기할 수 있다. 중요한 것은, 아이가 가족과 나눈 이야기를 가족이 아닌 다른 누군가와 이야기할 거라는 사실이다. 특히 아이가 학교에 다닌다면 틀림없이 그 문제에 관해 다른 생각이나 가치관이 담긴 이야기도 들을 것이다.

이제부터 나오는 대화들은 파라 카르도나 박사와 함께 만들었다. 그는 나의 동료 연구자로, 사회 정의 문제를 해결하기 위한 연구를 꾸준히 해왔다. 그중에서도 라틴 아메리카 출신 가족에 관한 그의 연구는 아이들이 자신이 겪은 증오와 편견의 의미를 알아야 차별당한 경험을 극복할 수 있다는 사실을 보여준다. 예를 들어 눈에 띄지는 않지만 백인에게 유리한 점이 있다는 사실을 이해하게 도와주면 아이들은 백인이 아닌 사람들은 공공연하든 무의식적으로든 차별 대우를 받을 수 있다는 사실을 알게 된다. 이런 이야기는 아이들이 이해할 수 있는 수준에 맞춰서 해야 한다. 지금부터 사례들을 살펴보자.

대화1

내 친구가 왜 떠나야 하죠?

#이민 #유치원

아직 세상일을 제대로 이해하지 못하는 어린아이가 무서운 일을 겪을 때 부모는 어떻게 해야 할지 당황스러울 것이다.

호세는 스페인어를 사용하는 공립학교의 부설 유치원에 다닌다. 어느 날 호세의 엄마에게 메일 한 통이 도착했다. 교장 선생님이 보낸 것이었다. 호세와 같은 유치원에 다니는 아이 두 명의 가족을 추방하는 절차를 밟고 있으며, 아이들이 걱정할 것이니 귀 기울여 들어달라는 당부였다.

버스에서 내린 호세와 함께 집으로 걸어가는 동안 엄마는 학교에서 받은 이메일에 대한 얘기를 꺼낸다. 아들이 걱정이 많은 성격이라는 것을 알기에 먼저 얘기하기로 한 것이다.

엄마: 호세, 교장 선생님이 보낸 이메일을 받았어. 친구들이 살던 집에서 떠나야 할지도 몰라 속상해하는 아이들이 있다고 하셨어.

호세: 뭐라고요?

엄마: 엄마 말 안 듣고 있니? 네 친구 몇 명이 학교를 떠나야 할지도 모른데.

호세: 왜요?

엄마: 우리나라가 그 사람들한테 여기에서 살면 안 된다고 했대. 아마 멕시코나 다른 나라로 보내질 거야. 정말 안 됐어.

호세는 잠시 아무 말도 하지 않는다.

엄마: 호세, 그 일에 대해 물어볼 게 하나도 없니?

호세: 아부엘라도 멕시코에서 왔잖아요. 그럼 우리도 멕시코로 보내져요?

엄마: 아니, 그렇지 않아!

호세: 그런데 뭐가 정말 안 됐다는 거예요?

엄마: (한숨을 쉬며) 아무것도 아냐. 신경 쓰지 마.

　엄마는 호세에게 받은 질문이 아닌 교장 선생님께 받은 메일을 바탕으로 이야기를 시작했다. 그렇다 보니 대화를 어떻게 이끌어야 할지 갈피를 잡지 못한다. 심지어 호세가 자신의 말을 집중해서 듣지 않는 것 같아 짜증이 난다. 다른 방식으로 대화할 수는 없을까?

엄마는 교장 선생님이 보낸 이메일에 대해 호세와 이야기하고 싶다. 하지만 호세보다 큰 아이들이 '추방'에 관해 얘기하는 것을 버스에서 아들이 들었는지 궁금하다.

엄마: 호세, 오늘 학교에서 어땠어?

호세: 괜찮았어요.

엄마: 네가 한 일 중 한 가지만 얘기해 줄래?

호세: 쉬는 시간에 밖에 나가서 놀았어요.

엄마: 멋지네. 뭐하고 놀았는데?

호세: 술래잡기요.

엄마: 누구랑?

호세: 마누엘이랑 후안이랑요.

엄마: 재미있었겠구나.

　호세가 갑자기 걸음을 멈춘다.

엄마: 호세, 왜 그러니?

호세: 마누엘의 엄마가 성당에서 지낼 거래요. 마누엘이 그랬어요.

엄마: 뭐라고? 마누엘 가족은 주일마다 성당에 가잖니. 그런데 이번에는 마누엘 엄마 혼자 간다고?

호세: 마누엘 엄마는 경찰에 잡힐까봐 걱정한대요. 그런데 성당은 안전한 곳이라고 마누엘이 말했어요.

엄마: 정말 무서운 이야기구나. 엄마가 왜 그렇게 걱정하는지 마누엘이 말해 줬니?

호세: 아뇨. 그런데 마누엘이 울었어요.

엄마: 그걸 보고 네 기분은 어땠어?

호세: 나도 좀 무서웠어요.

엄마: 배에서 혹시 그걸 느꼈니?

호세: 네, (머리를 가리키며) 그리고 여기도요. 엄마, 우리는 왜 성당에 가지 않아요? 그리고 경찰이 왜 사람들을 잡아가요?

엄마는 자신이 짐작하고 생각하는 대로 말하지 않고, 호세가 대화를 이끌 때까지 기다린다. 덕분에 무슨 일이 있었는지, 그 일로 호세가 얼마나 당황했는지 더 많은 정보를 알아낸다.

엄마: (심호흡을 하고) 호세, 이건 굉장히 큰 문제야. 그리고 우리는 집에 거의 다 왔어. 가방을 내려놓고 간식을 먹으면서 얘기할까?

두 사람은 부엌 식탁에 앉는다.

엄마는 유치원에서 돌아온 아이가 평소와 다름없기를 바란다. 그리고 간식을 준비하면서 어려운 대화를 어떻게 시작할지 곰곰이 생각한다.

엄마: 마누엘이 '경찰'이라고 말했다고 했지? 하지만 그게 진짜 경찰이라는 뜻은 아니야. 다른 사람, 그러니까 이민국 직원을 말하는 거야. 설명하긴 어렵지만 그들은 진짜 경찰은 아니야. 하지 말아야 할 일을 한 사람이나 아프거나 도움이 필요한 사람만 진짜 경찰이 데려갈 수 있어. 이민국 직

원들은 우리나라에 살고 있는 사람들이 이곳에서 살 수 있다고 허락받았는지 확인하는 사람들이야. 그리고 제대로 된 서류가 없거나 허락받지 못한 사람을 감옥 같은 곳으로 데려가거나 안타깝게도 다른 나라로 돌려보내지.

엄마는 일곱 살 아들에게 이민법의 기본적인 내용을 설명하기 위해 최선을 다한다. 엄마는 아들이 진짜 경찰과 이민국 직원을 혼동하지 않기 바란다. 아들이 경찰을 무서워해 도움이 필요할 때도 도와달라고 하지 못할까봐 걱정돼서다.

호세: 그 사람들이 엄마나 아빠도 데려갈까요?

엄마: 아니, 우리 집에서는 그런 일이 일어나지 않아. 가족들이 멕시코와 과테말라에서 건너오긴 했지만 엄마 아빠는 이 나라에서 태어나 살아왔거든. 하지만 마누엘이 자기 엄마와 헤어져야 할지도 모른다니 정말 슬프겠구나.

호세는 고개를 끄덕인다.

엄마: 마누엘이 무섭고 슬프다는 걸 어떻게 알았어?

호세: 걔가 울었거든요. 그리고 자꾸 아래를 내려다봤어요. 그리고 마누엘이 선생님과 이야기할 때 선생님이 안아주듯이 등을 토닥이는 걸 봤어요. 아이들이 속상할 때만 선생님이 그러시거든요.

엄마: 호세, 넌 정말 감정을 잘 찾아내는구나. 그때 네 기분은 어땠어?

엄마는 호세가 친구의 감정과 자신의 감정을 모두 살피도록 도와주면서 호세의 감정을 인정한다.

호세: 슬프고 무서웠어요. 다른 애들도 많이 무서워했어요. 그래서 마누엘 엄마가 성당에 가는 거예요?

엄마: 음, 마누엘 엄마는 이 나라를 떠나라는 말을 들을까봐 걱정해서. 마누엘 엄마의 이야기를 자세히 알지는 못해. 하지만 이 나라에서 사는 데 필요한 서류들을 가지고 있지 않은 것 같아. 설명하기는 굉장히 어려워. 어떤 사람들은 서류를 가지고 있지 않은 사람들을 쫓아내고 싶어 하거든. 마누엘의 엄마처럼 여기에서 오랫동안 살았어도 마찬가지야. 그리고 그들 중에는 이 나라에서 아이를 낳은 사람도 많아. 마누엘처럼 이 나라에서 태어난 아이들은 미국인이 되기 때문에 계속 여기에서 지낼 수 있어. 마누엘의 엄마와 같은 사람들은 여기에 집이 있고, 가족과 오랫동안 살아온 곳을 떠나고 싶지 않아서 무서워하는 거야. 하지만 성당은 안전한 곳이야. 이민국 직원들이 그곳에는 가지 않거든.

호세: 잘 모르겠어요. 그런데 엄마, 이런 일이 왜 일어나요?

엄마: 서류를 가지고 있지 않으면 아무리 오랫동안 이곳에 살았어도 이 나라를 떠나게 해야 한다고 믿는 사람들이 있어. 물론 그렇게 생각하지 않는 사람도 있지. 여기에서 오랫동안 살았고, 미국인 아이가 있으면 계속 이 나라에서 지내게 하는 방법이 있어야 한다고 그들은 생각하지. 이 문제에 대해서는 미국인들이 각각 다른 생각을 해. 하지만 지금 중요한 것은 네 친구 마누엘이 있고, 우리의 도움이 필요하다는 거야.

엄마는 마누엘의 엄마가 어쩌다 이런 상황에 처하게 됐는지를 아이의 나이에 맞춰 설명한다. 엄마는 호세가 이해하지 못하거나 혼란스러워할 내용까지는 말하지 않는다. 더 알고 싶으면 호세가 물어볼 것이다.

호세: 우리가 무엇을 할 수 있는데요?

엄마: 음, 호세는 엄마가 요리할 때 도와주는 걸 좋아하지? 그래서 생각한 건데, 같이 음식을 만들어서 마누엘 가족에게 가져다 줘도 괜찮을지 알아보면 어떨까?

호세: 마누엘이 우리 집에 와서 놀고 싶은지도 물어볼래요. 그리고 너는 내 친구라고 마누엘에게 말할 수도 있어요.

엄마: 맞아, 너는 좋은 친구야!

이 대화에서 엄마는 친구를 걱정하는 호세의 마음을 알아주면서 마누엘을 도울 방법을 이야기했다. 그런데 더 알고 싶어 하고, 문제를 해결하기 위해 무엇을 할 수 있는지 이해하고 싶어 하는 아이들도 있을 것이다. 이런 관심을 보이는 나이는 아이들마다 다를 수 있다. 그러니 아이들 말에 귀 기울이면서 적당한 시기를 찾아내 이야기하는 게 부모의 역할이다. 나이가 몇 살이든 아이가 대화를 이끌게 해야 한다. 사회 정의에 관심을 보이는 건 아이 자신의 일이지 부모가 끌고 갈 일이 아니기 때문이다.

호세가 마누엘의 엄마 이야기를 계속 꺼내면서 이민 문제의 해결을 돕는 데 관심을 보인다고 생각해 보자. 엄마는 어떤 반응을 보일 수 있을까?

호세: 엄마, 마누엘은 엄마와 떨어져 살아야 해요? 우리가 마누엘의 엄마랑 같이 있을 수는 없어요? 마누엘 엄마를 돕기 위해 뭔가 할 수 있는 게 없어요?

엄마: 마누엘에게 네가 친구이고 응원한다는 걸 보여주는 것뿐만 아니라 더 많이 도와주고 싶은 것 같네.

호세: 네, 맞아요. 마누엘의 엄마가 마누엘과 함께 지내도록 우리가 도울 수 있나요?

엄마: 글쎄, 마누엘의 엄마가 여기에서 계속 지낼 수 있을지는 판사가 결정할 거야. 마누엘의 엄마가 변호사에게 줄 돈을 마련할 때 우리가 도울 수 있을지 몰라. 변호사는 마누엘의 엄마가 왜 이곳에서 계속 지내도 된다는 허락을 받아야 하는지 판사에게 말할 거야. 네가 원하면 그 돈을 어떻게 모을지 아이디어를 짜보자. 자동차 청소를 돕거나 쿠키를 구워 팔아서 돈을 구할 수 있어.

호세: 자동차 청소를 도울래요. 그리고 그 돈을 마누엘 가족에게 다 주고 싶어요.

엄마는 마음으로 도와주는 걸 넘어서 마누엘의 가족을 위해 물질적으로 도울 수 있는 방법을 호세의 나이에 맞춰 설명하기 위해 애쓴다. 물론 이민 문제와 관련해 다른 방식으로 사회 참여를 하는 방법도 있지만 엄마는 호세가 참여할 수 있다고 생각하는 그리고 실제로 할 수 있는 비교적 간단한 방법을 선택했다.

내가 총에 맞을까요?

#초등학교 #총기 폭력 #법 집행 #인종 #편견

멀리 떨어진 곳에서 일어난 일을 가까이에서 일어난 일로 느끼는 아이들이 종종 있다. 이런 상황에서 부모는 그 일을 알게 된 아이가 자신을 지킬 수 있는 방법을 설명해야 한다. 이를 위해 나는 동료 연구자인 브라바다 개릿 어킨자냐 박사에게 도움을 청했다. 그는 유명한 지역 활동가이자 심리학자로, 아프리카계 미국인 부모들에게 폭력 예방 교육과 행복에 대한 가르침을 주고 있다. 여기 나오는 대화는 개릿 어킨자냐 박사와 함께 썼다.

초등학교 4학년인 윌리는 도시에 살고 있다. 지난 주, 다른 도시에서 경찰이 무기가 없는 소년에게 총을 쏜 사건이 미국 전역에 보도되었다. 총에 맞은 소년도 윌리처럼 아프리카계 미국인이었다. 윌리는 우연히 부모님의 대화를 들었고, 엄마는 "윌리와 이런 이야기를 해야 할 때라고 생각하지 않아요?"라고 아빠에게 묻고 있었다. 그 말을 들은 윌리는 부모님의 방으로 불쑥 들어갔다.

😊 **파란불**

윌리: '이야기를 해야 할 때'라니 무슨 말이에요?

엄마: 윌리, 엿듣고 있었니? 엄마 아빠가 둘이 얘기할 때 어떻게 해야 하는지 잊었니?

윌리: 아뇨, 지나가던 중이었는데 엄마 아빠 목소리가 들렸어요.

아빠: 그랬구나. (엄마를 바라보며) 때가 된 것 같아.

엄마가 고개를 끄덕인다.

아빠: 윌리, 우리는 지난주에 다른 도시에서 너보다 조금 큰 아이에게 생긴
    나쁜 일에 관해 이야기하고 있었어.

윌리: 비비총을 가지고 놀던 아이를 경찰이 총으로 쏜 이야기요?

엄마: 어떻게 알았어?

윌리: 모두가 아는 얘기에요. 학교에서 모두가 그 얘기를 해요.

종종 아이들이 어른들보다 더 많이 알고 있을 때가 있다. 지금 윌리는 알
고 있다고 솔직하게 말한다.

아빠: 엄마한테 그런 식으로 이야기하면 안 돼. 아이들이 뭐라고 얘기하는지
    말해줄래?

윌리의 부모는 대화를 제한하지 않으면서 적절히 한계를 정하는 법을 안다.

윌리: 그 아이가 경찰을 비비총으로 쏘았다고 말하는 아이들도 있고, 그게
    아니라는 아이들도 있어요. 그냥 자기 집 마당에서 놀고 있는데 경찰이
    쏘았대요. 그 아이가 총에 맞을 만한 행동을 했다는 아이들도 있어요. 경
    찰이 아프리카계 미국인을 미워해서 그랬다는 아이들도 있고요.
    아빠가 엄마를 바라본다. 아빠가 흥분한 듯 보이자 엄마는 윌리에게 방에
서 나가라는 손짓을 한다.

이런 대화를 할 때는 부모가 함께 있는 것이 도움이 된다. 두 명이 한 팀을 이루면 한 명이 화가 나거나 감정이 격해졌을 때 잠시 밖에 나갔다 올 수 있다.

아빠: 물 좀 마시고 올게.

엄마: 앉아봐, 윌리. 네가 많은 이야기를 들었고, 뭐가 진짜고 뭐가 아닌지 판단하기가 어려운 것 같구나. 그리고 이 일로 넌 복잡할 거야. 그 기분을 알 것 같아.

엄마는 아직 '작고 귀여운 아이'로 보이는 아들이 그런 생각을 한다는 소리를 듣고 마음이 흔들린다. 하지만 곧바로 반응할 게 아니라 윌리의 말을 귀담아 듣고, 윌리와 엄마 두 사람의 감정을 모두 확인해서 조절하는 게 첫 번째 목표라는 사실을 기억한다.

윌리: 그 경찰이 나도 쏠 수 있어요? 아니면 앤서니를? 걔도 비비총을 가지고 있거든요.

대부분의 아이에게는 이게 가장 큰 걱정이다. 그런 일이 내게도 일어날 수 있어요? 윌리는 그런 걱정을 직접 말할 수 있지만 많은 아이들이 그러지 못한다. 그런 일이 일어나면 조금 에둘러서 대화해야 한다.

엄마: 정말 무서울 것 같아. 그렇지 않아?

윌리는 고개를 끄덕인다.

엄마: 엄마가 너였어도 무서웠을 거야. 자기 나이와 비슷한 누군가에게 이런 일이 생겼다는 소리를 들으면 대부분의 아이들이 무서워할 거야. 그 이야기를 들었을 때 네 기분이 어땠어?

엄마는 윌리가 두려워하는 게 정상이라고 말하면서("대부분의 아이들이 무서워할 거야.") **윌리의 감정을 인정한다**("엄마가 너였어도 무서웠을 거야.").

윌리: 처음에는 무슨 얘길 하는지 몰랐어요. 학교에서 집으로 돌아오는 버스에서 형들이 얘기했거든요. 그 아이가 비비총을 가지고 있었다고 했어요. 그러자 다른 형이 "아프리카계 미국인 아이들에게는 이런 일이 자주 일어나. 아무도 안전하지 않아."라고 말했어요. 그 말을 들으니 정말 무서웠어요. 그리고 대릴은 엄마가 더 이상 밖에서 놀지 말라고 했대요. 밖에서 놀아도 안전해요?

엄마: 그런 말을 들으면 정말 엄청나게 무서울 거야. 어디에서 무서움을 느꼈니?

엄마는 윌리의 두려움에 공감하면서 아이가 어떻게 느끼는지, 몸의 어디에서 느끼는지 인지하게 한다.

윌리: (배를 가리키며) 여기가 울렁거렸어요. 발은 무거웠고요. 움직이지 못할 것처럼요. 뛰어야 하는데 뛰지 못할 것 같았어요. (엄마의 손을 자신의 목으로 끌어당기며) 그리고 여기가 딱딱한 것 같았어요.

엄마: 그런 느낌들이 네가 무섭다는 걸 보여주는 거야.

윌리: 왜 그런 일이 일어났어요?

엄마: 윌리, 좋은 질문이야. 사실은 엄마 아빠도 무슨 일이 왜 일어났는지 다 알지는 못해. 뉴스에서 들은 내용밖에는 잘 모르거든. 총에 맞은 그 남자 아이가 비비총을 가지고 있었던 건 맞아. 하지만 그 아이가 비비총으로 경찰을 쏘려고 했던 것 같지는 않아. 많은 사람들이 무슨 일이 있었던 건지 알아내려고 애쓰고 있어. 네가 이런 얘길 들었다고 해서 그런 일이 자주 일어난다는 뜻은 아니야. 경찰은 우리를 안전하게 지켜주는 사람들이고, 주로 그런 일을 하지. 그런데 자주는 아니지만 때때로 경찰이 실수를 하기도 해.

윌리의 "왜"라는 물음에 엄마는 곤란하다. 엄마는 가능한 직접적으로 대답한다. 윌리를 더 힘들게 하거나 그 나이에 혼란스러울 수도 있는 내용은 얘기하지 않는다. 예를 들어 그 남자아이가 어떻게 총을 맞았다거나 심하게 다쳤는지는 말하지 않았다.

윌리: 나쁜 실수예요! 그런 일이 어떻게 일어났어요?

엄마: 역시나 좋은 질문이야. 그리고 대답하기 어려운 질문이기도 해. 아마도 누군가가 경찰에 전화해서 다른 사람에게 총을 쏘려는 사람이 있다고 말했을지도 몰라. 그런데 그게 비비총이라거나 그저 아이가 비비총을 들고 있다고 말하지는 않았겠지. 아마 몰랐을 거야. 경찰은 아주 빨리 움직여야 하고, 그래서 총을 가진 사람이 아이이거나 진짜 총이 아닌 비비총

을 가지고 있다는 걸 보지 못했을 거야. 경찰이 총을 버리고 뒤돌아서라고 소리쳤을 때도 그 아이가 듣지 못했거나 그 아이가 총을 들고 있는 모습이 자신을 쏘려는 것 같아서 경찰이 총을 쏘았을지도 모르고. 여러 가지로 짐작할 수 있어. 사람들도 그렇듯 경찰도 겁이 나면 실수를 해. 겁이 나면 제대로 생각하지 못할 때가 있어.

엄마는 대화를 중단하거나 윌리가 묻지 말아야 할 질문이 있다고 느끼게 하고 싶지 않다. 엄마는 두려움이 판단력을 흐리게 할 수 있다고 이야기한다. 물론 엄마의 짐작이 사실과 다를 수도 있다. 하지만 엄마는 사실을 잘 모르는 상황에서 "그런 일이 어떻게 일어났어요?"라는 윌리의 질문에 끔찍한 실수였다고 대답하는 게 가장 좋은 방법이라고 생각한다.

윌리: 그런 생각을 하니 정말 무서워요.
엄마: 그래, 백인보다는 흑인 남자와 아이들에게 이런 일이 더 많이 생길 수 있으니까.

엄마는 이제 윌리가 검은 피부나 갈색 피부를 가진 남자와 아이들이 맞닥뜨릴 위험에 대해 예민해지기 시작한다는 걸 안다.

윌리: 왜요?
엄마: 불행히도 미국에는 노예제에서 시작된 인종 차별 역사가 아직 남아 있어. 예전에 엄마와 얘기한 적 있지? 노예제가 사라진 다음에도 흑인과

백인을 분리한 규칙이 있었어. 이해할 수 없겠지만 흑인은 백인과 같은 학교에 다닐 수도 없고, 버스나 극장에서 앉고 싶은 자리에 앉을 수도 없었어. 같은 화장실을 사용할 수도 없었고, 같은 곳에서 물을 마실 수도 없었어.

윌리: 그건 너무 불공평해요. 왜 그렇게 했어요?

엄마: 모든 일을 좌지우지하던 백인들이 계속 그러고 싶어서 자신과 같은 백인들을 위한 규칙을 만들었기 때문이야. 동시에 흑인이나 유색 인종을 함부로 대하고 차별하는 규칙도 만들었지. 그 규칙이 너무 오랫동안 남아 있어서 결국 백인이 유색 인종보다 훌륭하다고 사람들이 믿기 시작했어. 그래서 지금도 사람들이 종종 흑인 아이들에 대해 잘못된 생각을 하곤 해. 흑인 아이들이 백인 아이들보다 말썽을 많이 부릴 거라고 생각하는 거지. 경찰 중에서도 그렇게 생각하는 사람이 종종 있어. 대부분의 백인 경찰들이 그렇지 않지만 그냥 인종이 다르다는 이유로 모든 사람을 똑같이 대하지 않을 때도 있어. 우리 아프리카계 미국인들이 범죄를 저지를 거라거나 이미 나쁜 짓을 했다고 짐작할 수도 있다는 말이야. 그래서 경찰을 만나면 예의 바르게 행동하면서 우리는 위험하다고 생각하지 않게 행동해야 해.

잘 들어, 윌리. 안전을 위해 네가 알아야 할 일들이 있어. 우선 선생님이나 경찰이 너를 부르면 멈춰 서야 해. 절대로 경찰을 피해 도망쳐서는 안 돼. 주머니에 손을 넣거나 갑자기 움직여서도 안 돼. 무기로 착각할 수 있는 물건, 그러니까 빗이나 지갑, 휴대 전화에 급히 손을 뻗어서도 안 돼. 알겠니? 그리고 엄마 아빠는 네가 비비총을 가지고 놀지 않게 할 거야. 그건 진짜 총처럼 보이거든. 나중에 네가 원한다면 사격 연습장에서만 사용할 수 있게 해줄게. 그래야 아무도 진짜 총으로 착각하지 않을 거야.

엄마 아빠는 이번 일을 계기로 윌리에게 불의의 희생자가 될 위험을 줄일 수 있는 방법을 가르치겠다고 마음먹었다.

윌리: (엄마를 바라보며) 좋아요, 엄마. 그런데 밖에서 노는 건 안전해요?
엄마: 그럼, 안전하지. 하지만 차가 다니니까 항상 조심해야 해. 그리고 여섯 시까지는 돌아와야 해.

이런 상황에서는 엄마가 윌리의 행동에 한계를 정해야 한다. 엄마는 윌리가 성장하는 동안 가족의 이런 규칙을 되풀이해서 말하려고 한다.

윌리: 그렇지만 아직 무서워요.
엄마: 우리와 비슷한 사람에게 나쁜 일이 일어나면 그런 일이 우리에게도 일어날 수 있다고 생각하게 돼. 두려운 게 당연해. 엄마가 너였어도 무서웠을 거니까. 하지만 달리 생각할 수도 있어. 너와 네 친구들이 얼마나 자주 밖에서 노는지 생각해봐.
윌리는 고개를 끄덕인다.
엄마: 그리고 네 친구들에게 얼마나 자주 나쁜 일이 벌어지는지 생각해봐. 친구 중 한 명이라도 경찰의 총에 맞은 아이가 있니?
윌리는 고개를 젓는다.

엄마: 그리고 우리 동네에서 누군가가 경찰이 쏜 총에 맞았다는 얘길 들은 적이 있니?

윌리: 아뇨.

엄마: 그렇지. 그런 일은 흔하지도 않고, 쉽게 일어나지도 않아.

윌리: 좋아요. (엄마가 윌리를 안아준다.)

엄마는 윌리가 이 일을 전체적인 상황에서 바라볼 수 있도록 도와주면서 대화를 끝낸다. 걱정이 되긴 하지만 윌리에게 실제로 그런 일이 일어날 가능성은 적다. 또한 엄마는 윌리의 감정을 코치하여 안전하다고 느끼게 하는 동시에 인종 차별의 근본적인 원인에 관해서도 알려준다. 엄마는 노예제도와 분리주의의 역사가 어떻게 미국 사회에 오랫동안 그늘을 드리웠는지 윌리가 이해할 수 있는 말로 설명한다.

추가로 부모와 아이가 주제로 삼을 수 있는 평등과 공평, 암묵적 편견에 대해서도 얘기하려고 한다. 위의 대화와 마찬가지로 개릿 어킨자냐 박사가 개발한 것이다. 이 부분도 이 책에 나오는 다른 대화들처럼 아이의 나이 그리고 주제에 맞춰 바꾸어 활용할 수 있다.

- **평등과 공평이 어떻게 다른지 설명하기**

엄마: 나나가 우리 집에 놀러 왔던 날 다 같이 라크레티아가 나오는 연극을 보러 갔던 기억나니?

제임스: 네, 나나가 라크레티아를 보려면 앞자리에 앉아야 했어요.

엄마: 맞아, 나나는 잘 보지 못하기 때문에 앞자리에 앉아야 했어. 잘 보지 못

하는 사람이 앞자리에 앉게 하는 걸 '공평'이라고 해. 그건 모든 사람을 똑같이 대하는 '평등'과는 달라. 평등은 모든 사람에게 자리를 준다는 뜻이야. 하지만 그건 나나에게 도움이 되지 않아. 나나는 아무 자리에서나 볼 수 없거든. 나나처럼 특별한 자리가 필요한 사람에게 앞자리를 주어서 다른 사람처럼 연극을 잘 볼 수 있게 하는 게 공평이야.

• 암묵적 편견 설명하기

아빠: 아빠와 산책 갔던 날 굉장히 키가 큰 남자가 체육관에서 걸어나오는 걸 본 기억이 나니?

엘로이즈: 그럼요. 그 사람 키가 엄청 커서 내가 농구를 하느냐고 물어봤잖아요. 그랬더니 아니라고, 테니스를 한다고 했잖아요.

아빠: 그래, 그 사람의 모습을 보고 어떤 특징이 있을 거라고 생각하는 걸 고정관념이라고 해. 그 키 큰 사람을 보고 농구를 할 거라고 짐작한 것처럼 말이야. 실제로 그렇게 큰 사람을 본 적이 없어서 그럴 수도 있고, 텔레비전에 나오는 키 큰 사람들이 농구선수여서 그렇게 생각할 수도 있어. 그렇다 보니 무의식적으로 키 큰 사람과 농구를 연결하게 된 거지. 우리를 잘 알지 못하는 사람들이 우리를 함부로 판단할 때, 특히 부정적으로 판단할 때 어떤 기분이 들지 생각해봐야 해.

• 특별대우와 편견에 대해 설명하기

엄마: 엄마가 얼마나 장미를 좋아하는지 알지?

진유: 그럼요, 엄마는 해마다 장미를 심어서 정성껏 가꾸잖아요. 내 공이 정

원에 떨어지면 곤란해요.

엄마: 물론 장미를 좋아하지 않는 사람들도 있어. 하지만 이것은 내 정원이고, 그래서 나는 내가 좋아하는 걸 심어.

진유: 이모요! 이모는 노란색 튤립을 좋아해요.

엄마: 사람들은 정원에 자기가 가장 좋아하는 꽃을 심을 수 있어. 반대로 좋아하지 않는 꽃은 심지 않을 수 있지. 하지만 다른 꽃을 심었을 때 그 정원이 얼마나 더 아름다워질지는 모를 거야. 사람들은 이런 식으로 무언가에게 특별대우를 하지. 그들은 자신이 좋아하는 꽃을 고르고, 다른 꽃은 정원에서 자라지 못하게 해. 다른 사람을 그런 식으로 대할 때가 있어. 우리를 잘 모른다는 이유만으로 누군가가 우리를 좋아하지 않을 수도 있어. 같은 이유로 그들 사이에 우리를 끼워 주지 않기도 하지. 이것은 우리의 문제가 아니라 그들의 문제야.

진유: 그럼 문제를 해결하려면 무엇을 할 수 있어요?

엄마: 너와 다른 것 같아서 사귈 생각이 없었던 아이들과 친구가 될 수 있지. 그리고 누군가가 너를 빼놓으려고 할 때 개인적인 문제로 받아들이지 않는 법을 배울 수 있어. 작년에 마커스가 전학 왔던 걸 기억하지? 너와 마커스는 같은 반이었지만 너는 마커스가 너와 친구가 되고 싶어 하지 않는다고 생각했어. 하지만 함께 축구를 한 다음부터 서로를 알게 되었고 친구가 되었잖니. 알고 보니 마커스도 네가 마커스와 친구가 되고 싶어 하지 않는다고 생각했고.

진유: 맞아요.

어떻게 가난하다고 학교에 못 와요?

#중학교 #사회 참여 #가난 #성별

아이들은 대부분 생활환경이나 어디에서 어떻게 사는지를 보며 가난이라는 개념을 인지한다. 하지만 겉으로 드러나지 않는 가난도 많다.

다문화 학생들이 많이 다니는 중학교에 다니는 타마라는 요즘 수업 시간에 사춘기와 생리에 관해 배우고 있다. 타마라의 짝꿍인 미아는 얼마 전에 엄마, 세 동생과 함께 이 지역으로 이사를 왔다. 타마라와 미아 둘 다 최근에 생리를 시작했다. 그래서 수업 중에 나온 동영상에서 생리에 관한 내용이 나오자 웃음이 터졌다.

수업이 끝날 즈음 선생님은 여성용품 업체에서 후원한 작은 책자를 나눠주었다. 책자 뒤에는 생리대가 붙어 있었다. 그때 미아가 타마라에게 생리대를 자기에게 달라고 한다. 타마라는 "그래."라고 말하면서 미아에게 생리대를 건넸다.

다음 주, 미아는 학교에 나오지 않는다. 일주일 뒤, 다시 등교한 미아를 보며 타마라는 왜 학교에 오지 않았느냐고 묻는다. "생리를 했는데, 이번 달 말에야 생리대를 더 살 수 있다고 엄마가 말했어. 생리대가 얼마나 비싼지 너도 알잖아."

타마라는 할 말이 없다. 생리대처럼 기본적인 물건이 없어서 학교를 빠져야 한다는 생각을 해본 적이 없기에 뭐라고 말해야 할지 모르겠다. 집으로 돌아온 타마라는 엄마에게 그 이야기를 한다.

엄마: 타마라, 미아가 생리대가 없어서 학교를 결석한 게 확실하니?

타마라: 네, 걔가 그렇게 말했어요. 엄마, 생리대를 무료로 받을 수 없어요?
우린 학교에 가야 하잖아요. 생리대가 없어서 학교에 오지 못하는데 왜
학교에서는 생리대를 사주지 않아요?

엄마는 타마라의 질문에 곧장 대답하고 싶은 유혹을 떨쳐낸다. 결국 대답
하겠지만 타마라가 어떤 기분인지를 먼저 알고 싶다. 엄마가 곧바로 대답하
면 타마라의 감정이 생각과 행동에 영향을 줄 수 있기 때문이다.

엄마: 굉장히 속상한 것 같구나. 미아가 그 얘기를 했을 때 기분이 어땠어?

타마라: 굉장히 충격을 받았어요. 가슴이 철렁했고요. 집이 가난해서 학교에
서 아침이랑 점심을 무료로 먹는 아이들이 있다는 건 알아요. 하지만 가
난하면 생리대도 사지 못해요? 그게 공평한 거예요?

엄마: 네 마음을 이해해. 엄마도 같은 생각이고. 모든 아이는 걱정 없이 학교
에 다닐 수 있어야 해. 생리를 한다는 이유로 학교에 오지 못해선 안 돼.

타마라는 왜 그런 일이 일어나는지 다시 한 번 물었다. 엄마는 이제 대답하
기로 한다. 그런 다음 타마라의 기분에 대해 다시 물으려고 한다. 걱정이 있으
면 밤에 잠을 이루지 못하는 딸의 성격을 알기에 엄마는 약간 조심스럽다.

타마라: 어떻게 어떤 생리대를 사기도 어려울 정도로 가난해요?

엄마: 엄마도 미아의 가족에 대해선 잘 알지 못해. 하지만 미아의 아빠가 몇 년 전에 돌아가셨고, 미아의 엄마 혼자 미아를 포함한 네 명의 아이들을 키웠다는 건 알아. 미아의 아빠가 돌아가신 뒤 엄마가 직장에 다녀야만 했지. 그런데 아이들이 어린 데다 그 아이들을 돌봐줄 사람이 없으면 직장에 다니기가 쉽지 않아. 아이를 키우려면 돈이 많이 들거든. 그리고 특별한 자격증 없이 이제 막 직장에 들어가거나 오랫동안 쉬다가 다시 들어갔을 때 돈을 많이 받을 수 있는 일자리는 많지 않아.

타마라: 세상에, 정말 무서워요. 그럼 어떻게 살죠?

엄마: 음, 그래서 친척 집에서 지내는 경우도 있어. 돈을 빌리기도 하지. 할아버지 할머니의 도움을 받아 아이들을 키우는 집도 있어.

타마라: 어떻게 생리대처럼 기본적인 물건을 살 만한 돈도 벌지 못할 수 있어요?

엄마는 가난에 대한 타마라의 의문을 풀어주기 위해 최선을 다한다. 하지만 여전히 대화를 주도하고 싶지는 않다. 엄마는 타마라의 걱정에 초점을 맞추고 싶다. 그래서 가난에 대한 대화는 잠시 제쳐둔다.

엄마: 좋은 질문이야. 그리고 대답하기 어려운 질문이기도 하지. 타마라, 이 얘긴 저녁을 먹으면서 다시 하는 게 어때? 아빠도 같이 얘기하고 싶을 거야. 그런데 너는 지금 꼭 필요한 물건조차 살 수 없는 상황에 마음이 많이 불편한 것 같아.

타마라: 맞아요. 끔찍해요. 미아를 생각하면 슬퍼요. 그냥 슬픈 게 아니라 기분이 나빠요. 계속 생각하면 배가 아픈 것 같고요.

엄마가 가난에 관한 대화를 피하는 게 아니라 잠시 미루자고 했기에 타마라는 기꺼이 미아의 일로 인해 어떤 기분을 느끼는지 이야기한다.

엄마: 네가 미아 일로 슬프고 걱정한다는 걸 보여주는 표시야. 그럴 만해. 필요한 걸 가질 수 없는 사람들을 생각하면 걱정이 되고 기분이 나쁘지. 엄마가 중학생일 때 할머니 아버지와 노숙자 쉼터에 봉사를 하러 갔었어. 그리고 와선 우리 가족이 집을 잃고 천막에서 사는 악몽을 계속 꾸었어.

엄마는 타마라가 자신의 감정을 알아차리도록 돕고("슬프고 걱정한다는 걸 보여주는 표시야.") 자신이 겪은 비슷한 감정을 이야기하면서 딸의 감정을 인정한다.

타마라: 우리에게도 그런 일이 일어날 수 있어요?
엄마: 아마 모든 아이들이 같은 걱정을 할 거야. 하지만 우리 가족은 운이 좋은 편이야. 엄마 아빠 둘 다 직업을 가지고 있고, 돈도 모으고 있거든. 그리고 다행히도 우리 가족 모두 건강하잖니.

엄마는 타마라를 안심시킨다. 그러나 그 전에 그런 걱정이 얼마나 흔한지 설명하면서 딸의 걱정을 정상이라고 인정한다.

타마라: 내가 미아를 위해 무엇을 할 수 있어요? 미아가 생리 때문에 학교를 빠지면 제대로 먹지 못할지도 몰라요. 아침과 점심을 보통 학교에서 먹거든요.
엄마: 음, 어떻게 하면 친구를 도울 수 있을지 아이디어를 짜볼까?

문제 해결 과정으로 넘어가면 타마라의 기분이 조금 편해질 것이다. 하지만 모든 대화가 문제 해결 과정으로 넘어가는 것은 아니다. 자연스럽게 유도하는 것이 중요하다.

타마라: 미아를 도울 수 있다면 기분이 나아질 거예요.

엄마: 같은 생각이야. 다른 사람을 도우면 기분이 좋아지지.

타마라: 미아는 자기가 결석하는 이유를 아무한테도 말하지 말라고 했어요. 그런데 매년 반에서 불우이웃돕기 성금을 모아요. 올해에는 그 돈으로 생리대가 없는 친구들에게 생리대를 사서 나눠줄 수 있는지 상담 선생님께 물어볼 수 있어요. 그럼 미아에게 말할 필요가 없어요.

엄마: 굉장히 좋은 생각이야. 혹시 '핑크 택스pink tax'란 말 들어봤니? 네 언니가 알려줬어. 생리대처럼 여성에게만 필요한 물건을 사는 데 들어가는 돈을 말해. 원하면 엄마가 더 알아볼 수 있어. 참, 너는 학교 신문에 글을 쓰고 있잖아. 핑크 택스에 관해서도 쓸 수 있지 않을까?

타마라: 아니면 학교 페이스북에 캠페인을 할 수도 있어요. 게시물을 올리면 아이들이 샴푸나 비누, 생리대 같은 물건들을 기부할 거예요.

엄마: 정말 멋진 생각이야!

엄마는 타마라와 정식으로 문제 해결 과정을 진행할 필요가 없다. 딸이 이미 행동하고 싶어 하고, 친구들, 선생님, 그리고 학교에 자신의 아이디어를 제시할 힘이 넘치기 때문이다. 엄마는 타마라가 이끄는 대로 따라가면서 딸이 요구하면 기꺼이 도와주려고 한다.

쟤는 남자야, 여자야?

#고등학교 #성 소수자 #사회 참여 #정체성

비교적 최근 들어 주목 받는 사회 정의 문제가 있다. 성 소수자나 성 정체성에 관한 문제다. 이런 문제는 가족 안에서도 갈등을 불러일으킬 수 있다. 이런 상황에서 부모는 윗세대와 아랫세대 사이에 끼여 불똥을 맞기 쉽다.

재스민은 고등학교 1학년 학생으로, 학교에서 연극, 글쓰기, 밴드 활동을 하고 있다. 얼마 후 있을 연말 밴드 공연과 파티에 할머니 할아버지도 오시기로 했다. 이날 재스민은 음악상을 받는다.

파티 당일, 재스민의 부모, 언니, 할아버지, 할머니가 지켜보고 있는 상황에서 밴드팀 친구가 재스민을 포옹하며 축하 인사를 건넸다. 할머니가 친구의 정체를 묻는다. 재스민은 "내 친구 루커스예요."라고 대답한다.

"루커스? 루커스는 남자 이름이잖아. 그런데 쟤는 여자아이잖니?"라고 할머니가 다시 묻는다. 루커스의 예전 이름은 루시였다고 재스민은 설명한다. "할머니, 친구를 소개할게요."라고 하면서 재스민은 루커스에게 손짓을 한다. "할머니, 할아버지 얘가 루커스예요. 수영을 굉장히 잘하죠." 할머니 할아버지의 표정이 혼란스럽다.

"쟤가 남자인지 여자인지 모르겠구나." 할아버지의 말에 재스민의 얼굴이 빨개진다. "할아버지! 루커스는 남자도 여자도 아니에요."

그 말에 할아버지는 큰소리로 "뭐라고? 말도 안 되는구나. 사람은 여자나 남자로 태어난단다. 그리고 자전거를 바꾸듯 그걸 갑자기 바꿀 수는 없어!"라고 말한다. 할머니는 동의한다는 듯 머리를 끄덕인다. 재스민은 무슨 말을 하려다가 그냥 루커스의 손을 잡고 가버린다.

파티가 끝난 뒤, 재스민은 가족들과 함께 차를 타지 않겠다고 우긴다. 그러면서 엄마에게 할아버지 할머니가 돌아가고 난 뒤에 집으로 가겠다고 말한다. 할아버지 할머니를 보고 싶지 않아서다.

 빨간불

엄마: 재스민, 할머니 할아버지가 네 나이일 때는 성 전환이라는 개념이 없었어. 우리와 그분들은 세대가 달라. 그분들이 너와 같은 생각이기를 기대할 수는 없어.

재스민: 정말 너무해요, 엄마! 할아버지는 루커스에게 자기 자신이 될 권리가 없다고 말한 거예요. 변명의 여지가 없는 일이라고요. 더 이상 두 분을 보고 싶지 않아요.

엄마: 당장 집으로 가자. 그러지 않으면 일주일 동안 외출 금지야. 두 분은 네 할머니 할아버지고, 나는 네 엄마야. 그러니까 내가 말하는 대로 해!

재스민은 울음을 터뜨린다.

할머니 할아버지를 이해하려는 노력조차 하지 않는 모습에 재스민의 엄마는 무척 화가 난다. 하지만 재스민의 엄마 입장도 곤란하다. 그렇다면 엄마는 할머니 할아버지 때문에 화가 난 재스민을 어떻게 다르게 대할 수 있었을까? 앞으로 돌아가 보자.

엄마는 아버지의 모욕적인 말과 딸의 극단적인 반응에 모두 당황했다. 그 상황에서는 무슨 말을 해도 둘 중 한 사람, 아니 양쪽 모두를 흥분시켰을 것이다. 아버지의 태도를 바꿀 수 없다는 사실을 알면서도 딸이 감정을 조절했으면 하는 마음이다. 양쪽에 끼어 난처한 상황이지만 루커스 걱정도 해야 한다는 걸 깨닫는다. 엄마는 먼저 루커스에게 가서 사과한다.

☺ 파란불

엄마: 루커스, 방금 일은 정말 미안해. 우리 아버지가 직접 사과하시는 게 가장 좋겠지만 무엇을 잘못하셨는지 설명하는 데 좀 오랜 시간이 걸릴 것 같아. 하지만 네가 우리 가족의 사과를 받지 않고 떠나게 하고 싶지 않았어.

루커스: 괜찮아요. 자주 있는 일인 걸요.

재스민: 아니, 루커스. 이건 괜찮을 일이 아니야. 하지만 그렇게 말해주니 고맙구나.

엄마: 그리고 재스민, 엄마와 잠깐 얘기할 수 있겠니? 오래 걸리지 않아.

엄마는 친구 앞에서 얘기하면 난처할까봐 재스민을 따로 부른다. 딸이 얼마나 화가 났는지 알기에 최대한 조심스럽게 말한다.

재스민: 뭐예요? 할아버지가 무엇을 잘못하셨는지 몰라요? 일부러 루커스의 기분을 상하게 하셨다고요. 할머니도 마찬가지고요. 내가 얼마나 난처했는지 알아요?

엄마: 그래, 알아. 얼굴이 빨개지고 화가 난 게 보였어. 네 마음을 이해해. 나라도 똑같이 느꼈을 거야.

엄마는 재스민을 야단치지 않는다. 대신 재스민의 감정에 초점을 맞추고 인정한다. 인정받았다는 느낌에 재스민의 화가 조금 누그러진다.

재스민: 이런 식으로는 두 분을 다시 보고 싶지 않아요. 특히 할아버지께 많이 화가 났어요. 그런 말을 하시면 안 된다는 걸 이해하셔야 해요.

엄마: 정말 화가 많이 났구나. 네 마음을 이해해. 사람들이 한 말 때문에 괴로울 때가 있거든. 통제하지 못하는 상황에서는 특히 더 그렇지.

엄마는 이번에도 재스민의 분노를 인정한다. 딸의 행동에 한계를 정할 수 있을 정도로 마음이 진정되려면 어느 정도 시간이 필요하다는 사실을 알기 때문이다.

재스민: 할아버지가 방금 어떤 행동을 하셨는지 이해하시게 할 수 있어요?

엄마: 그래, 한 번 생각해보자. 루커스가 어떤 일을 겪었는지 그리고 할아버지의 말이 루커스에게 어떤 상처를 주었는지 이해하시도록 우리가 도와드리자. 하지만 할아버지가 그 말을 듣고 어떻게 하실지까지는 우리가 정할 수 없어. 음, 나는 두 분과 함께 저녁을 먹자고 루커스를 초대하고 싶어. 함께 시간을 보내면 할아버지가 루커스를 조금 이해하실 수 있을지도 몰라. 루커스에게는 힘든 일일 수 있겠지만.

함께 머리를 맞대고 아이디어를 짜내야 하는 경우도 많지만 이 경우에는 엄마가 아이디어를 낸다. 재스민이 아직 화가 많이 나 있는 상태라 이성적으로 생각하기 어려울 것 같아서다.

재스민: 웩! 루커스와 할아버지가 한 공간에 있는 건 상상초자 할 수 없어요. 그래도 루커스에게 물어보긴 할게요.
엄마: 좋아. 루커스의 답이 어떻든 늦지 않게 집으로 와서 두 분께 작별 인사를 해야 해.

엄마의 아이디어에 재스민이 답한다. 이제 엄마가 재스민의 행동에 한계를 정할 수 있다는("늦지 않게 집으로 와야 해.") 신호다.

재스민: 좋아요. (엄마를 끌어안으며) 오늘 와주셔서 고마워요.

음모설

#고등학교 #인종 #심한 편견 #사회 참여 #종교

고등학교 2학년을 거의 마친 에블린은 어느 대학에 지원할지 고민 중이다. 가까운 지역에 있는 작은 대학에 가서 글쓰기 공부도 하고 싶고, 다른 지역의 대학에 가서 영문학이나 언론학을 전공하고 싶기도 하다. 가까운 곳에 있는 대학은 에블린이 지지하는 사회 운동에 앞장선다고 들었다.

봄방학을 맞이한 에블린은 엄마와 함께 그 대학을 찾았다가 우연히 시위대와 마주했다. 스무 명 정도의 학생들이 "이스라엘에 저항하는 팔레스타인 국민을 돕자"라는 내용이 담긴 전단을 나눠주고 있었다. 이스라엘 국기에 나치의 상징인 만자 무늬를 새긴 깃발을 들고 있는 학생도 있었다. 에블린의 엄마 레아는 이스라엘에서 태어났다. 홀로코스트에서 살아남은 레아의 아버지는 10대 때인 1947년 난민으로 이스라엘에 갔고, 그 후 가족과 함께 미국으로 이주했다.

그 깃발을 본 에블린의 엄마는 몸을 떨면서 딸에게 정말 이곳에서 4년 동안 공부하고 싶으냐고 물었다. 에블린은 "엄마, 엄마는 항상 지나쳐요. 그들은 다른 나라와 마찬가지로 이스라엘을 비판할 뿐이에요. 그들은 그저 수정헌법 제1조가 보장한 표현의 자유를 보여주고 있을 뿐이라고요. 대학은 학문의 자유를 보장하는 곳이에요."라고 말했다.

둘 다 하고 싶은 말이 많았지만 에블린과 레아는 더 이상 논쟁하지 않고 입학처에 들렀다가 학교를 둘러본다. 다 둘러보고 나자 안내 직원이 에블린에게 재학생과의 자리를 마련해주었다. 재학생을 만난 에블린은 자신이 본 시위에 대해 물었고, 그는 이렇게 대답했다.

"시온주의는 민족차별주의야. 이스라엘은 시온주의자가 나치와 협력해서 탄생했지. 이스라엘은 로비를 통해 언론과 금융업을 좌지우지하고 있어. 유대 국가가 저지른 수많은 파시스트 범죄가 보도되지 않는 것도 이 때문이고. 이런 범죄를 고발하고 시온주의자의 기업을 무너뜨리기 위해 우리가 할 수 있는 일을 하고 있어."

집으로 돌아오는 길에 에블린은 무슨 일이 있었는지 엄마에게 말했다.

빨간불

엄마: 엄마가 말했잖니! 이 대학은 유대인에게 위험한 곳이라고.

에블린: 제발 그만해요. 엄마는 지금 지나친 일반화를 하고 있어요. 엄마는 이런 문제에 너무 예민해요. 내가 말한 건 잊어버려요.

엄마는 에블린이 그런 이야기를 들었음에도 제대로 대응하지 못하는 것 같아 충격을 받았다. 결국 자신의 감정에 이끌려 엄마 역시 충동적으로 반응했다. 그러면서 자신도 모르게 중요한 대화를 막아버렸다.

아이들은 성장하면서 다양한 정보와 생각을 접한다. 대학에 가거나 직장 생활을 하면서는 더 많은 정보를 접하고 경험을 한다. 그중에는 자신과 생각이 같은 경우도 많겠지만 그렇지 않은 경우도 많다. 부모로서 당신은 아이들이 바른 길을 찾아갈 수 있도록 준비시켜야 한다.

에블린의 엄마는 다르게 반응할 수 있었다. 일단 엄마는 에블린의 이야기를 들은 뒤 자신의 감정을 먼저 다스렸어야 한다. 그래야 즉흥적이 아니라 계획적으로 반응할 수 있다. 이번에는 엄마가 에블린에게 이야기하기 전에 심호흡을 하고 잠시 생각한 다음 질문으로 대화를 시작한다.

파란불

엄마: 그런 이야기를 들으니 기분이 어땠어?

에블린: 조금 복잡하고 혼란스러웠어요. 어떻게 유대인이 나치와 협력했다고 생각할 수 있죠? 그리고 유대인이 언론을 좌지우지한다고요? 그리고

얘기 중에 누군가가 "대책 없는 부지가 한 명 또 왔네."라고 말하는 것도 들었어요.

엄마: 부지가 무슨 말인데?

에블린: 부르주아란 뜻이에요.

엄마: 아, (잠시 말을 멈춘다.) 그때 기분이 어땠니?

에블린: 그냥 거기서 나오고 싶었어요. 나한테 적대적이라는 느낌이 들었거든요. 내가 유대인인 걸 아는 것 같았어요.

엄마: 어떤 기분이었어?

엄마는 에블린이 느낀 감정에 초점을 맞춘다. 사실에 관한 이야기는 나중에 하려고 한다.

에블린: 몸이 뜨거워졌어요. 그래서 그냥 고개를 끄덕였는데 내가 자기들 의견에 동의하는 줄로 생각했나 봐요. 부끄럽기도 했어요.

엄마: 왜 부끄러웠어?

에블린: 내 생각을 소신 있게 말하지 못했으니까요. 할아버지를 생각하니 더 그랬어요. 이스라엘 건국과 홀로코스트에 관한 그들의 생각을 바로잡지 못했잖아요. 사람들이 그런 식으로 생각하는 줄 몰랐다는 게 부끄러웠어요. 한편으론 혼란스럽기도 했어요. 이스라엘에서 일어나는 일이나 히틀러가 유대인에게 한 일 중 내가 모르는 게 있어요? 그리고 바보 같은 질문인 줄 아는데, 왜 그들은 시온주의자들이 언론과 금융을 좌지우지한다고 말해요?

엄마가 그 일을 곧장 캐묻지 않고 에블린의 감정에 초점을 맞췄기 때문에 에블린은 자신의 감정을 되돌아볼 수 있다. 생각이 깊고 똑똑한 에블린은 자신의 마음에서 여러 감정을 발견한다. 다 받아들이긴 어렵지만 엄마가 비판하지 않고 들어준 덕분에 털어놓을 수 있다.

엄마: 네가 겪은 일을 한발 물러나서 바라보며 이런 질문들을 하다니 감동이야. 어떻게 대답해야 할지 난감한 질문도 많네. 실은 엄마도 대학생 때 반유대주의를 경험했어. 고대 문명 수업 시간이었던 걸로 기억하는데, 유대인과 예수님의 관계에 관해 토론을 했거든. 유대인들이 예수님을 죽였다는 학생들의 생각을 교수님은 바로잡지 않으셨어. 그게 사실이 아니라는 걸 깨닫기까진 오랜 시간이 걸렸고, 한동안 죄책감을 느꼈어. 동아리 파티에 갔을 때도 비슷한 일이 있었어. 술에 취한 남학생들이 바닥에 동전을 던지면서 "헤이, 유대인. 이 동전을 주워야지?"라고 했거든. 그때 엄청난 충격을 받았어. 그대로 뛰쳐나와 대학 시절 내내 그 동아리를 피했어.

엄마는 에블린이 감정을 잘 다스린다고 칭찬하면서 한 번도 털어놓은 적 없는 자신의 얘기를 꺼내고 그 감정을 인정한다.

에블린: 세상에나. 그런 일을 당했는지 전혀 몰랐어요. 화가 많이 났죠?
엄마: 확실하게 화를 냈어야 해. 그런데 난 죄책감을 느꼈어. 내가 유대인이어서 뭔가 잘못한 것처럼. 실은 오늘 한편으론 너와 이런 이야기를 할 수 있어서 기뻐.

엄마는 자신의 경험을 털어놓으면서 에블린의 감정을 인정하고, 세상의 편견과 부딪칠 때 느끼는 힘들고 복잡한 감정에 관한 대화로 이끈다.

에블린: 언론을 좌지우지하느냐는 제 질문은요?

엄마: 언론과 금융계에서 일하는 유대인들이 많아. 법조계, 의학계, 정치계에도 많은 게 사실이고. 하지만 유대인이 언론과 금융계를 좌지우지한다는 말은 음모에 가까워. 그냥 꾸준히 나오는 말이지. 유대인이 금융계를 좌지우지한다는 말은 기독교인은 돈을 빌려주지 못하지만 유대인은 빌려줄 수 있었던 중세 때부터 떠돌던 이야기야. 유대인 가운데는 부자도 많지만 반대로 가난한 사람들도 많거든. 우리를 부유하고 탐욕스럽다고 욕하는 건 기본적으로 반유대주의적인 비유인 거지.

에블린: 그럼 엄마는 이런 일이 새로운 게 아니라는 거죠?

엄마는 에블린이 겪은 일이 흔한 일임을 밝히면서 딸이 더 큰 맥락에서 오늘의 경험을 돌아보도록 돕는다.

엄마: 맞아. 그렇다고 기분이 나아지는 건 아냐. 하지만 우리가 누구인지, 무엇을 믿는지, 무엇을 지지하는지 그리고 무엇을 하고 싶은지를 아는 건 중요해. 그러면 자부심이 생길 거야. 안타깝게도 유대인이나 다른 소수 집단에 대해 혐오감을 자아내는 말을 퍼뜨리는 사람들이 있어. 몰라서 그러는 사람도 있겠지만 일부러 그러는 사람도 있어. 네가 그런 사람들에 대해 어떻게 느끼고, 어떻게 하고 싶은지 알아내는 건 쉽지 않은 일이야.

엄마는 에블린의 감정에 다시 초점을 맞추면서 세상의 편견을 느낄 때 감정이 어떻게 변하는지 이야기한다.

에블린: 그러면 어떻게 해야 해요? 사실 지금 혼란스러워요. 그 대학에 지원하고 싶었거든요. 한편으론 환영받는다는 느낌이 드는 곳에 가고 싶어요.

엄마: 꽤 진지하게 고민했구나. 훌륭해. 하지만 엄마 아빠가 대신 결정해줄 수는 없어. 오늘 네가 알게 된 것은, 그 대학에서 네가 다른 생각, 때때로 공격적인 생각을 가진 사람과 만날 수 있다는 사실이야. 그곳은 다른 대학보다 그럴 가능성이 더 높다는 것이지.

오늘 일이 대학 선택에 얼마나 영향을 줄지는 전적으로 에블린에게 달렸고, 에블린이 어떤 선택을 하든 엄마 아빠는 지지할 거라고 엄마는 확실하게 밝힌다. 어떤 부모들은 아이의 결정을 좌지우지하려고 한다. 그런 경우 대화가 달라질 수 있다.

에블린: 그럼 어떻게 하죠?

엄마: 글쎄, 네 생각에 따라 달라지겠지. 엄마 애길 했잖아. 난 그날 그렇게 뛰쳐나왔고, 그 애들의 행동을 문제 삼지 않았어. 반대로 당당하게 맞서는 사람도 있겠지. 나는 우리 유대의 전통을 자랑스럽게 생각해. 그리고 할아버지가 유대인이라는 이유만으로 당한 끔찍한 일들을 결코 잊지 않을 거야. 아빠와 내가 유대교를 자랑스럽게 여기도록 너를 키운 것도 그 때문이고.

에블린: 꽤 괜찮은 글쓰기 과정이 있고, 캠퍼스가 아름다워서 그 대학에 가고 싶었어요. 그리고 엄마, 나는 정치적인 문제에는 관심이 없어요.

엄마: 에블린, 불행히도 그렇지 않아. 듣기에 불쾌한 주장을 하는 사람을 언제 만날지 모르거든. 게다가 그건 우리가 결정할 수 있는 일이 아니야. 대신 그런 사람을 어떻게 대처할지는 결정할 수 있어. 무시하는 것도 하나의 방법이야. 난 그렇게 했고. 공식적으로든 비공식적으로든 뭔가를 하겠다고 결정할 수도 있어. 네가 그러겠다고 마음먹으면 도와줄 단체들이 대학에 있기도 하고. 다행스럽게도 그런 대학은 많아.

에블린: 그럴 거예요. 아, 생각할 게 너무 많아요.

엄마는 에블린에게 다른 사람의 행동을 통제할 수는 없지만 그 행동에 계획적으로 대처할 수는 있다고 분명하게 이야기한다.

11장

분열된 사회에 관한 대화

세상에는 다양한 목소리와 주장이 존재한다. 그런데 모두가 비슷한 생각을 하는 일은 점점 줄어들고, 반대의 이념을 가진 사람들 사이의 분열은 더욱 심해지고 있다. 이로 인해 크게는 국가 간의 분쟁이 일기도 하고, 작게는 가족 모임이나 기념일이 즐겁지 않은 상태로 끝나거나 식탁에서 활발하게 의견을 나누지 못하기도 한다. 입장 차이에서 오는 충돌도 문제지만 과격한 표현으로 인해 충격을 받는 경우도 많다. 10년 전만 해도 KKK 같은 인종 차별 단체가 21세기에 워싱턴에서 얼굴을 내밀지 누가 상상이나 했겠는가?

우리가 이런 과장된 메시지를 어느 때보다 쉽게 접할 수 있게 된 데는 스마트폰의 보편화와 SNS, 새로이 등장한 미디어가 큰 역할을 했다. 필요한 정보를 맞춤형으로 제공받을 수 있다는 점에서는 장점이지만 취향에 맞는 정보만 취하다 보니 다양한 의견을 받아들이기가 어렵다는 점에서는 단점이다. 이렇듯 애플리케이션이나 스마트폰을 열기만 해도 증오와 공포심을 일으키는 정보가 쏟아져 나오는데, 아이들에게 합리적이고 책임감 있게 행동하라는 조언이 과연 의미 있을까? 결국 분열된 사회와 민주주의에 관해 아이들과 대화를 나누거나 아이들로 하여금 자신만의 견해를 갖도록 만드는 일은 쉽지 않다는 얘기다.

세상 모든 부모는 아이들이 자신의 가치관을 바탕으로 사실과 주장을 현명하게 구별하기 바란다. 그렇다면 부모로서 어떻게 도울 수 있을까? 가짜 뉴스를 가려내고, 믿을 만한 출처인지를 확인하고, 사실과 주장을 구별하게 하려면 말이다.

이때도 역시나 아이의 나이와 성숙 정도가 중요하다. 예를 들어 초등학교 1학년 아이가 정치를 이해할 거라 기대하진 않을 것이다. 그러나 이해력 높은 10대도 때론 충동적인 행동을 할 수 있다. 성숙한 아이들은 흑과 백, 옳음과 그름 사이의 회색 지대를 볼 수 있다. 대부분의 아이는 어렸을 때는 부모의 세계관과 생각을 접하다가 학교에 들어가면서 다양한 생각과 지식, 주장을 경험한다. 이 과정에서 왜 사람들마다 생각이 다른지 의문을 품으며 세상을 이해한다.

아이들은 사춘기부터 자신의 정체성을 찾아나간다. 10년 이상 탐색하는 아이도 있다. 어떤 아이는 부모의 생각을 구시대적이라고 여기면서 저항하고 반대 방향으로 가려고 한다. 반대로 부모나 가족의 울타리 안에 안전하게 머무는 아이도 있다. 그래서 10대와의 대화는 감정 코치로 시작해야 한다. 이를 시작으로 도덕적·윤리적·법적 문제에 대한 토론으로 확장해나간다. 사회 정의에 관한 토론과 마찬가지로 분열된 사회에 관한 대화도 양육에 대한 가치관이 큰 영향을 미친다.

대화에 들어가기 전에 스스로에게 물어야 할 세 가지 질문이 있다.

▶ 이 토론에서 나의 이해관계는 무엇인가? 그 이해관계를 얼마나 강하게 느끼는가? 양육에 대한 나의 가치관은 가짜 뉴스, 공격적인 말, 극단적인 주장과 어떻게 충돌하는가? 나는 어떤 주장까지를 공격적으로 여기는가? 내 아이가 그런 주장을 하면 어떤 기분일까? 나는 어떤 가치관을 바탕으로 아이의 행동과 태도를 어디까지 받아들일 수 있는가?

▶ 배우자나 함께 아이를 키우는 사람의 태도는 어떤가? 나와 잘 맞는가?

▶ 내 아이는 무엇을 이해하고 있는가? 어떻게 아이의 나이에 맞춰 대화를 할 수 있는가? 아이를 괴롭히는 일이나 걱정이 있는가? 어떻게 하면 아이의 걱정을 덜어줄 수 있는가?

대화1

학교 모의 선거에서 벌어진 싸움

#초등학교 #정치 #이민 #편견 #싸움

캐런의 아들 오언은 이제 막 초등학교 4학년이 되었다. 대통령 선거가 있는 해인지라 학교에서 모의 투표를 실시한다. 민주당, 공화당 그리고 무소속 각각의 '입후보자'는 자신의 공약을 이야기할 기회를 갖는다. 입후보자 중 한 명인 5학년 학생이 일어나더니 아이들에게 기후 변화가 우리가 사는 지구를 위협하고 있는데, 자신이 속한 정당만이 우리의 생존을 보장하기 위한 조치를 취할 거라고 말한다.

그러자 다른 아이가 그 말은 사실이 아니며, 기후 변화는 거짓말이라고 소리친다. 선생님이 아이들을 조용히 시킨다. 두 번째 입후보자는, 오늘날 미국의 가장 큰 문제는 이민자들이 '진짜' 미국인들의 일자리를 가져가는 거라고 말한다. 누군가가 일어나 "그건 사실이 아니야! 이민자들은 나라에 좋은 일을 해. 우리 부모님도 이민자야!"라고 외친다. 선생님은 달려가 그 아이를 진정시키고는 조용히 하지 않으면 계속할 수 없다고 말한다. 세 번째 입후보자는 미국에 해를 끼칠 사람들을 막기 위해 강력한 군대를 유지해야 한다고 말한다. 그러면서 테러리스트들을 지목한다. 아이들은 점점 더 소란스러워지고, 결국 교장 선생님이 나타나 토론회를 끝낸다.

오언은 속상하고 혼란스러운 마음으로 집에 온다. 토론회가 끝난 뒤 교장 선생님이 학부모들께 이메일을 보냈기 때문에 엄마 아빠는 무슨 일이 있었는지 알고 있다. 아이들이 주장을 펼치는 과정에서 감정이 격해졌고, 이에 선생님들이 선거와 자유로운 의견의 중요성을 이야기했다는 내용이었다. 부모님은 저녁을 먹으면서 오언이 오늘 일을 어떻게 생각하는지 알아보려고 한다.

 파란불

아빠: 오언, 오늘 모의 선거는 어땠어?

오언은 아빠의 질문에 대답하지 않은 채 투덜거리기만 한다.

엄마: 엄마가 네 나이였을 때도 이런 일이 있었어. 서로 옳다고 말다툼을 했지.

엄마는 오언을 밀어붙이고 싶지 않다. 오언의 마음이 불편할 거라는 걸 알기 때문이다. 아들을 지지하고 아들의 감정을 인정하기 위해 엄마는 속상했던 자신의 경험을 이야기한다.

오언: 여기저기서 싸움이 있었어요.
아빠: 어째서?

아빠는 학교에서 무슨 일이 일어났는지 안다고 단정하지 않는다. 아빠는 자신의 의견이나 추측을 끼워 넣지 않고 질문을 통해 무슨 일이 있었는지, 오언이 그 일에 대해 어떻게 느끼는지 알아내려고 한다.

오언: 아무도 다른 사람의 의견에 동의하지 않았으니까요. 나는 누가 선거에 서 이겼는지도 몰라요. 정치는 별로예요.

아빠는 오언의 말에 동의하지 않는다. 아빠는 정치가 중요하다고 믿기 때문이다. 하지만 자신의 생각을 바로 이야기하지 않기로 한다. 아이의 의견에 반대하면 대화가 중단될 수 있다. 대신 질문을 통해 오언에게 더 많은 얘기를 이끌어낸다.

아빠: 분위기가 상당히 달아올랐지?
오언: 맞아요. 하마터면 댄이 제임스를 주먹으로 칠 뻔했어요. 그런데 아빠, 난 이해되지 않아요. 나는 제임스와 댄을 모두 좋아해요. 그런데 걔네들

은 서로에게 많이 화가 났어요.

엄마: 음, 네 기분은 어땠어?

오언: 화가 나요. 이 모든 걸 시작한 선생님들에게 화가 났어요. 소리치는 애들한테도요. 그 싸움이 걱정되기도 하고요.

엄마: 화날 때 기분이 어땠어?

오언은 자신의 감정이나 느낌보다 무슨 일이 일어났는지에 초점을 맞추고 싶어 한다. 하지만 엄마는 이 일에서 감정이 중요하다고 생각한다. 아이들의 격렬한 감정이 토론회를 망치고, 오언을 속상하게 만들었기 때문에 엄마는 다시 대화의 초점을 감정으로 돌린다.

오언: 제임스가 이민자들은 게으르다고 말했을 때 나도 흥분해서 다른 아이들처럼 소리를 질렀어요. 엄마 아빠도 이민자잖아요.

엄마: 그랬구나. 맞아, 엄마는 너보다 어렸을 때 아일랜드에서 미국으로 왔어. 미국에서 처음 학교에 다닐 때 다른 아이들이 엄마에 대해 말하는 걸 듣고 상처받았던 일도 있고.

오언: 그런데 제임스는 왜 그렇게 말했어요?

엄마: 그건 엄마도 잘 몰라. 하지만 엄마가 제임스에게 물어볼 수 있어. 아마도 제임스가 어른들한테 그런 말을 듣지 않았을까 싶어. 이민자들에 대해 사실이 아닌 심한 말을 하는 사람들이 종종 있어. 그런 말들이 너를 속상하게 했다고 생각해.

엄마는 자신의 경험을 이야기하면서 상처받고 화난 오언의 감정을 모두 인정한다. 그리고 오언의 수준에서 왜 이런 일이 일어났는지 이해할 수 있도록 돕는다.

오언: 맞아요. 그리고 나만이 아니었어요. 많은 아이들이 나처럼 소리를 질렀어요.

아빠: 많은 아이들이 속상하고 화가 났었구나.

오언: 아니요. 제임스 말이 맞다고 하는 아이들도 있었어요.

아빠: 사람들이 어떤 일에 대해 강력히 주장하면서 예의는 갖추지 못할 때 스트레스를 받을 수 있어. 선생님들이 예의 바른 대화에 관해서는 얘기하지 않으셨니?

아빠는 말다툼과 싸움이 일어날 때 무서울 수 있다는 것을 인정한다. 또 예의 바른 토론에 관해 얘기하면서 학교나 선생님이 개입했는지, 어떻게 개입했는지 알고 싶다.

오언: 조금요. 선생님은 우리에게 다른 사람이 하는 말을 잘 들어야 한다고 하셨어요.

엄마: 모든 사람이 자기 생각을 얘기하고 싶어 하고, 다른 사람이 내 얘기를 잘 듣고 존중해 주기를 기대해. 환영받지 못한다거나 받아들이지 않는다고 느끼고 싶어 하는 사람은 없어.

오언: 엄마도 그런 기분을 느껴요?

엄마: 종종. 사람들이 사실이 아닌 말을 하면서 상처 줄 때.

　엄마는 일부러 모욕을 주려는 말에 상처받았던 자신의 경험을 얘기하면서 오언의 경험을 인정한다.

오언: 어떻게 그런 말을 할 수 있어요? 엄마는 사람들한테 소리를 지르거나 나쁜 말을 하지 말라고 하잖아요.

아빠: (아들을 안아주며) 오언, 네가 방금 정말 중요한 말을 했어. 아주 좋은 질문이기도 하고. 우리 모두 무언가를 두려워하거나 화를 내. 그렇지? 아빠가 어렸을 때 한 아이가 우리 학교에 새로 왔어. 다른 아이들과 억양이 다르고, 색다른 음식을 도시락으로 가져왔지. 아주 똑똑하고 농구도 굉장히 잘했어. 그런데 그 해에 농구팀에 들어가지 못한 다른 친구가 언제부턴가 새로 온 아이가 자기 자리를 차지했다고 비난하기 시작했어. 그러면서 다른 친구들에게 새로 온 아이를 골려 주자고 했지. 점심시간에 옆에 앉지 말라는 말과 함께 쪽지에 심술궂은 말을 써서 새로 온 아이의 사물함에 집어넣기도 했어.

오언: 그래서 어떻게 됐어요?

아빠: 사실 그때 일을 생각하면 지금까지도 기분이 좋지 않아. 지금은 이름도 기억나지 않는 그 아이는 다음 해에 학교를 떠났어. 우리가 그 아이를 대한 것을 떠올리면 지금도 기분이 좋지 않아. 편을 들어 주지 못해서 더 그래.

아빠는 별로 꺼내고 싶지 않은 어릴 적 이야기를 통해 다른 아이들이 왜 못되고 심술궂은 말을 하는지 설명한다. 이야기, 특히 부모의 과거에 얽힌 이야기는 아이들이 복잡한 문제를 이해하는 데 도움이 된다. 이를 통해 아빠는 나중에 후회할 일을 하기도 한다는 사실을 오언이 깨닫기 바란다.

오언: 좋아요. 그런데 그게 모의 선거랑 무슨 관련이 있어요?

엄마: (웃으면서) 좋은 지적이야. 사람들은 때때로 샘이 나거나 화가 나거나 무서워서 무례하거나 상처 주는 말을 한다는 게 아빠가 하려는 얘기일 거야. 물론 다르다는 게 문제가 되지는 않아. 그런데도 사람들은 종종 변화하거나 익숙하지 않은 것이 두려워서 그걸 잊어버리거나 생각하지 않으려고 해. 그 사람들은 모든 게 익숙한 방식대로 유지되어야 안전하다고 느낄 수 있어. 그래서 마음속으로 생각은 하고 있었지만 두려워서 하지 못하는 험악한 말을 누군가 했을 때 그 사람을 응원하고 심지어 함께 행동하기도 해.

오언: 난 이해되지 않아요. 그럼 그런 식으로 행동해도 된다는 거예요?

아빠: 아니, 그렇지 않아. 의견이 다른 건 괜찮아. 하지만 남에게 상처 주는 말을 하고 싸우는 건 괜찮지 않아. 그런데 사람들은 때때로 무섭거나 샘이 나거나 화가 난다는 이유로 그런 행동을 해.

오언: 아, 이제 알겠어요. 무섭거나 샘이 나거나 심술을 부리려고 다른 아이에게 심한 말을 한다는 거죠?

엄마: 바로 그거야! (엄마와 오언은 하이파이브를 한다.)

엄마는 이불을 덮어주기 위해 오언의 방에 들어간다. 혹시 오언이 아직 걱정이 남아 잠을 이루지 못하는 건 아닌지, 더 이야기할 부분이 있는지도 확인하고 싶다. 잠자는 시간은 이런 문제들이 아이의 마음에 어떻게 자리 잡았는지 확인하기 좋은 시간이다.

엄마: 오늘 조금 힘들었지? 지금은 기분이 어때?

오언: 나아졌어요. 그래도 내일 학교에서 무슨 일이 벌어질지 걱정돼요. 선거 일까지 아이들이 계속 싸울 거라고 생각해요?

엄마: 무슨 일이 일어날지는 엄마도 몰라. 지금 우리가 할 수 있는 한 가지는 네가 내일 친구들을 어떻게 대하면 기분이 나아질 수 있을지 함께 생각하 는 거야. 제임스가 이민자들에 대해 또 나쁜 말을 하거나 아이들이 소리 를 지를 때 어떻게 할지를 미리 해보는 거지.

엄마는 마술처럼 상황이 나아질 거라고 약속하지 않는다. 대신 무엇을 할 수 있을지를 생각해볼 수 있다고 말하면서 문제 해결 과정을 시작한다.

오언: 그건 나쁜 말이라고 하거나 싸우지 말라고 할 수 있어요.

엄마: 훌륭해. 엄마가 다 적어볼게. 그런 말을 하는 게 왜 나쁘다고 생각하는 지도 말할 수 있어.

오언: 걔들한테 말려들지 않고 피할 수도 있어요. 누군가 싸움을 시작하려고 할 때는 말려들지 말라고 엄마가 말했잖아요, 그죠?

엄마: (고개를 끄덕이며) 예의를 갖춰 대화하는 규칙을 정하자고 선생님께 말씀

드릴 수도 있어.

오언: 엄마, 엄마가 학교에 와서 아이들에게 이민자가 되는 게 어떤 건지 말해줄 수 있어요?

엄마: 당연하지. 엄마 말고 다른 친구들의 부모님들도 함께 오셔서 아이들과 얘기하면서 의견이 다른 사람들끼리 예의 바르게 대화하는 모습을 보여줄 수도 있어.

오언: 모두 좋은 방법이에요.

엄마: 엄마도 그렇게 생각해.

엄마는 아이디어를 정리해서 오언이 잠들고 난 뒤에 부엌 냉장고에 잘 보이게 붙여놓으려고 한다. 그러면 오언이 학교에 가기 전 다시 한 번 상기할 수 있기 때문이다. 오언은 학교에서 돌아와 어떤 아이디어들을 실제로 활용했고, 어떤 아이디어들은 수정해야 할지 얘기할 것이고 가족은 다시 얘기를 나눌 것이다.

오언: 엄마, 이제 피곤해요.

엄마: 피곤할 만하지. 힘든 하루를 보냈고, 열심히 고민했잖아! 방법을 찾아내려고 노력해줘서 자랑스러워. 내일 아침에 선생님께 어떻게 말씀드릴지 계획을 세우자. 그럼 어제 읽던 책을 다시 읽을까?

엄마는 오언이 하고 싶은 말을 다했고 잘 준비가 되었다고 생각하고, 긍정적인 분위기로 대화를 마무리한다.

대화 2

사실이 정말 중요해요?

#중학교 #인터넷 #사회 참여 #소문

어떤 사건에 대해 격한 감정이 휘몰아칠 때는 일단 사실 여부를 확인하는 것이 가장 중요하다. 그러나 뒤죽박죽이고 제멋대로인 사이버 공간에서 사실을 정확하게 밝히기란 쉽지 않은 일이다. 아이들은 사실과 진실을 파악하는 게 더 어렵고, 더 혼란스럽게 느낄 수 있다.

빨간불

엄마 아빠가 세 아이를 식탁으로 부른다. 6학년 빅토리아, 3학년 테일러, 1학년 라일리다. 빅토리아까지 자리에 앉자 식사가 시작된다.

빅토리아: (숨을 몰아쉬며) 엄마 아빠, 무슨 일인지 알아맞혀 보세요. 내일 맞기로 한 독감 예방 주사를 맞기 싫어요. 그 주사가 아이들을 병들게 한대요.

그러면서 빅토리아는 자신의 휴대 전화를 엄마 아빠에게 내민다. 화면에는 '질병관리본부 의사: 형편없는 독감 예방 주사, 치명적 독감 유발'이라는 제목의 기사가 떠 있다.

아빠: 빅토리아, 일단 너는 저녁 식사에 늦었어. 그건 기다리는 모든 사람에게 무례한 행동이야. 그리고 무슨 말을 하는 거지? 그 기사는 가짜 뉴스야. 우리는 너를 비판적으로 사고하도록 키웠다고 생각하는데.

테일러: 맞아, 언니. 언니는 아무것도 몰라.

빅토리아: 넌 정말 형편없어. 모두 미워!

그러더니 주방 문을 쾅 닫고 나가 자기 방으로 돌아간다. 엄마 아빠는 서로를 바라보며 한숨을 쉰다.

테일러: 그런데 아빠가 언니한테 생각이 짧았다는 식으로 말했잖아요.

아빠: 그런 뜻이 아니었어. 아빤 언니가 그런 뉴스를 믿어서 놀랐을 뿐이야.

아빠는 빅토리아가 저녁 식사 시간에 늦어 짜증이 난 상태에서 가짜 뉴스라고 지적하는 말로 딸을 더 방어적으로 만들었다. 동생의 말에 더 화가 난 빅토리아가 문을 쾅 닫고 나가면서 가족은 독감 예방 주사에 대한 대화를 더 할 수 없게 되었다. 엄마 아빠가 빅토리아와 좀 더 대화를 하려면 어떻게 해야 했을까?

 파란불

6학년인 빅토리아가 가장 늦게 저녁 식탁에 나타난다.

빅토리아: (숨을 몰아쉬며) 엄마 아빠, 무슨 일인지 알아맞혀 보세요. 내일 맞기로 한 독감 예방 주사를 맞기 싫어요. 그 주사가 아이들을 병들게 한대요.

그러면서 빅토리아는 자신의 휴대 전화를 엄마 아빠에게 내민다. 화면에는 '질병관리본부 의사: 형편없는 독감 예방 주사, 치명적인 독감 유발'이라는 제목의 기사가 떠 있다.

엄마: 빅토리아, 자리에 앉으렴. 그리고 휴대 전화는 좀 치우자. 그래도 얘기는 할 수 있어.

빅토리아: 얘기할 게 뭐 있어요?

아빠: 빅토리아, 그 뉴스를 어디에서 찾았지?

　엄마 아빠는 지금 당장은 빅토리아가 저녁 식사 자리에 늦은 문제는 미뤄 두고 딸이 보여준 자극적인 뉴스에 집중한다. 식사 시간에 늦은 것에 대해선 다음 날 일깨우려고 한다.

빅토리아: 친구 sns에서 봤어요. 다른 사람들도 피드로 많이 받았고요. 사실 엄마 아빠가 그걸 보지 못했다는 게 놀라워요. 맨디는 엄마한테 얘기해서 주사를 맞지 않기로 했대요.

엄마: 그래? 엄마는 지금 약간 혼란스러운데 너는 어떠니, 빅토리아?

빅토리아: 혼란스럽다고요? 왜요? 난 기뻐요. 이미 주사를 맞아서 병에 걸릴까봐 걱정하지 않아도 되잖아요.

빅토리아의 동생인 테일러와 라일리가 끼어든다.

테일러: 그래? 난 놀랐어! 난 주사 맞는 게 싫은데 올해는 주사를 맞지 않게 돼서 너무 좋아.

라일리: 신난다, 주사 안 맞아도 된다!

테일러: 우리 내일은 팬케이크 먹으러 가요. 예방 주사 때문에 학교에 결석한다고 이미 말했잖아요.

엄마: 셋 다 가만있어봐. 걱정스러운 건 알겠는데 이게 진짜 뉴스인지 가짜 뉴스인지 아직 모르잖니.

라일리: 가짜 뉴스가 뭐예요?

아빠: 애들아, 너희 전화 게임 해봤지?

빅토리아: 네, 좋아하는 게임이에요. 먼저 사람들이 둥글게 모여 앉아서 맨 처음 사람이 뭔가를 생각해요. 그 사람이 생각한 이야기를 옆 사람에게 속삭이고, 이야기를 들은 사람이 또 옆 사람에게 속삭이고. 마지막 사람이 자신이 들은 얘기를 큰 소리로 말하는 게임이죠. 그런데 처음 했던 이야기와 너무 달라져서 웃겨요. 사람들이 잘못 알아듣거나 재미로 말을 바꾸기도 하죠.

아빠: 맞아, 마지막 이야기는 첫 번째 사람이 했던 얘기와 많이 다르지. 처음 얘기가 진짜였어도 그대로 전해지지 않아. 이런 일이 뉴스에서도 일어날 수 있어. 인터넷에서는 특히 더하지. 맞는 뉴스인 것 같아도 그게 진짜인지 확인해야 해. 진짜로 했던 말이나 실제 사실도 아주 많은 사람들을 통해 전해지면서 전화 게임처럼 달라질 수 있거든.

여기서는 계속 대화하면서 가짜 뉴스 그리고 받은 정보를 헤아리는 방법을 아이들에게 가르치는 게 엄마 아빠의 목표다. 조심스럽게 다루기만 하면 독감 예방 주사에 관한 잘못된 소문이 아이들을 교육할 기회가 될 수도 있다는 생각이다. 가짜 뉴스와 인터넷에서 떠도는 거짓말에 대해 아이들이 비판적으로 생각할 수 있도록 가르칠 방법을 그동안 찾아온 결과이기도 하다. 다만 빅토리아가 공격받는다고 느끼거나 난처해할 수 있으므로 주의해야 한다. 그리고 아직 어린 테일러와 라일리에게는 더 쉽게 설명해야 한다. 그래서 아빠는 전화 게임을 예로 든다.

빅토리아: 아빠, 왜 내 말을 믿지 않아요? 이건 진짜라고요.

엄마: 빅토리아, 불만이 많은 표정이구나.

빅토리아: 네, 불만이에요! 아빠가 나를 믿지 않아 화가 나요.

엄마: 아빠가 독감 예방 주사에 관한 이야기를 비판해서 짜증이 난 것 같구나.

빅토리아: 맞아요. 엄마 아빠는 왜 나를 믿지 않는 거죠?

아빠: 아빠가 너라도 짜증이 날 거야. 하지만 아빠가 너를 믿지 않는 건 아니야. 그저 sns에서 본 걸 모두 믿지 않는 거지. 뉴욕타임스나 신문에서 읽거나 텔레비전 뉴스로 본 것은 믿을 만해. 소문과 사실을 구별하는 게 뉴스를 보도하는 사람들의 역할이고, 사실을 보도하려면 최소 두 가지 이상의 근거를 찾아야 하거든. 그런데 페이스북이나 인스타그램 같은 곳에 올라오는 뉴스들은 사실이 아닐 수 있어.

라일리: 왜요?

아빠: 사실이 아닌데도 사람들이 믿는 것일 수도 있고, 그것이 거짓말이나 속임수일 때도 있기 때문이야. 우리의 생각을 좌지우지하고 싶은 사람들이 잘못된 정보나 가짜 뉴스를 이용하는 것일 수도 있고. 잘못된 정보나 가짜 뉴스를 진짜인 것처럼 보이게 하려고 가짜 계정을 만드는 사람도 있어. 잘못된 정보라는 걸 알아차렸을 때는 이미 많은 사람이 그 뉴스를 믿어버린 다음이겠지.

빅토리아: 어떻게 그렇게 확신할 수 있어요? 그냥 아빠 생각 아니에요?

아빠: 이런 것들을 확인하는 방법이 있어. 아빠도 독감 예방 주사가 사람들을 병들게 한다는 뉴스를 본 적이 있고, 정말 깜짝 놀랐어. 그래서 확인해봤더니 가짜 뉴스였어. 누가 왜 그런 얘기를 퍼뜨렸는지는 모르지만 사람들에게 많은 피해를 줄 수 있어. 물론 독감은 위험할 수 있어. 하지만 사람

들이 예방 주사를 맞지 않으려고 하면 독감이 많이 퍼질 거야.

빅토리아는 팔짱을 낀 채 눈을 내리깔고 아빠를 바라본다.

아빠: 이런 이야기들이 사실인지 아닌지를 확인하는 웹사이트가 있어. 어디에서 사실을 확인했는지 출처도 밝혀놓았고. 이 경우에는 질병관리본부가 출처야. 아빠는 질병관리본부 홈페이지부터 확인했어. 빅토리아, 아빠가 어떻게 찾았는지 보고 싶니? 일단 접시들을 치우자. 그런 다음 보여줄게.

잠시 후, 아빠는 자신의 컴퓨터 주변으로 아이들을 모은 뒤 사실을 확인하기 위해 질병관리본부 홈페이지에 접속한다. 그리고 빅토리아가 주사에 대한 소문이 틀렸다는 근거가 담긴 기사를 읽는 동안 기다린다. 화면이 넘어갈 때 아빠는 몸을 앞으로 구부려 사실이라고 믿었던 기사가 실제로는 가짜였다는 사실을 함께 확인한다.

아빠: 세상에, 나도 가짜 뉴스에 속았어.

빅토리아: 아이들만 가짜 뉴스에 속는 게 아니네요.

아빠: 그럼, 사실과 거짓을 구분하는 건 누구에게나 어려워. 솔직하게 말해줘서 고마워, 빅토리아.

아빠는 사람들이 어떻게, 왜 거짓말을 퍼뜨리거나 본심을 숨기거나 사실처럼 이야기를 지어내는지 설명하지 않는다. 대신 사실을 확인하는 게 얼마나 중요한지 아이들이 깨닫도록 돕는다. 그리고 아빠 역시 가짜 뉴스에 속았다는 사실을 드러내면서 빅토리아뿐 아니라 아이나 어른 모두 그럴 수 있다는 걸 딸들이 깨달을 수 있게 한다. 이 대화는 사실과 주장이라는 복잡한 주제를 가지고 나누게 될 수많은 대화 중 하나다. 그러나 지금은 온라인으로 본 모든 것을 믿지 말아야 할 중요성을 깨닫는 기회로 삼는다.

아빠: 우리 딸들, 다른 질문은 없니? 요즘처럼 뉴스의 출처가 많을 때는 사실을 확인하기 위해 해야 할 일이 더 많아. 너희들이 들은 애기가 확실한지 알 수 없을 때는 엄마 아빠를 찾아줘. 그다음엔 함께 확인하자.

대화3
의견이 충돌할 때
#고등학교 #정치 #종교 #사회 참여

"집은 우리를 받아들여주는 곳이다." 맞는 말이다. 우리는 집이 우리의 생각과 가치관이 받아들여지는 따뜻하고 마음 편한 곳이기를 바란다. 사랑하는 가족이 나와 다른 관점으로 세상을 바라본다는 걸 알았을 때 마음이 불편한 것도 이 때문이다.

질과 저스틴 부부는 질이 첫 번째 결혼에서 낳은 고등학생 딸 토리와 함께 산다. 질은 젊었을 때 첫 결혼을 했고, 토리가 네 살이 되자마자 이혼했다. 그리고 5년 전 저스틴과 재혼하여 그때부터 아이를 가지려고 노력하고 있다. 그리고 얼마 전 기다리고 기다린 끝에 임신에 성공했다. 하지만 초기 초음파 검사에서 태아의 심각한 유전적 기형이 드러났고, 질과 저스틴은 의논 끝에 13주 만에 임신 중절 수술을 하기로 결정했다. 태아를 잃고 둘은 깊은 슬픔에 빠졌다. 문제는 이 과정을 알리 없는 토리가 중절 수술을 한 엄마와 새아빠에게 화가 났다는 사실이다.

몇 주 후, 토리는 엄마에게 전화를 걸어 수업이 끝난 뒤 친구 미케일라의 집에 가겠다고 말한다. 엄마는 허락을 하면서 여섯 시까지는 집으로 돌아오라고 말한다. 그날 저녁 퇴근길에 질의 휴대 전화 벨이 울린다. 친구 린지의 전화로, 토리가 한 병원 앞에서 벌어진 가족 계획과 관련된 시위 현장에 있는 모습을 방금 보았다고 말한다. 엄마는 몹시 화가 난다. 토리는 6시 45분이 되어서야 집에 돌아오고, 엄마는 복도에서 딸이 들어오자마자 바로 공격한다.

 빨간불

엄마: 토리, 엄마한테 어떻게 거짓말을 할 수 있는 거지?

토리: 엄마한테 무슨 거짓말을 해요?

엄마: 순진한 척하지 마. 네가 오늘 무슨 짓을 했는지 알아. 네가 오늘 병원 앞에서 시위하는 걸 엄마 친구가 봤대. 너는 분명 미케일라 집에 가겠다고 했어. 게다가 약속한 시간보다 늦게 왔어. 여섯 시까지 집으로 돌아오라고 했잖아. 엄마가 너를 어떻게 믿겠니?

토리: (울면서 소리를 지르며) 엄만 아무것도 몰라요. 엄마가 내 동생을 죽였잖아요.

엄마: 어떻게 그런 말을 할 수 있어. 넌 지금 네가 무슨 말을 하는지도 모르는 구나.

엄마는 그만 토리를 찰싹 때리고, 토리는 자기 방으로 뛰어올라가 방문을 쾅 하고 잠근다. 그제야 엄마는 토리에게 무슨 일이 있었는지 정확하게 얘기하지 못했다는 사실을 깨닫는다. 어쩔 수 없는 결정이었음을 토리에게 설명하지 못한 것이다. 엄마는 가족 중에 이런 식으로 사회 활동에 참여하는 사람이 있을 거라는 생각을 해본 적이 없고, 임신 중절에 관해 토리와 토론해본 적 또한 없다. 한때는 가톨릭 신자였지만 지금은 신앙이 약해진 부부는 성당에 거의 나가지 않는다. 하지만 최근 성당의 청소년 모임에 들어간 토리는 미사에 열심히 참석하고 있다. 토리의 사회 참여가 성당에 다녀서인지 아니면 엄마의 수술로 인한 불만의 표출인지 엄마는 알지 못한다.

엄마는 다시 시작하기로 마음먹는다. 남편 저스틴이 집에 돌아오자 엄마는 무슨 일이 있었는지 이야기한다. 남편과 토리는 사이가 좋은 편이고, 그래서 남편이 토리와 대화를 시작하는 것이 좋겠다고 결정한다. 엄마와 토리는 이미 감정이 격해진 데다 토리가 상처를 많이 받았기 때문이다. 저스틴은 토리의 방문을 두드리고, 함께 먹을거리를 사러 가자고 제안한다. 차 안에서 저스틴은 대화를 시작한다.

😊 **파란불**

저스틴: 오늘 많이 힘들었다고 엄마한테 들었어.

토리: 그 얘기는 하고 싶지 않아요.

저스틴: 좋아, 그런데 내가 하고 싶은 얘기가 있어. 엄마가 왜 수술을 했어야 했는지 너와 제대로 이야기하지 않았다는 걸 엄마와 내가 깨달았거든.

저스틴은 책임을 인정한다. 시작부터 충돌하면 토리가 입을 닫아 시작조차 하지 못할 거라는 걸 알기 때문이다.

토리: 낙태까지 할 필요는 없었잖아요!

저스틴: 네가 그 일로 정말 화가 났다는 걸 알아. 지금 기분이 어때?

저스틴은 지금 토리와 논쟁을 하려는 게 아니다. 그저 토리의 감정에 집중하고 싶다.

토리: 새아빠는 이해하지 못할 거예요. 나는 너무 화가 나요. 그리고 동생을 잃어서 슬퍼요.

저스틴: 말해줘서 고마워. 네가 동생을 잃어서 화가 나고 슬픈 걸 이해해. 엄마와 나도 그렇거든.

저스틴은 토리의 감정을 이해할 뿐 아니라 이유는 다르지만 자신과 엄마도 같은 감정이라고 이야기하면서 토리의 감정을 인정한다.

토리: 그런데 왜 낙태를 했어요?

저스틴: (심호흡을 한 뒤) 우리는 정말 아기를 갖고 싶었어. 너한테도 동생을 만들어주고 싶었고. 그래서 엄마가 임신을 했을 때 행복했단다. 엄마는 모든 임산부가 받는 혈액 검사를 받았어. 그런데 검사에서 태아에게 심각한 장애가 있다는 사실이 발견됐지. 우리는 혹시 검사가 잘못된 건 아닌

지 물었고, 의사는 다시 검사를 했어. 그다음에도 세 가지 검사를 더 했지만 결과는 마찬가지였어. 태아가 제대로 발달하지 못했고, 뱃속에서 죽거나 태어나도 얼마 못 가 죽을 거라고 하더구나. 우리는 우리와 같은 상황에 관해 많이 알아봤단다. 역시나 아기가 뱃속에서 간신히 살더라도 고통을 많이 받을 것이고, 태어나도 길어야 며칠밖에 살 수 없다는 말을 들었어. 그래서 결국 중절 수술을 받기로 결정한 거야. 엄마와 아이를 더는 고통 받게 하고 싶지 않았거든.

토리는 열일곱 살이고, 그 나이면 임신 중절을 결정할 수밖에 없었던 자세한 내용을 설명해도 이해할 거라고 엄마와 저스틴은 생각했다.

토리: 하지만 뱃속 아기를 죽이는 일도 살인이에요.
저스틴: (심호흡을 하며) 그래, 그렇게 생각하는 사람도 있어. 하지만 우린 그렇게 생각하지 않아. 태아가 인간이라는 사람도 있고 그렇지 않다는 사람도 있어. 임신 5개월 전까지는 태아가 자궁 밖으로 나와서 살 수가 없어. 그래서 법은 태어나기 전까지의 태아는 '아기'라고 부르지 않지. 너도 매달 생리를 하잖아. 이런 얘길 하는 게 편치 않겠지만 생리는 난자가 수정되어 아기를 낳을 기회를 놓쳤다는 뜻이야. 그래서 피임을 낙태로 여기는 사람들도 있지. 하지만 대부분의 사람들은 책임지고 돌볼 수 있는 만큼의 아이를 낳기 위해서는 피임이 필수라고 생각하지. 이것은 복잡한 문제야. 그리고 너는 그 문제에 대해 너만의 생각을 가질 권리가 있고. 물론 다른 사람의 의견을 잘 듣는 것도 중요하지.

저스틴은 예의를 갖춘 대화의 본보기를 보여주고 싶다. 감정이 격해지기 쉬운 주제로 대화할 때는 이렇게 하는 것이 중요하다.

토리: 그렇긴 하지만 우리는 가톨릭 신자이고, 가톨릭에서는 낙태가 살인이라고 하잖아요.

저스틴: 글쎄, 가톨릭 안에서도 다양한 의견이 있어. 많은 가톨릭 신자가 낙태에 반대하는 건 사실이야. 하지만 임신 중절 합법화에 찬성하는 사람들도 있어. 그들은 임신 중절에 대한 결정은 다른 누구도 아닌 엄마의 선택이라고 믿어.

둘은 아무 말 없이 집으로 향한다.

저스틴: 이런 토론을 해야겠다고 생각하긴 했지만 이로 인해 정작 중요한 대화는 못하고 있구나. 너와 엄마, 나, 우리 모두가 아기를 잃어서 얼마나 슬픈지에 대한 얘기 말이야. 엄마와 나는 네가 얼마나 슬픔이 컸는지 몰랐어. 얘길 나누었으면 좋았을 텐데,

저스틴은 가장 중요한 주제인 '아기를 잃은 슬픔'을 놓치지 않는다.

토리: (울면서) 아기를 또 가질 거예요?

저스틴: 응, 소원이야. 엄마와 나 모두 아이를 원해. 그리고 이번 일로 엄마가 다음에 정상적인 임신을 못하는 것은 아니라고 의사가 말했어.

토리: 그래도 슬퍼요. 아기에게 작별 인사라도 했다면 좋았을 거예요.

저스틴: 정말 슬퍼 보이는구나.

저스틴은 토리의 슬픔을 받아들일 수 있고 이해한다는 사실을 보여준다.

토리: (자신의 눈과 배, 가슴을 가리키며) 네, 바로 여기, 여기 그리고 여기에서 느껴요.

저스틴: 나중에 엄마와 이런 이야기를 모두 하자. 그래 줄 수 있니?

토리가 머리를 끄덕인다.

이 대화에서 저스틴이 하지 않은 말에 주목해야 한다. 토리가 엄마에게 거짓말을 하고, 허락받은 시간보다 늦게 귀가했고, 엄마에게 소리를 지른 일에 대해선 말하지 않았다. 이미 감정적으로 격한 상황에서 이런 문제까지 덧붙이면 토리가 수치스러워하면서 방어적으로 나올 것을 알기 때문이다. 이 문제들은 나중에 엄마와 얘기하면 된다.

저녁 식사 후 엄마는 토리에게 잠깐 얘기를 하자고 한다.

엄마: 토리, 아까 너를 비난한 거 사과할게. 네 말에 몹시 화가 났었어. 시위하러 간다는 말도 없었잖아. 왜 그랬어?

몇 시간 동안 감정을 가라앉힌지라 엄마는 토리에게 사과하면서 가능한 감정에 휘둘리지 않으려 한다.

토리: 엄마는 이해하지 못했을 거예요.

저스틴: 왜 그렇게 말하지?

토리: 알잖아요. 아까 그 얘기를 했잖아요.

엄마: 너와 의견이 달라서 엄마가 화를 낼 거라고 생각하니? 우린 너의 생각을 존중해. 항상 새로운 관점으로 세상을 보라고도 격려했고. 하지만 한

번도 낙태에 관해서는 얘기한 적이 없는 것 같아. 우리와 상관없는 일이라 생각했기 때문이지. 이젠 그 이야기를 했어야 한다는 걸 알아. 하지만 너무 갑작스럽게 벌어진 일이라 너와 그 일을 의논할 시간이 없었어.

엄마는 가족끼리 의견이 달라도 괜찮고, 서로 다른 의견을 나누는 것은 중요한 일이라는 걸 알려준다.

토리: 그러면 그 시위에 계속 참가해도 돼요?

저스틴: 음, 일단 네가 그 일에 대해 거짓말을 했기 때문에 이번 주에는 갈 수 없어. 엄마 아빠가 허락하지 않을 일이라도, 아니 그런 경우엔 더더욱 네가 무엇을 하는지 얘기해줬어야 해. 그리고 약속한 시간에 돌아왔어야 해. 그렇게 하지 않으면 우리는 네가 어디에 있고, 무엇을 하는지 감시해야 하거든. 그건 너도 원치 않을 거야.

토리: 그건 불공평해요.

엄마와 저스틴은 토리가 어떤 감정을 느끼고 어떤 의견을 가져도 괜찮다고 밝힌다. 그렇다고 해서 토리의 잘못된 행동을 눈감아주지는 않는다. 잘못한 행동에 대해선 책임을 져야 한다는 게 엄마와 저스틴의 생각이다.

엄마: 불공평해 보일 수도 있겠지만 당연히 그래야 해. 새아빠와 나는 너를 책임지고 있고, 거짓말을 눈감아줄 수는 없으니까. 우리는 성당 모임에서 네가 무슨 활동을 하는지 알고 싶어. 그리고 무엇보다 우리는 너를 사랑

하고, 네 감정과 생각을 털어놓을 수 있는 상대거든. 그런 감정이나 생각을 마음속에 쌓아놓으면 계속 화가 나고 더 슬프기만 할 거야.

엄마는 잘못된 행동에 대한 책임을 져야 한다는 말로 끝내지 않는다. 그들이 토리가 중요하게 여기는 일에 대해 언제든 대화할 수 있는 상대임을 강조한다.

토리: 동생에게 작별 인사를 할 시간조차 없었어요.
엄마: 미리 얘기해주지 못해서 정말 미안해. 말했듯이 모든 일이 너무 갑자기 벌어졌어. 수술 전에 충분한 시간을 갖지 못한 게 아쉬워.

엄마는 토리의 감정을 인정하면서 행동에 한계를 정한다. 그리고 토리가 태어나지 못한 아기에게 작별 인사를 할 방법을 결정하면서 문제를 해결해주고 싶다.

토리: 태어나지 못한 아기에게 편지를 쓰고 싶어요.
저스틴: 정말 좋은 생각이구나. 원하면 그 편지를 상자에 넣어 정원에 묻어줄게. 아니면 그냥 가지고 있어도 되고.
토리: 정원에 묻는 게 좋겠어요. 태아에게 무슨 문제가 있었는지 좀 더 자세히 말해줄 수 있어요?

이제 그들에게는 태어나지 못한 아기를 기념할 목표가 생겼다. 그리고 토리는 태아가 어떤 상태였는지 엄마에게 자세히 묻게 되었다.

엄마: 물론이지. 오늘은 아니고 주말에 해도 괜찮을까?

토리: 그럼요.

    엄마는 태아의 상태에 관해 토리가 알고 싶어 하는 걸 모두 말해주려고 한다. 엄마와 저스틴 모두 토리가 이제 그런 이야기를 들어도 될 만한 나이라고 생각하기 때문이다. 하지만 지금은 피곤하고 감정적으로도 진이 빠진 상태라 주말로 미루려고 한다. 토리도 기꺼이 받아들였고, 토리의 가족은 주말에 더 깊고 솔직한 대화를 나눌 것이다.

대화 4
과격파에 대한 대화
#고등학교 #사회 참여 #정치 #정치성

    민주주의에서는 충돌하는 여러 가지 의견들 사이에서 길을 찾는 게 중요하다. 특히 과격파의 목소리가 커지면서 아이들이 가치관을 정립하고 자신의 원칙을 뒷받침하는 세계관과 행동을 선택하도록 하는 일이 그 어느 때보다 중요해졌다.

    열여덟 살인 매디슨은 몇 달 전 채식주의자 선언을 했다. 수업 시간에 우리가 먹는 음식에 들어 있는 독소에 관해 배운 뒤였다. 고기나 생선, 우유에 들어 있는 호르몬이 몸을 살찌게 하고 일찍 죽게 할 수도 있다는 이야기였다. 매디슨은 그날 결심했다. 유기농 채소만 먹기로.

    조금 번거로웠지만 매디슨의 부모는 딸이 균형 잡힌 식사를 할 수 있도록 애썼다. 매디슨은 동물 권리 운동에도 열심히 참여했다. 부모는 딸이 과할 정도로 열중하는 게 썩 좋진 않지만 사회 문제에 관심을 가졌다는 점에서는 만족했다.

그러던 어느 날, 울먹이는 매디슨의 전화를 받은 뒤 갑자기 모든 게 의심스러워졌다. 전날 밤 동물 권리 운동을 하는 젊은이들이 대학 실험실을 습격해 실험실의 쥐들을 풀어주었다. 이날 아침 지역 신문은 그 실험실에서 쥐를 실험 대상으로 전염병 연구를 하고 있었다고 했다. 그리고 쥐와 접촉한 주민은 무조건 신고하라고 경고했다. 학교로 찾아온 경찰은 매디슨에게 경찰서로 가서 이 사건에 대해 조사를 받아야 한다고 했고, 겁이 난 매디슨이 부모에게 전화한 것이다.

매디슨의 부모는 너무 놀라서 말이 나오지 않았다. 그들은 잠시 마음을 가다듬은 뒤 딸에게 변호사를 부르겠다고 경찰에 이야기하라고 말하고는 경찰서에서 만나기로 약속했다.

매디슨의 부모는 딸이 체포될지도 모른다는 생각에 두려웠다. 둘은 경찰서에 들어가기 전 벤치에 앉아 이야기를 나눈다. 그들은 매디슨이 과격한 사회 운동에 참여했다는 사실과 법적으로 해결해야 하는 일(체포 가능성과 경찰 조사)을 분리하기로 결정한다.

그들은 지금껏 딸에게 독립적으로 생각하고 정의를 따르라고 항상 격려했다. 하지만 딸이 자신과 다른 사람들을 위험에 빠뜨릴 정도로 과격하게 행동할 줄은 상상조차 해본 적 없다.

일단 안으로 들어가 조사를 받기 위해 기다리는 매디슨을 만난다. 매디슨은 의자에 혼자 앉아 바닥을 내려다보고 있다.

아빠: 어때?

매디슨: 어떨 것 같은데요?

엄마: 안 좋을 것 같아. 겁도 나겠지? 우리도 불안해.

엄마 아빠는 지금 딸이 자신에게 무슨 일이 생길지 몰라 불안할 거라는 걸 알기에 일단 화가 나는 마음은 뒤로 미룬다.

매디슨: (눈물을 흘리며) 쥐의 병이 사람에게 전염될 수 있다는 걸 몰랐어요. 그 래도 동물을 가지고 실험하는 건 나빠요. 그 실험실이 그렇게 된 건 잘된 일이에요. 동물들을 풀어주어야 한다고요.

딸의 말에 반응을 보이지 않기 위해 아빠는 심호흡을 한다. 딸의 감정에 초점을 맞추고 싶어서다.

아빠: 기분이 어때?

매디슨: 끔찍해요. 나에게 무슨 일이 일어날지 무섭고요. 그 일을 후회해요. 그래도 계속 화가 나요. 온몸이 떨려요. 토할 것 같아요.

아빠: (매디슨을 안아주며) 일단 숨을 천천히 쉬어보자. 물론 이런다고 해서 문제 가 해결되진 않아. 하지만 다음에 무엇을 해야 할지 생각할 수 있게 마음 을 가라앉히는 데는 도움이 될 거야. 매디슨, 열까지 세면서 심호흡을 해 봐. 아무 말도 하지 말고 그냥 잠깐 몸에 집중하는 거야.

세 사람은 함께 심호흡을 한다. 잠시 후, 조금 차분해진 상태에서 그들은 서로를 바라본다.

엄마: 매디슨, 이 모든 일이 어떻게 일어났는지 말해줄 수 있니?

매디슨: 그저 채식을 하고 가죽옷을 입지 않는 것만으로는 충분하지 않다고 친구들이 말했어요. 엄마 아빠도 엄마 아빠의 원칙에 따라 행동하잖아요. 우리가 했던 것도 그거예요. 우리 원칙에 따라 행동했어요.

아빠는 충격을 받는다. 그래도 원칙에 대한 매디슨의 말은 인정하고 싶다. 행동에 대해서는 나중에 이야기하려고 한다.

아빠: 그래, 원칙은 중요해. 원칙이 있으면 목적이 생기지. 우리가 누구이고 어떤 사람이 되고 싶은지도 알 수 있게 돼.

매디슨: 맞아요. 그런데 어떤 나쁜 녀석이 우릴 경찰에 신고했어요. 그가 우릴 보지 못했다면 우린 무사히 빠져나갔을 거예요.

아빠: 그러면 기분이 나았을까?

매디슨: 그럼요. 적어도 여기 있진 않겠죠.

아빠: 그래도 전염병이 있는 동물들을 풀어준 거잖니. 아빠 생각엔 네가 무사히 빠져나갔어도 그 일 때문에 기분이 나빴을 것 같아.

매디슨: 우리는 몰랐다고요!

아빠: 무엇보다 너희들이 실험실을 망가뜨리고 동물들을 풀어준 건 법을 어긴 행동이야.

아빠는 매디슨이 아직까지 자신의 잘못을 순순히 인정하지 않으려 한다고 느낀다. 그래서 상당히 평범한 말로 그 잘못을 강조한다.

매디슨: 당연한 말을 해줘서 고마워요, 아빠.

엄마: 지금은 네가 법적으로 보호받을 수 있는지를 확인하는 게 가장 중요해. 다행스럽게도 엄마 아빠의 친구인 조너선이 너를 변호해 주기로 했어. 그의 말을 잘 들어야 해. 어떻게 보답할지는 나중에 얘기하자.

조너선과 매디슨이 이야기하는 동안 엄마 아빠는 계속 경찰서에 남아 있다. 경찰은 매디슨을 보석으로 풀어주고, 매디슨의 재판이 진행된다. 매디슨의 부모는 기회를 보아 매디슨이 과격한 활동에 참여한 일에 관해 다시 얘기해야겠다고 생각한다.

그 일이 있고 난 뒤 매디슨은 학교에서 곧장 집으로 온다. 하지만 계속 자기 방에서만 지낸다. 매디슨이 사용하는 인터넷과 전화를 감시하고, 함께 조사받았던 친구들을 만나지 못한다는 게 보석 조건 중 일부였기 때문이다.

이렇게 두어 주가 지나 상황이 어느 정도 안정되자 엄마 아빠는 다시 매디슨과 마주 앉는다.

엄마: 그동안 많이 힘들었지?

매디슨: 엄마, 그 일을 설명해줘요. 학교에서 모두가 무슨 일이 있었는지 얘기해요. 나에게 말을 걸지 않는 아이들도 있고, 우리가 영웅이라고 하는 아이들도 있어요.

엄마: 너는 어떻게 생각하니?

엄마는 매디슨이 어떻게 느끼는지에 초점을 맞춘다. 엄마는 동물 해방 문제에 관해 얘기하고 싶지 않다.

매디슨: 잘 모르겠어요. 내가 동물 학대를 반대한다는 것을 보여주기 위해 뭔가 하고 싶었어요. 아무도 일이 이렇게 될 거라고 생각하지 않았어요.

아빠: 원칙과 행동 사이에서 균형을 찾기 어려울 수 있어. 무언가에 대해 감정이 강렬할 때는 특히 더 그래.

매디슨이 머리를 끄덕인다.

매디슨: 우리가 옳다고 믿는 것을 위해 맞선다는 걸 보여주고 싶었을 뿐이에요.

엄마: 네가 옳다고 믿는 일을 했다는 걸 이해해. 원칙은 중요하니까. 하지만 행동으로 옮기는 과정에서 할 수 있는 일과 없는 일 사이에서 부딪칠 때가 종종 있어. 민주주의는 언론의 자유를 보장하지만 다른 사람이나 누군가의 재산에 피해를 입혀도 된다는 행동의 자유까지는 보장하지 않아.

매디슨: 엄마, 제가 설교는 충분히 들었다고 생각하지 않아요?

엄마는 행동과 원칙을 구분하는 게 중요하다고 생각한다. 하지만 매디슨이 반발할 것을 알기에 조심스럽게 이야기한다.

엄마: 그래, 지금까지 들은 걸로 충분해. 엄마 아빠는 채식에 관한 너의 열정을 이해하고 싶었어. 네 의견을 들을 기회가 없었으니까. 그리고 네가 원

칙을 실천할 수 있게 도와주고 싶은 우리 마음을 알아주길 바랐어.

매디슨: 이 문제에 대해 많이 생각했어요. 세상에는 잘못된 일들이 너무 많아요. 우리가 먹는 음식은 모두 방사능 처리를 하고, 호르몬을 주입해요. 우리가 고기를 많이 먹지 않으면 기후 변화도 그렇게 심각하지 않을 거예요. 고기와 유제품에 들어 있는 지방은 여러 가지 질병의 원인이죠. 우리는 닭들이 낳은 달걀을 훔치고 있어요. 그래서 닭들이 새끼를 기를 수 없죠. 인간은 이기적인 존재예요. 전 이게 역겹다고요.

아빠: 정말 생각을 많이 했구나. 음식, 기후 변화, 건강에 관해 들은 얘기들 때문에 네 삶과 세상을 바꾸고 싶어진 거구나.

아빠는 매디슨이 한 말을 되풀이한다. 이 덕분에 매디슨은 부모님이 자신의 말을 열심히 듣고 있다고 느낀다.

매디슨: 맞아요.

아빠: 그렇다면 너는 건강과 환경에 대한 걱정 중 무엇 때문에 채식을 하기로 한 거니?

매디슨: 음, 둘 다요.

아빠: 건강이 걱정되니?

매디슨: 가끔요. 작년에 건강 수업을 들으면서 고기와 유제품 속 지방을 너무 많이 먹어서 암에 걸릴까봐 겁이 났어요.

엄마: 이해해. 특히 먹는 음식에 대해선 예민해지기 쉽지. 건강 수업을 듣지 않아도 우리가 먹는 음식에 들어 있는 독소에 관한 얘기를 많이 들을 수

있으니 병에 걸릴까봐 걱정하는 게 당연하고. 작년에 할아버지가 심장마비를 겪으신 거 기억나지? 그때 네가 할아버지가 드시는 음식과 심장마비가 관련 있을 거라고 말했잖니. 할아버지는 고기와 감자를 좋아하셨어. 운동도 많이 하지 않으셨지.

엄마는 매디슨의 걱정과 그의 행동 사이의 관계를 조심스럽게 강조한다.

아빠: 채식을 하면 병에 대한 걱정을 줄이는 데 도움이 되니?

매디슨: 조금요. 그래도 아직 병에 걸릴까봐 걱정돼요.

엄마: 네 마음이 편안하다고는 하지만 엄마는 여전히 네 건강이 걱정되는구나.

아빠: 채식을 하면서 불편한 점은 없니?

매디슨: 음, 여러 음식들이 그리워요. 그리고 철이나 아연 같은 영양소를 얻을 수 없어서 비타민을 먹어야 하고요.

엄마: 그렇구나. 혹시 네가 먹는 음식과 건강에 대해 덜 걱정할 수 있는 다른 방법은 없을까?

아빠: 가공하지 않은 식품을 먹거나 가까운 곳에서 기른 음식을 먹는 것도 방법이지.

부모는 채식 외에도 매디슨이 자신의 건강을 조금이나마 덜 걱정할 수 있는 다른 방법을 조심스럽게 이야기한다. 채식을 그만두라고 매디슨을 설득하는 것이 아니라 가능한 여러 방법을 생각해 보려는 것이다. 엄마는 지금 딸이 성인이 되어가는 과정에서 정체성을 시험해보는 시기라고 생각한다.

엄마: 환경을 위해서도 채식주의자가 되고 싶었다고 네가 말했잖아. 그 문제를 해결하기 위해 노력할 방법들이 더 없을까?

매디슨: 맞아요. 한정된 자연 자원에 대한 관심을 더 높이고 싶어요. 동물 실험실을 망가뜨린 벌로 지역 사회에 대한 봉사 활동을 해야 해요. 그때 재사용과 재활용을 늘릴 방법을 고민할게요.

엄마: 훌륭한 생각이야. 동물 보호소에서 일을 도울 수도 있어. 그들은 항상 자원봉사자를 찾고 있거든.

매디슨: 그럴 수도 있겠네요. 판사가 다양한 지역 사회 봉사를 해도 된다고 했어요.

아빠: 매디슨, 네가 힘들다는 걸 알아. 이번 일을 통해 엄마 아빠는 네가 얼마나 생각이 깊은지 알게 되었어. 네가 동물의 권리와 건강에 관심이 많고, 사람들에게도 알리려고 한다는 것도 알아. 엄마 아빠는 이런 네가 자랑스러워. 원칙을 실천할 합리적인 방법을 찾기 어려울 때가 있는데, 방금 네가 얘기한 방법들은 매우 합리적이야.

아빠는 비록 실수를 했더라도 원칙대로 실천하려는 딸의 생각과 열정이 자랑스럽고, 그 원칙을 올바른 방법으로 실천할 수 있도록 지원하겠다는 뜻을 밝히면서 긍정적인 분위기로 대화를 마무리한다.

자신감 있고, 따뜻하고, 예의 바른 어른으로 성장하는 데 도움이 되는 '10분 대화'

나는 2016년 말에 이 책을 구상했다. 내 작은 심리 치료실을 찾는 아이들과 부모들이 갑자기 늘어나던 시기였다. 20년 가까이 심리학자로 일하면서 불안해하는 사람들을 이렇게 많이 만난 적이 없었다. 심리치료사들은 새 학기 무렵에 가장 바쁘다. 학기가 시작되면서 스트레스를 호소하는 아이들이 많아지기 때문이다. 특히 2016년은 여러모로 혼란스러운 해였다. 가족이 모두 모인 추수감사절 저녁을 말다툼으로 망친 개인적인 일 외에도 브렉시트나 시리아 문제 등 국제적으로도 불안하던 해였기 때문이다. 한 미네소타 경찰이 차의 운전석에 앉아 있던 공립학교 직원인 아프리카계 미국인 필랜도 캐스틸을 쏘아 숨지게 한 사건도 그 해에 벌어졌다. 텍사스에서는 총기를 소지한 남자가 16명의 경찰에게 총을 쏘았다. 루이지애나에서는 홍수로 15만 채에 이르는 집이 물에 잠겼고, 펄스라는 게이 나이트클럽에서 발생한 총기 난사로 사건으로 100명이 넘는 사람들이 사망하거나 부상을 당했다.

모두 종교적인 이유와 성소수자에 대한 혐오로 벌어진 범죄였다.

당시 나와 내 연구팀은 가족을 전쟁터로 보낸 300여 가정의 스트레스 조사 결과를 분석하고 있었다. 자료 분석은 모든 증거들을 짜 맞추어 커다란 그림을 완성하는 일과 비슷하다. 우리 연구팀은 아이와 부모, 선생님들이 아이의 마음 상태에 관해 하는 이야기와 우리가 관찰한 내용에 맞춰 그림을 그리고 그들이 어떻게 행복할 수 있을지에 대한 답을 찾아나갔다. 우리는 전쟁이 가족에게 얼마나 영향을 주었는지 확인하고 싶었다. 그러나 영향이 그렇게까지 클 줄은 몰랐다. 한 아빠는 9년 전에 전쟁터에서 돌아왔지만 아직도 아이들과 이전의 관계로 돌아가지 못했다고 말했다. 우울하고, 삶에 시달리는 기분이라고 털어놓은 엄마도 있다. 한 남성은 자신이 전쟁터에서 돌아오지 못하는 상황을 아이들에게 어떻게 설명해야 하느냐고 우리에게 물었다. 아이 셋을 키우며 남편의 세 번째 파견을 앞두고 있는 한 여성은 남편 없이 앞으로의 시간을 더 버틸 수 있을지 의문이라고 말했다. 그 엄마는 어떻게 해야 할까?

아이들에게 '의미'를 이야기하자

나와 내 연구팀은 이런 가족들이 받는 스트레스가 크다는 사실에도 놀랐지만 이들이 보여주는 회복 탄력성에 더 놀랐다. 국가를 위해 싸우는 게 어떤 의미인지, 아빠가 왜 부상을 당하고 돌아오는지 혹은 영원히 돌아오지 못하는지를 아이들이 이해하도록 도와주는 부모의 방식에도 놀랐다. 아이가 자신을 잊지 않도록 잠자리에서 들을 일 년 치 이야기를 미리 녹음해 놓고 떠난 아빠도 있었다. 아들이 아빠 냄새를 잊지 않도록 남편의 낡은 셔츠를 아이 이불의 안감으로 꿰맨 엄마도 있었다. 어떤 아이는 야구 시합을 할 때마다 아빠와 똑같은 모습으로 제작한 등신대를 가져갔다. 같은 곳에 있진 못하지만 아빠가 응원하고 있다는 걸 기억하기 위해서다. 종군 목사로 파견된 한 엄마는 아프가니스탄 파견을 '이타적인 봉사'를 하라는 하나님의 부르심으로 설명했고, 덕분에 아홉 살과 열 살 아이는 엄마 없이 한 해를 그럭저럭 지낼 수 있었다. 그렇다고 엄마 걱정을 덜하진 않았지만 엄마가 왜 그곳으로 갔는지, 엄마에게 봉사가 얼마나 중요한지 충분히 이해했다. 전쟁터로 가는 게 어떤 의미인지 아이들이 이해할 수 있도록 잘 전달했다는 것이 이들의 공통점이다. 가치관은 부모와 아이의 본질적인 대화에서 나온다.

아이가 두렵고 고통스러운 마음, 걱정을 털어놓으면 부모 입장에선 감정에 휩싸이기 쉽다. 다행히 우리에겐 대화를 잘해낼 수 있는 도구가 있다. 이 도구들 덕분에 쉽게 흥분하거나 충동적으로 반응하는 것을 막을 수 있으며, 아이들에게도 그렇게 하라고 가르칠 수 있다. 아무리 세상이 무서워도 부모가 감정 코치 도구를 갖추고 있으면 아이는 편안하고 안전하다고 느낀다.

10분 대화

아이가 태어나서 어른이 될 때까지 우리는 수많은 대화를 나눈다. 그런데 대부분의 대화가 바쁜 일상, 예를 들면 저녁 식사를 준비하고, 휴대 전화로 문자 메시지나 SNS를 확인하고, 빨래를 하고, 운전하고, 장을 보거나 다른 일로 정신이 없을 때 이루어진다.

나는 '10분 대화'를 할 것을 권한다. 무엇을 하든 연습이 필요하다. 대화도 예외가 아니다. 연습을 통해 대화를 일상의 일부로 만들어라. 그 대화는 심심풀이가 아닌 중요한 일을 공유하는 의미 있는 일이다. 버스를 기다릴 때도 좋고, 아이를 학교에서 집으로 데려올 때도 좋다. 잠자리에 들어갈 때나 이른 아침 잠깐 시간을 내도 괜찮다. 가벼운 이야기를 나누는 날도 있겠지만 무겁고 진지한 얘기를 나누는 날도 있을 것이다. 대화가 길어져 10분을 넘기는 날도 있을 것이고, 전혀 대화를 하고 싶지 않은 날도 있을 것이다. 중요한 것은, 어쨌든 대화를 하는 것이다.

4부

더 나누어야 할 대화

코로나 바이러스로 두려움을 느낄 때

#초등학교 #전염병 #건강

코로나 바이러스가 전 세계를 휩쓸고 있다. 1918년 스페인 독감 이후 처음으로 전 세계적으로 유행하는 전염병이다. 코로나 바이러스 관련 뉴스는 24시간 뉴스를 통해 거의 동시에 전 세계로 퍼지고 있으며, 그런 만큼 사람들이 불안과 공포에 휩싸이는 속도도 빠르다.

그렇다면 이렇게 무서운 전염병에 대해 아이들에게 어떻게 얘기해야 할까? 가장 먼저 부모의 상태를 확인해야 한다. 천성적으로 병을 무서워하거나 심하게 아픈 가족이 있거나 본인이 아프거나 전염병으로 가족을 잃은 적이 있을 땐 배우자나 다른 어른이 대화를 이끌게 하는 것도 방법이다.

아이들과 마주 앉기 전 스스로 이런 질문을 해보자.

▶ 아이들이 얼마나 많이 알고 있는가? 친구나 가족, SNS, 뉴스를 통해 아이들이 무슨 이야기를 들었는가? 아이가 아주 어리다면 모를 수 있다. 그러나 학교에 다니는 아이라면 분명 바이러스에 대해 들었을 것이다.

▶ 아이들과 어떤 이야기를 하고 싶은가? 코로나 바이러스에 관한 정보 중에는 어린아이들이 이해할 수 없는 내용도 많다. 너무 구체적인 얘기는 하지 않겠다고 마음먹을 수도 있다. 부모가 충분히 알지 못하거나 괜히 아이가 겁을 먹을까봐 걱정되어서다. 전염병이 우리가 사는 세상에 어떤 영향을 주는지 이해할 수 있도록 도울 수도 있고, 진짜 뉴스와 가짜 뉴스를 구분할 수 있게 도울 수도 있다.

▶ 나는 코로나 바이러스에 대해 무엇을 아는가? 아이들과 이야기를 나누기 전에 우선 부모가 정보를 최대한 많이 모으는 게 좋다. 질병관리본부나 국립보건원처럼 믿을 만한 곳에서 정보를 가져오는 것이 안전하다. 무엇보다 당신 자신, 아이들, 당신의 부모, 그리고 당신의 가족과 사회에서 나이가 많고 질병이 있는 사람들을 보호할 수 있는 가장 좋은 방법을 알아내는 게 중요하다. 나와 내 주변 사람들을 보호할 수 있는 방법을 알고 있으면 편안해진다. 아이들도 마찬가지다.

뒤에 나오는 열두 살 쌍둥이 남매와 부모의 대화는 호기심 많은 아이들과 토론할 때의 원칙들을 본보기로 보여준다. 이 원칙들은 몇 가지 지침을 따른다. 일단 긍정적인 분위기로 대화를 시작한다. 그리고 잘 들으면서 적극적인 듣기 기술을 이용해 정보를 모은다. 아이들이 어떻게 느끼는지에 집중하려면 부모 자신의 감정을 조절하는 게 중요하기 때문이다.

부모가 감정에 휘둘리면 아이의 감정에 집중하기 어렵다. 그리고 아이가 자신의 감정을 말로 표현할 수 있도록 도와줘야 한다. 아이의 감정을 안다고 추측하지 마라. 아이들이 몸으로 느끼는 증상, 예를 들어 손에 땀이 나고, 가슴이 빨리 뛰고, 얼굴에 나타나는 표정으로 감정을 살펴라. 그리고 아이들의 감정을 인정하면서 그런 감정을 느껴도 괜찮다는 걸 알려줘라. 아이들이 감정에 대처하는 데 도움이 되는 기술들을 본보기로 보여주는 것도 좋다. 정보를 알려주고, 한계를 정하고, 필요하다면 문제를 함께 해결한다. 그리고 긍정적인 분위기로 마무리하면 된다.

이 경우 마시와 프랭크 부부는 아이들이 코로나 바이러스에 대해 들었다는 사실을 안다. 그러나 가족은 마주 앉아 대화할 기회가 없었다. 그런데 오늘 오후, 딸 에바가 친구 니나와의 영상 통화 후 울면서 부엌으로 들어왔다. 니나의 할머니가 방금 코로나 바이러스 확진 판정을 받고 병원에 입원했다고 한다.

에바: 엄마, 많은 사람들이 코로나 바이러스 때문에 죽어가고 있대요. 니나의 할머니도 병원에 있대. 니나의 할머니가 돌아가실까요?
　　엄마는 아이들이 이렇게 빨리 코로나 바이러스의 영향을 받을 줄 몰랐다.
엄마: (심호흡을 하며) 일단 자리에 앉자. 네가 좋아하는 케이크를 만들었어. 케이크와 함께 마실 우유를 가져올게.

엄마는 간식을 가져오는 시간을 이용해 생각을 정리한다. 그리고 에바의 질문에 대답하기 전에 에바의 기분이 어떤지 알고 싶다.

에바: 니나가 할머니 걱정을 많이 해요. 나는 니나 때문에 슬프고요. 니나의 할머니가 많이 아파요. 이제 모두 그 병에 걸려요? 우리 할머니도요?
엄마: 슬프기도 하고, 걱정도 많이 되는 것 같구나. 네 몸에서 어떻게 느껴?
에바: 뱃속이 이상해요. 머리도 아파요. 아이들도 코로나 바이러스에 걸릴 수 있어요?
엄마: 너도 병에 걸릴 수 있는지 궁금한 거지? 걱정할 게 너무 많구나. 엄마가 너였어도 걱정했을 거야. 엄마가 네 나이였을 때 사만다라는 친구의 할머니가 많이 아프셨던 기억이 나. 그다음 사만다도 병에 걸렸지만 괜찮아졌어. 독감에 걸린 거였어. 그런데도 모두 병에 걸릴까봐 걱정했어.

엄마는 에바의 표정이 어떤지 이야기하고, 몸이 어떻게 느끼는지 물으면서 에바가 자신의 감정을 알아차리게 도와준다. 엄마는 에바가 가장 걱정하는 게 뭔지 안다. 자신과 할머니가 병에 걸릴까봐 걱정하는 것이다. 이에 엄마는 자신의 어린 시절 이야기를 하면서 에바의 걱정을 인정한다.

엄마: 그 문제라면 할 얘기가 너무 많아. 오빠도 오라고 해서 함께 얘기할까?

에바: 좋아요.

엄마는 에바의 쌍둥이 오빠 닐을 부른다.

닐: 친구들이 그러는데 마트에서 음식을 만지면 코로나 바이러스에 걸릴 수 있대요. 그래서 장을 빨리 봐야 해요. 그리고 사람들이 물건을 사들여서 슈퍼마켓의 음식이 떨어질 거래요. 맞아요?

에바: 그리고 항상 마스크를 써야 한다고 니나 엄마가 말했대요. 맞아요?

엄마: 너희 둘 다 이렇게 걱정하는 게 당연해. 그리고 이 문제에 대해서는 할 말이 많고, 생각할 것도 많단다. 닐, 기분이 어때?

아이들이 소문과 사실을 구별하면서 들은 이야기를 해석하도록 하기 전에 엄마는 닐이 자신의 감정을 먼저 확인하도록 도와준다.

닐: 친구들을 못 만날 수도 있고 밖에 나가서 놀지 못할지도 모른다는 얘길 들어서 조금 화가 나요. 엄마, 그 말이 맞아요?

엄마: 그랬구나. 닐, 지금 네 얼굴이 빨갛고 눈빛이 강렬한데 혹시 화가 나니?

닐: 네, 화가 나요.

엄마: 집에만 있어야 하고 밖에 나가서 놀지 못해서 많은 아이들이 너처럼 화가 날 거야. 해야 할 이야기가 너무 많은데, 곧 아빠가 오실 시간이네. 오늘 메뉴는 햄버거야. 일단 저녁을 먹고 다시 모일까?

엄마는 밖에 나가서 놀지 못할까봐 짜증이 나는 닐의 감정을 인정한다 ("많은 아이들이 너처럼 화가 날 거야."). 그리고 할 얘기가 많으니 준비할 시간을 가진 뒤 아빠와 함께 대화하는 게 좋을 거라고 생각한다.

닐: 와, 햄버거 맛있겠다.
엄마: 맞아!

저녁을 먹은 뒤 가족은 다시 모인다. 그동안 엄마는 아이들의 걱정에 대해 아빠와 잠시 얘길 나눴다.

엄마: 코로나 바이러스에 관해 떠도는 소문이 많아요. 에바의 친구인 니나의 할머니도 확진을 받으셨대요.
아빠: 저런, 너무 많은 일들이 벌어지고 있군. 얘들아, 너희들도 많은 얘길 들었지?

아빠는 아이들이 무슨 이야기를 들었는지 정보를 모으려 한다.

닐: 아빠, 제이슨이랑 이본이 오늘 길에서 만났대요. 그런데 제이슨이 재채

기를 했고, 이본은 제이슨이 바이러스를 옮긴다면서 화를 냈대요. 사실이에요?

엄마: 좋아, 우리는 바이러스에 관해 많은 얘기를 듣고 있어. 그런 얘길 들으면 정말 많은 생각이 들 거야. 궁금한 것도 많아지겠지. 이러면 어떨까? 코로나 바이러스가 무엇인지 사실과 꾸며낸 이야기를 말해보자.

아빠: 그래, 지금은 많은 사람들에게 무서운 시간이야. 코로나 바이러스는 잘 옮는 병이거든. 바이러스가 있는 누군가가 기침을 하면 옮을 수 있고.

엄마: 그런데 대부분의 바이러스가 비슷해. 우리 가족은 매년 독감 예방 주사를 맞지, 그렇지?

닐과 에바: (동시에) 아, 싫어요.

엄마: 너희가 독감에 걸리지 않게 보호하려고 주사를 맞는 거야. 독감도 바이러스야. 독감 바이러스가 있는 누군가와 공놀이를 하거나 뽀뽀를 하거나 바이러스를 가진 사람이 재채기를 하면 독감에 걸릴 수 있어. 독감 같은 바이러스를 예방하는 주사가 있어. 그런데 아직 예방 주사가 없는 바이러스도 있어. 작년에 다 같이 독감 예방 주사를 맞은 거 기억하지? 아빠와 닐이 먼저 맞고 엄마와 에바가 맞았잖아. 이제 우린 코로나 바이러스 예방 주사를 맞을 거야.

에바: 맞지 않으면 정말 병에 걸려요? 그럼 병원에 가야 해요?

아빠: 네가 걱정하는 게 무엇인지 잘 알아. 하지만 얼마나 많은 사람이 그 바이러스에 감염될지 몰라. 중요한 것은 우리처럼 건강하고 젊은 사람들에게는 그 바이러스가 그렇게 위험하지 않다는 거야. 그 바이러스도 독감이라고 생각하면 돼. 우리 중 누구도 심하게 아프지 않을 거야. 그리고 너희

처럼 어린 아이들은 바이러스가 있어도 많이 아프지 않고, 감염된 줄조차 모르는 경우도 많아.

엄마 아빠는 바이러스가 무엇인지, 어떻게 전염되는지, 어떻게 예방할 수 있는지를 아이들이 이해할 수 있는 말로 설명한다. 이렇게 사실을 바탕으로 말해주지 않으면 아이들은 친구나 인터넷 정보들을 믿게 된다. 정확한 정보를 알려주면서 대부분의 사람들에게는 코로나 바이러스가 독감보다 위험하지 않다고 아이들을 안심시킬 수도 있다.

에바: 그런데 왜 니나의 할머니는 병원에 있어요?

엄마: 바이러스 때문에 굉장히 아픈 사람도 있거든. 나이가 많거나 병을 가지고 있었던 사람들은 바이러스에 감염되었을 때 많이 아플 수 있어. 니나의 할머니처럼 병원에 가야 할 수도 있고.

닐: 그럼 우리 할머니는 어떻게 해요?

엄마: 음, 할머니가 천식도 있고 연세도 많으신지라 걱정되는구나. 할머닌 지금 아주 건강하시고, 계속 건강하실 거야.

아빠: 서로를 위해 우리는 당분간 할머니 댁에 가지 않기로 했어. 우리 중 누군가가 바이러스를 가지고 있는데 모를 경우 할머니에게 옮길까봐서야.

왜 어떤 사람들은 바이러스에 취약한지를 설명하면 사회적 거리 두기를 시행하고 나이가 많고 병을 가진 사람들을 집에서 머무르라고 권하는 이유를 아이들이 이해하는 데 도움이 된다.

엄마: 대신 할머니를 위해 장을 봐드리고 영상 통화를 자주 할 거야. 지금은 할머니가 혼자 계시는 게 가장 안전하다고 생각해.

에바: 니나의 할머니가 병원에 계시는 것도 그 때문이에요? 가족이 할머니 집에 가서 병에 걸리게 했어요?

엄마: 아니, 니나의 할머니가 어떻게 병에 걸리셨는지는 몰라. 니나의 가족도 아마 모를 거야. 전염병은 누가 누구한테 옮았는지 알기가 쉽지 않거든. 그런데 그것보다 중요한 게 있어.

아빠: 맞아, 혹시라도 우리가 갖고 있을지 모르는 바이러스나 세균을 다른 사람에게 옮기지 않기 위해 노력하는 게 가장 중요해.

닐: 무슨 말이에요?

아빠: 화장실에 다녀온 뒤에 손 씻는 법을 아빠가 가르쳐줬던 기억나니?

닐: 그럼요.

엄마: 손 씻기는 바이러스와 세균을 없앨 수 있는 가장 좋은 방법이거든. 아빠, 손 씻기 춤을 보여주세요.

엄마의 주문에 아빠는 싱크대로 가서 손에 비누칠을 하고 손가락과 손톱 사이사이, 손목을 씻으면서 춤을 춘다. 그 모습에 아이들은 웃음을 터트린다.

엄마: 재밌지? 이런 작은 행동이 코로나 바이러스가 더 많이 퍼지지 않도록 도와준단다. 그리고 다른 방법도 있는데, 그게 뭔지 누가 말해볼까?

그 말에 에바가 팔꿈치 안쪽에 대고 재채기하는 시늉을 한다.

아빠: 맞아! 재채기나 기침을 할 때는 이렇게 해야 해. 특히 감기에 걸렸을 때
는 코와 입을 가리는 게 정말 중요해. 가능하면 코와 입을 휴지로 가리고
재채기를 한 다음에 휴지는 곧바로 버려야 해.

닐: 왜요? 더러워요?

엄마: 맞아, 더럽기도 하지만 위험하기도 해. 네가 공에 재채기를 했는데 네
친구가 공을 만져서 네 입속의 세균이나 바이러스를 옮긴다고 생각해봐.
무섭지? 손으론 온갖 물건을 만지지만 팔꿈치로는 그러지 않잖아. 손으
로 가리고 재채기하지 말아야 하는 이유가 바로 이거야.

에바: 재채기를 할 때 바이러스가 밖으로 나와요?

아빠: 맞아, 그리고 기침할 때도 나오지. 그래서 기침할 때도 휴지나 팔꿈치
로 입을 가려야 해.

닐: 알겠어요. 그런데 나이 많은 사람들은 왜 쉽게 병에 걸려요?

엄마: 나이가 많아지면 몸이 튼튼하지 않아서 새로운 전염병과 싸우기가 어
려워. 나이가 많은 분들을 보호해야 하는 이유지. 그래서 사람들이 바이
러스에서 벗어날 때까지 할머니를 혼자 지내시게 하기로 한 거야.

아빠: 그런데 나이 드신 어른 중에는 집에 머무를 수 없는 분들도 있어. 회사
에 가야 할 수도 있고 대신 장을 봐줄 사람이 없을 수도 있거든. 각자의 상
황이 다르기 때문이지. 그래서 위생을 철저히 지키는 게 중요해. 내가 바
이러스에 전염되지 않는 것도 중요하지만 내가 재채기나 기침을 해서 나
이 드신 분을 아프게 만들어서도 안 돼.

에바: 그럼 마트는요? 마트에 있는 물건을 만지면 정말 바이러스가 옮을 수
있어요?

엄마: 좋은 질문이야. 바이러스는 인간의 몸에서 가장 잘살아. 마트의 물건 위에서도 살 수 있고. 마트에 있는 물건, 특히 과일이나 채소를 만지지 말라고 하는 것도 이 때문이야. 세균이 사람들 사이에서 옮겨 다니지 않도록 조심해야 해. 특히 심한 전염병이 돌 때는 더더욱.

아빠: 앞으로는 마트의 물건을 만지지 말라는 규칙이 더 엄격해질 거야. 알겠니?

두 아이 모두 머리를 끄덕인다.

엄마 아빠는 손 씻는 방법을 보여주면서 전염병을 퍼뜨리지 않기 위해 실천할 수 있는 방법을 알려준다. 이를 통해 아이들은 바이러스가 퍼지는 것을 막기 위해 할 수 있는 행동이 있다는 것을 이해한다.

엄마: 애들아, 기분이 어때?

동시에: 괜찮아요.

아빠: 엄마 아빠는 너희들과 얘길 더 하고 싶어. 그러니 걱정되거나 무서운 얘길 들으면 언제든 말해 줘. 엄마 아빠는 코로나 바이러스에 대해 많이 알아봤고, 그래서 너희가 들은 얘기가 사실인지 아닌지 알려줄 수 있거든.

엄마 아빠는 아이들의 기분이 괜찮은지, 더 궁금한 건 없는지 확인한다. 여기서 중요한 것은, 엄마 아빠가 아이들에게 앞으로 더 많은 것을 물어봐도 된다고 말한 것이다.

가족이 전쟁터로 떠날 때

#초등학교 #사회 참여 #전쟁터로의 파견

내가 만난 군인 가족들은 대부분 자부심이 강하고 애국심이 넘쳤다. 그러면서도 사람들이 자신의 일에 관심을 갖거나 알아주기를 바라지는 않았다. 그들은 꽤 오랜 시간 국가를 위해 희생해왔다. 미국에서만 200만 명이 넘는 군인이 전쟁터에 파견되었고, 이 중 절반이 자녀를 둔 부모였다. 나와 내 동료들은 전쟁터로 가야 하는 부모가 아이들에게 어떻게 그 사실을 전하게 할 것인지를 두고 많이 고민했다. 이 책에 나오는 다른 대화들이 그렇듯 이번 대화도 그대로 따라하는 것이 아니라 가족의 상황에 맞게 바꿀 수 있다.

차드와 민 부부는 미국 서부의 큰 육군 기지에서 세 아이(열두 살, 열 살, 여덟 살)와 함께 산다. 차드는 분쟁 지역으로 가라는 명령을 받았고, 8개월 동안 그곳에서 지내야 한다. 부부는 지금 살고 있는 육군 기지에서 계속 지낼지 아니면 민이 아이들을 데리고 친정으로 가서 지낼지 고민 중이다. 그때 민은 열두 살 메이가 자신들이 하는 얘기를 들었다는 사실을 알아차린다. 엄마는 가슴이 철렁한다. 남편이 떠나기 직전까지 아이들에게 이 얘길 하고 싶지 않았기 때문이다. 메이가 궁금하다는 표정으로 엄마를 바라본다.

엄마: 여보, 메이가 문 앞에 있어요. 우리 얘긴 나중에 해요. 메이와 얘기해야 할 것 같아요.

엄마 아빠는 그동안 메이에게 언제 이 소식을 전할지 이야기해왔다.

엄마: 메이, 이리로 와서 엄마 아빠랑 함께 얘기할까?

메이: (우물쭈물하며) 좋아요.

아빠: 메이, 엄마 아빠가 하는 얘길 들었니?

메이: (고개를 끄덕이며) 네.

엄마: 이런 식으로 듣게 해서 미안하구나. 사실은 너한테 말하려고 했어.

메이: 아빠, 왜 다시 떠나야 해요?

아빠: 윗사람한테 명령을 받았어. 그 전에 먼저 네 기분이 어떤지를 얘기해 보자. 혹시 뱃속이 이상하니?

메이가 고개를 끄덕인다.

아빠: (메이의 배에 손을 올리며) 네 뱃속에서 나비들이 날아다니는 게 느껴져.

메이는 평소에 말이 별로 없다. 그래서 아빠는 농담으로 대화를 시작한다.

메이: 장난하지 마세요, 아빠!

엄마: 메이, 지금 네 몸에서 또 어떤 게 느껴지니?

메이가 자신의 가슴을 가리킨다.

엄마: 가슴이 빨리 뛰어? 아니면 가슴이 빨리 뛰었어?

메이가 머리를 끄덕인다.

엄마: 가슴이 빨리 뛰고 뱃속에 나비가 날아다니는 것 같이 느껴지면 뭔가를 걱정한다는 신호야. 메이, 혹시 걱정되니?

메이가 고개를 끄덕인다.

엄마: 그리고 슬프기도 한 것 같은데? 걱정되고 슬픈 표정이라서 물어보는 거야.

엄마 아빠는 메이가 자신의 감정을 알아차리도록 돕는다. 메이는 지금 자신의 감정을 표현하기가 어렵다.

메이: (머리를 끄덕이며) 아빠가 떠나는 게 싫어요. 아빠, 왜 가야 해요? 못 간다고 할 수 없어요? 우리를 그만큼 사랑하지 않아요?

메이는 정말 속상하고, 아빠는 메이의 말에 가슴이 아프다. 메이가 이런 말을 하는 걸 이제껏 들어본 적이 없다. 아빠는 잠깐 자리에서 일어난다. 잠시 숨을 돌려야 한다.

아빠: 잠깐 물 좀 마시고 올게.

엄마는 아빠가 속상해하는 걸 보고 대화를 이어받는다.

엄마: 메이, 걱정되고 슬프기만 한 게 아닌 것 같은데. 화가 난 것 같아 보여.

메이: (울면서 고개를 끄덕이며) 아빠는 내 생일, 추수감사절, 그리고 크리스마스에도 없을 거잖아요!

엄마: 다른 나라로 떠나는 건 힘든 일이야. 아빠와 떨어져 지내야 하는 아이가 너만이 아니란 걸 알지? 아마 그 아이들도 너와 같은 마음일 거야. 물론 이 말이 별로 위로가 되진 않겠지만 네 마음을 이해해. 엄마도 많이 슬프고.

엄마는 다른 아이들도 아빠의 부재에 대한 슬픔을 똑같이 느끼고, 엄마 역시 아빠가 떠나야 해서 슬프다고 말하면서 메이의 감정을 인정한다.

메이: 그런데 엄마, 아빠가 왜 가야 해요? 못 가겠다고 할 순 없어요? 군대를 떠날 수는 없어요? 나는 이곳이 정말 싫어요!

숨을 돌린 아빠는 다시 대화할 준비가 되었다고 생각한다. 그동안 엄마는 메이와 똑같은 생각을 한다. 아빠가 다시 대화를 이끈다.

아빠: 메이, 아빠 너와 엄마를 하늘만큼 땅만큼 사랑해! 그런데 아빠는 군인이고, 국가에 봉사하는 게 아빠의 일이야. 사람들에겐 군대의 도움이 필요하고, 아빠는 윗사람이 명령을 내리면 가야 해. 아빠가 선택할 수 있는 문제가 아니야. 국가에 봉사한다는 게 엄마 아빠의 선택이었어. 국가에 봉사하고 싶어 하는 사람은 많지 않아. 그리고 우리는 자랑스러운 군인 가족이지. 우리는 국가를 위해 일한단다. 물론 쉬운 일은 아니야. 무척 힘들어. 아빠도 너와 엄마를 두고 떠나는 게 싫어. 그래도 국가를 위해선 아빠가 필요하기 때문에 가야 해. 지금은 힘들겠지만 네가 좀 더 성장한 뒤에 아빠를 자랑스럽게 생각해줬으면 좋겠어. 지금은 네가 화나고 슬프다는 걸 알아. 아빠를 떠나보내야 하는 모든 아이들이 같은 마음일 거야.

아빠가 이렇게 말해주어서 엄마는 고맙다. 엄마로선 이런 말을 해줄 수 없기 때문이다. 부부는 국가를 위해 봉사하는 게 얼마나 의미 있고 가치 있는 일인지 메리에게 알려주고 싶었다. 엄마 아빠의 마음을 이해하면 메이가 아빠와 함께 지내지 못하는 현실을 받아들이기가 조금은 수월할 거라고 믿기 때문이다.

메이: (울면서) 그럼 언제 떠나세요?

아빠: 한 달 뒤에. 아빠가 떠나기 전에 우리는 많은 것을 함께할 수 있어.

엄마: 이렇게 하면 어떨까? 아빠가 떠나기 전에 어떤 재미있는 일들을 할지 얘기해보자. 그런 다음에는 아빠가 떠날 때 네가 슬프고 걱정되고 화나는 마음을 줄일 수 있는 방법을 고민해보자.

엄마 아빠는 이제 둘 중 하나를 선택할 수 있다. 먼저 슬프고 화나는 메이의 마음을 덜어줄 방법을 찾는 것이다. 두 번째는 아빠가 떠나기 전까지 어떤 재미있는 일을 할지 계획을 세우는 것이다.

엄마는 함께할 계획을 먼저 세우기로 결정한다. 메이가 마음을 가라앉히고 아빠가 떠나야 한다는 현실을 받아들이게 되면 좀 더 어려운 주제에 대해 얘기할 수 있을 거란 생각이다.

아빠: 그럼 시작해볼까? 기억해, 메이. 어떤 아이디어라도 괜찮아. 난 먼저, 네가 예전에 얘기했던 영화를 함께 보러 가고 싶어.

메이: 그리고 아빠가 크리스마스를 미리 기념하고 떠나면 좋겠어요. 그리고 윗사람에게 못 간다고 얘기하는 것도 좋겠어요. 그렇게 오랫동안 있을 수 없다고 말하거나 가족 중 한 명이 아파서 떠나지 못한다고 할 수 있잖아요.

이 순간, 아빠는 말을 끊고 자신에게 거짓말을 하라고 권하는 메이를 야단치고 싶다. 그러나 아이디어를 짜내는 중이라는 걸 기억하고 딸이 말하는 대로 받아 적으면서 심호흡을 한다.

아빠: 방학 중에 여행을 가기로 했었지? 아빠가 떠나기 전에 다녀오자.

엄마: 네가 어렸을 때 네가 잠자리에서 들을 동화를 아빠가 미리 녹음해놓고 가셨던 일 기억나니? 그래서 아빠가 떠난 뒤에도 매일 밤 아빠 목소리를 들을 수 있었잖아. 이번에도 그렇게 할 수 있어.

메이: 엄마, 나는 더 이상 어린애가 아니에요.

엄마는 심호흡을 한다.

메이: 내 친구 베카는 아빠에게 배틀십 보드게임을 가지고 가시라고 했대요. 스카이프로 함께 게임을 하려고요. 나도 그렇게 하고 싶어요.

엄마: 아이디어가 꽤 많구나. 엄마가 마지막으로 얘기하고 싶은 게 있어. 네 생일에 아빠가 계시지 않잖아. 미리 축하 파티를 하는 건 어떨까?

메이: 좋아요.

아이디어를 짜내고 가능하건 가능하지 않건 모든 아이디어들을 기록한 다음 그것을 검토하여 무엇이 가능한지 결정하려고 한다.

아빠: 아이디어가 많네. 이제 하나씩 살펴보면서 무엇을 할 수 있는지 볼까?

엄마: 메이, 너는 아빠가 떠나시기 전에 크리스마스를 기념하고 싶고, 생일 축하도 받고 싶은 거구나. 그리고 뭘 더 하고 싶어?

메이: 흠, 겨우 그것뿐이에요?

아빠는 딸의 예의 없는 말투가 못마땅해 엄마에게 눈짓을 하고, 엄마는 그대로 두라는 신호를 보낸다.

이 대화에서 엄마 아빠는 감정을 조절하느라 애쓴다. 어떤 반응을 보여도 화나고 상처받은 메이의 마음이 커질 걸 알기 때문이다.

아빠: 메이, 갈지 말지를 선택할 수 있는 문제가 아니란 걸 너도 알 거야. 가지 않겠다거나 일찍 돌아오겠다고 말할 수는 없어. 그건 그렇고 주말에 놀러 가는 건 어떻게 생각하니?

메이: 워터파크에 갈 수 있어요?

엄마: 물론이지. 배틀십 게임을 가져가는 것도 가능해. (남편을 바라보며) 그렇죠?

아빠: 그럼, 하지만 연락을 자주 할 순 없을 거야. 휴대 전화를 두고 가야 하거든. 컴퓨터를 사용할 순 있겠지만 간단한 메시지만 주고받아야 할 거야. 스카이프를 할 수 있을지 모르니 보드게임을 가져갈게. 아 참, 영화를 보러 가는 것에 얘기하는 걸 까먹었다. 이번 주말 어때?

메이: 좋아요! 브랜디도 가고 싶어 했는데, 같이 얘기하자고 할까요?

엄마: 물론이지. 어머, 벌써 저녁 먹을 시간이네. 메이, 엄마와 함께 저녁 준비할까? 당신은 음식 놓는 걸 도와줘요. 저녁 먹고 나서 슬프고 화나는 네 마음을 어떻게 다스릴지 다시 얘기하자.

메이가 고개를 끄덕인다.

엄마 아빠는 대화를 더 하기 위해 일상(저녁 식사)을 미루지는 않으려고 한다. 저녁을 먹고 나서 더 얘기를 나눌 시간이 있기 때문이다.

가족은 함께 저녁 식사를 하고, 아빠는 메이의 두 동생에게 엄마를 도와 식탁을 치워달라고 부탁한다. 메이와 좀 더 대화를 나누기 위해서다. 아빠가 떠날 때 어떻게 하면 메이가 슬픔을 덜 느끼고 걱정을 덜 수 있을지 고민하려고 한다.

메이는 이 상황을 어떻게 이해할까? 열두 살 메이는 다는 아니지만 바깥 세상을 어느 정도 이해하고 있다. 게다가 군사 기지에 살기 때문에 군인이 전쟁터로 간다는 것이 무슨 의미인지도 알고 있다. 누군가가 떠날 준비를 하고 있다는 걸 기지에 사는 사람들 모두가 안다.

이 대화에서 메이의 부모는 전쟁이나 전투, 아빠가 죽거나 부상을 당할 수도 있다는 얘기는 하지 않았다. 얘기를 나누는 과정에서 아빠를 걱정하는 메이의 두려움이 드러날 거라는 걸 알기 때문이다. 사실은 작년에 메이와 같은 학교에 다니는 한 아이의 아빠가 아프가니스탄에서 사망했다. 그 아이와 아는 사이는 아니었지만 학교에서 모든 친구들이 그 얘기를 했다. 추도식이 열렸고, 많은 가족이 참가했다. 메이가 지금 같은 걱정을 하고 있다는 걸 엄마 아빠는 잘 안다.

잠자리에 들기 전 아빠는 메이에게 함께 산책할 것을 제안한다. 지금까지 한 것보다 어려운 얘기(아빠에 대한 메이의 걱정과 두려움)를 나누고 싶어서다. 나란히 걸으면 눈을 마주치지 않아도 되어서 힘든 감정을 털어놓기가 더 쉬울 수도 있다.

둘은 아무 말 없이 걷는다.

메이: 아빠, 어디에서 지내고 거기에서 무슨 일을 할 거예요?

아빠: 음, 아빤 중동으로 갈 거야. 집에 돌아가면 아빠가 어느 지역에서 지낼 건지 지도로 보여줄게. 거기에서 아빠가 할 일 중 무엇을 알고 싶어?

메이: 전투를 할 거예요?

아빠: 아빠의 안전이 궁금한 거구나, 그렇지?

아빠의 대답은 메이가 실제로 무엇을 알고 싶은지 적극적으로 듣고 있다는 걸 보여준다. 하지만 자세한 내용은 설명하지 않는다. 어쩌면 임무의 성격을 자세히 얘기하기 곤란할 것이다.

아빠: 네가 많이 걱정하는 걸 알아. 실은 아빠가 네 나이였을 때 할아버지가 걸프전에 파견됐었어. 오랫동안 연락이 되지 않았고 아빠와 가족 모두 할아버지가 안전한지 걱정했어. 집으로 돌아오신 뒤에야 겨우 안심했지. 할아버지는 주로 트럭을 운전해 쿠웨이트를 오갔다고 하셨어. 정말 지루한 일이었대!

아빠는 '군인 자녀'로서 겪은 자신의 경험을 털어놓으며 메이의 걱정을 인정한다. 또 자신의 경험을 활용해 아이들이 전쟁터에서의 임무를 실제보다 훨씬 더 무섭게 상상한다는 걸 알려준다. 사실 뉴스에는 위험하고 조마조마한 장면만 나오지만 실제로는 평화로운 날도 많기 때문이다.

부부는 아빠가 전쟁터에 있는 동안 가능하면 아이들에게 뉴스를 보여주지 않기로 했다. 그런다고 메이가 뉴스를 전혀 보지 않을 거라 생각하진 않지만 최소한 집에서는 그러고 싶다.

메이: 아빠도 트럭을 운전할 거예요?

아빠: 아직은 아빠가 무슨 일을 할지 잘 몰라. 하지만 아빠 자신과 부대를 지키기 위해 최선을 다할 거야. 아빠의 동료들이 아빠를 지켜주고 나도 그들을 지킬 거야. 함께 있는 사람들 모두가 스스로를 보호하고 서로를 보호하니까. 이렇게 말한다고 해서 네 걱정이 사라지진 않겠지만 그래도 알아줬으면 해.

아빠는 이 대화를 통해 자신이 현장에서 얼마나 많은 지원을 받는지 알려준다. 이 말은 메이에게 위안이 될 것이다. 아빠가 혼자가 아니라 많은 사람들이 함께 있고, 그들이 서로를 지켜준다는 사실을 알게 되었기 때문이다. 아빠는 나중에 메이 역시 이웃들이 지켜줄 거라고 말하려고 한다.

메이: 그래도 걱정돼요. 배도 이상하고요. 아빠가 그곳으로 갈 걸 생각하면 머리가 아파요.

아빠: 할아버지가 떠난다는 말을 들었을 때 아빠도 그런 기분이었어. 아빠를 떠나보내야 하는 다른 아이들도 같은 마음일 거야.

아빠는 두 가지 이유로 전쟁터에서 자신의 임무를 자세히 얘기하기 않으려고 한다. 첫 번째는 메이가 불안해할 수 있어서이고, 두 번째는 업무상 지켜야 할 것이 있기 때문이다. 그래서 사진을 보낼 때도 가능하면 장소는 알려주지 않으려 한다. 아빠가 어떻게 지내는지 알면 불안은 줄어들겠지만 정보를 공개하는 부분에 대해서는 신중해야 한다.

아빠: 군인의 자녀로 사는 건 힘든 일이야. 보통은 부모가 아이를 걱정하는데 우린 반대잖니. 아빠가 너에게 걱정하지 말라고 할 수는 없어. 걱정은 중요한 신호거든. 시험 기간이 다가오면 시험 준비를 하잖아. 하지만 준비를 하면서도 걱정은 계속되지. 문제를 해결하기 위해 할 수 있는 일이 없거나 걱정하는 일을 어쩌지 못할 때 그렇지. 아빤 걱정이 되면 심호흡을 하거든. 같이 해볼래?

아빠는 메이가 조금이라도 덜 불안하고 덜 슬프도록 하는 데 도움이 되는 방법을 제안한다.

메이: 나는 책을 읽거나 음악을 듣거나 텔레비전을 보는 게 좋아요.
아빠: 머리를 식히기에 좋은 방법들이네. 복식 호흡이라고 불리는 재미있는 방법도 있어. 한 번 해볼래?
메이: 좋아요.

아빠는 메이에게 복식 호흡하는 방법을 보여준다. 먼저 숨을 깊이 들이마시고 1초 정도 있다가 열까지 세면서 풍선을 불 듯 천천히 숨을 내쉰다. 이 과정을 몇 번 반복한다.

메이: 좀 이상하지만 재미있어요.

엄마: 그래, 슬프거나 걱정될 땐 이렇게 하면서 지금을 떠올려봐. 그리고 또 다른 방법도 생각해보자.

메이: 힘들고 슬플 때마다 나탈리와 김이라는 친구의 도움을 받고 있어요.

아빠: 멋진 방법이야. 고마운 친구들이고. 선생님의 도움을 받는 건 어때?

메이: 코리 선생님이 좋아요. 필요하면 수업 중에도 코리 선생님을 찾아갈 수 있고요. 일기도 쓰고 싶어요. 글을 쓰는 게 가끔 도움이 되거든요.

아빠: 그리고 우리와 같은 상황의 가족이 많아. 우리를 위해 학교와 기지에서 여러 모임을 만들었으니 거기에 참여하는 것도 방법이야. 아빠를 도와주는 사람도 많지만 너를 도와주는 사람도 많다는 걸 잊지 마.

아빠는 친구와 선생님, 그리고 이웃의 도움을 받을 수 있다고 강조한다.

메이: 지난번에 아빠가 떠났을 때 옆집 존스 아줌마가 우리를 저녁 식사에 몇 번 초대했었어요. 원하면 언제든 놀러 와도 된다는 말도 했고요.

아빠: 고마운 분이구나. 생각해보니 네가 슬프고 걱정될 때 할 수 있는 일들이 꽤 많네.

메이: 맞아요, 근데 워터파크는 언제 갈 거예요?

메이는 대화를 잘 마무리한다. 그리고 아빠는 딸이 이끄는 대로 따라간다.

사실 이런 대화는 매우 어렵다. 군인 가족들과 작업하는 과정에서 나와 연구팀은 "정말 총을 쏘아요?" "사람들을 죽였어요?" "죽을 수도 있어요?" 라고 묻는 아이의 질문에 어떻게 대답해야 할지 모르겠다고 말하는 부모를 많이 만났다. 아이들에게 어느 정도까지 얘기할지는 부모 스스로 결정해야 한다. 중요한 것은, 아이가 얼마나 이해할 수 있는지를 알고 있어야 한다. 죽음은 추상적인 개념이고, 어린아이들은 사람이 죽으면 돌아오지 못한다는 사실을 이해하지 못한다. 반면 10대는 추상적인 개념을 이해한다. 그럼에도 때때로 충동적이고 자기중심적이다.

대부분의 부모는 생명을 위태롭게 하는 일이나 누군가를 죽일 수 있는 무기에 대해서는 자세히 이야기하지 않는다. 그러나 예상치 못한 상황은 언제든 발생한다는 것을 항상 염두에 두고 있어야 한다.

알게 되어 영광이었던 군인 부부와 그 가족에게 이 대화를 바친다. 숀 마이클스 씨는 너무 일찍 세상을 떠났다. 그가 아들을 얼마나 사랑하는지, 끔찍한 상황에서도 얼마나 부모 역할을 잘해내고 싶어 했는지 볼 수 있었다. 군인의 아내이자 두 아이의 엄마인 에이미 메이절은 우리의 프로젝트에 기꺼이 응해주었다. 다시 한 번 감사의 마음을 전한다.

부록

이 책을 쓰면서 도움을 받거나 참고한 자료들이다.

폭력

퓨 리서치 센터(Pew Research Center)는 미국 범죄에 관한 자료를 발행한다.
pewresearch.org/fact-tank/2019/10/17/facts-about-crime-in-the-u-s/

퓨 리서치 센터와 더 트레이스(The Trace)는 총기 폭력에 관한 정보를 제공한다.
pewresearch.org/fact-tank/2019/10/22/facts-about-guns-in-united-states/
thetrace.org/features/gun-violence-facts-and-solutions/

명예훼손 방지연맹(Anti-Defamation League)은 반유대주의에 관한 통계를 제공한다.
adle.org/what-we-do/anti-semitism/anti-semitism-in-the-us

그리고 미국의 다른 증오 범죄에 관한 자료도 제공한다.
adle.org/what-we-do/combat-hate/hate-crimes

'충격적인 일을 겪은 아이들을 위한 네트워크'는 증오에 의한 폭력과 이슬람 공포증에 대해 아이들과 대화할 수 있도록 돕는다.
nctsn.org/sites/default/files/resources/fact-sheet/talking_with_your_children_about_islamophobia_and_hate_violence.pdf

미국심리학회는 10대 자녀와 자살에 관해 대화할 수 있는 지침을 제공한다.
apa.org/helpcenter/teens-suicide-prevention

10대 자살 예방 협회는 10대들이 자살 충동을 이겨내는 데 도움이 되는 자료를 제공한다.
sptsusa.org/teens/

기후

미항공우주국(NASA)은 기후 변화, 날씨, 대기로 나누어 기후에 관한 모든 정보를 어린이에게 제공한다.
climatekids.nasa.gov/

미항공우주국은 또한 기후와 날씨의 차이를 설명하는 동영상도 제공한다.
youtube.com/watch?v=vH298zSCQzY

미기상국은 허리케인이나 토네이도 같은 심각한 기상 이변에 관한 정보를 포함 아이들을 위한 과학 정보를 제공한다.
weather.gov/owlie/science_kt

이와 함께 기상 안전 정보도 제공한다.

weather.gov/owlie/safety_kt

기상 상태가 위험할 때 어떻게 해야 할지도 알려준다.
weather.gov/media/owlie/nws_kids_fact_sheet2.pdf

폭풍우연구소는 여러 가지 자연재해와 대비법을 알려주기 위해 컬러링 북과 자료를 제공한다.
weather.gov/media/owlie/publication_brochures#children

영국 BBC 웹사이트에는 기후 변화에 관해 간단히 가르쳐주는 콘텐츠가 있다. 기후 변화와 관련된 용어들과 지구 온난화에 관해 배울 수 있다.
bbc.com/news/science-environment-24021772

전자 기기의 위험

커먼 센스 미디어(Common Sense Media)는 다양한 형태의 소셜 미디어를 부모가 어떻게 파악하고 규제할지에 관한 정보를 제공한다.
commonsensemedia.org/parents-ultimate-guides

커먼 센스 미디어와 커넥트세이플리(Connect Safely)는 섹스팅에 어떻게 대처할지 알려준다.
commonsensemedia.org/blog/talking-about-sexting
connectsafely.org/tips-for-dealing-with-teen-sexting/?doing_wp_cron=1584465038.361331939697265625 0000

차일드라인(Childline)은 괴롭힘, 섹스팅, 온라인 범죄 등을 다룬다.
childline.org.uk/info-advice/bullying-abuse-safety/online-mobile-safety/staying-safe-online/

웹와이즈(Webwise.ie)는 비디오 게임 등급 시스템과 온라인 게임 정보, 그리고 게임 시스템을 부모가 어떻게 통제할지 알려준다.
webwise.ie/parents/play-it-safe-an-introductory-guide-to-online-gaming-for-parents/

넷어웨어(Net-Aware) 웹사이트에서 애플리케이션을 입력하면 어떤 애플리케이션인지, 어떻게 사용하는지, 나이 제한이 있는지, 부모가 어떻게 통제할 수 있는지 등을 알려준다.
net-aware.org.uk/

사회 정의

미여성의료인협회(The American Medical Women's Association)는 가난 때문에 생리 중에 어려움을 겪는 문제를 지적한다.
amwa-doc.org/period-poverty

명예훼손 방지연맹이 만든 보고서는 반유대주의 문제를 논의한다.
adl.org/media/12028/download

남부빈곤법센터(Southern Poverty Law Center)에서는 아이들에게 이민자, 인종, 민족, 종교, 능력, 편견 그리고 성별, 성적 정체성 같은 사회 정의 문제를 가르치는 데 필요한 학습 계획안과 자료를 제공한다..
tolerance.org/topics

인권캠페인(Human Rights Campaign)은 성 소수자와 성 차별 문제에 관한 아이들의 질문에 어떻게 대답할지 알려준다.
hrc.org/resources/talking-with-kids-about-lgbt-issues

미국심리학회는 부모가 아이들에게 차별에 대해 어떻게 이야기할 수 있는지 설명한다.
apa.org/helpcenter/kids-discrimination

미디어 스마트(Media Smarts)는 인종에 대한 고정관념을 어떻게 찾아낼지 그리고 그 고정관념에 어떻게 대처할지 알려준다.
mediasmarts.ca/sites/mediasmarts/files/pdfs/tipsheet/TipSheet_TalkingKidsRacialStereotypes.pdf

커먼 센스 미디어는 파병으로 헤어짐을 앞두고 아이들에게 어떻게 이야기할지 알려준다.
commonsensemedia.org/blog/how-to-talk-about-the-news-of-family-separations-at-the-border

미국시민자유연맹(American Civil Liberties Union)은 장애인의 권리에 관한 자료를 제공한다.
aclu.org/issues/disability-rights#current

분열된 사회
커먼 센스 미디어는 가짜 뉴스에 관해 아이들에게 알려주어야 할 지침을 제공한다.
commonsensemedia.org/news-and-media-literacy/do-tweens-and-teens-believe-fake-news

커먼 센스 미디어는 또한 미디어를 비판적으로 볼 수 있게 하는 자료들을 추천한다.
commonsense.org/education/top-picks/best-news-and-media-literacy-resources-for-students

페어런트 툴키트(Parent Toolkit)는 아이들이 가짜 뉴스를 찾아낼 수 있도록 도와주는 방법을 알려준다.
parenttoolkit.com/general/news/technology/how-to-help-students-spot-fake-news

퓨 리서치 센터는 사실과 주장을 구별하는 지침을 제공한다.
journalism.org/2018/06/18/distinguishing-between-factual-and-opinion-statements-in-the-news/

하버드대학은 가짜 뉴스를 찾아내는 방법을 간단히 간단하게 알려준다.
summer.harvard.edu/inside-summer/4-tips-spotting-fake-news-story

그 외에 사실 확인을 돕는 웹사이트들은 아래와 같다.
snopes.com
factcheck.org
poynter.org/category/fact-checking/
PolitiFact.com

감사의 말

인생의 많은 일들이 우연히 일어난다. 내 딸 메이탈은 대학에 입학하자마자 데이지라는 친구를 만났다. 데이지의 부모와 우리 부부는 친구가 되었고, 데이지의 엄마 맨디 캐츠가 이 책을 만드는 데 도움을 주었으니 나는 세 가지 행운을 한꺼번에 얻었다. 맨디는 예리하고 신중하고 친절하게 내 글을 다듬어 주었고, 덕분에 좋은 책을 만들 수 있었다.

내 출판 대리인인 칼라 글래서도 우연히 인연이 되었다. 대리인을 찾을 방법을 몰랐던 나는 무작정 알파벳 순서대로 연락을 시도했다. 칼라는 "좋아요, 당신과 함께 작업하고 싶어요."라는 열정적인 이메일을 내게 보냈고, 그때부터 나의 안내자가 되었다.

워크맨 출판사의 편집자인 메이지 티브넌은 내 기획안을 보고 반드시 내야 할 책이라고 말했다. 나는 책을 쓰고는 싶었지만 세상에 내놓을 용기는 없었다. 메이지는 자신의 아이들, 그리고 책을 많이 보지 못하는 가정의 아이들을 위해 이 책을 만들었다. 편집장 베스 레비와 부편집장 선 로빈슨 스미스에게도 감사하다. 초보 저자의 책을 판매하고 홍보하고 마케팅하기 위해 열정적으로 노력해준 래시아 몬디서, 레베카 칼라일, 모이라 케리건, 신디 리와 캐롤 슈나이더에게도 감사의 마음을 전한다. 사실을 확인하고 참고 자료를 모아준 브렛 그린에게도 같은 마음이다.

근무 시간 외에 쓰긴 했지만 이 책의 대부분은 내가 연구하고 심리 치료를 하면서 알게 된 사실에 바탕하고 있다. 응해준 군인 가족들에게 감사의 마음을 전한다. 그들은 기꺼이 시간을 내서 어떻게 견뎠고, 어떻게 살아남았는지를 들려주었다.

내게는 꿈의 연구팀이 있다. 믿을 수 없을 정도로 헌신적인 사람들이다. 고마워, 에이미 메이절, 샤우나 티에드, 크리스 브레이, 몰리 윌러, 태너 지머맨, 수잔 리, 재스민 버네거스, 트레버 본. 그리고 미네소타, 노스캐롤라이나, 미시건, 켄터키와 버지니아의 군인 가족 연구팀에도 감사드린다. 내 멘토인 게리 어거스트, 단테 치케티, 마리온 포가치, 앤 머스튼과 지금은 고인이 된 제럴드 패터슨, 짐 스나이더에게도 깊은 감사를 드린다.

마리온 포가치가 이끄는 팀은 내게 부모 훈련의 세계를 알려주었다. 그 팀의 데이브 디가머, 마그릿 시그마스도터, 로라 레인즈, 멜라니 도메니크 로드리게스는 더 좋은 세상을 만들기 위해 애쓰고 있다.

사회 정의와 분열된 사회에 관한 주제로 아이들과 대화하는 방법을 알려주고 시나리오를 쓰도록 도와준 브라바다 개릿 어킨자냐 박사, 루벤 파라 카르도나 박사, 래바이 알렉산더 데이비스, 돈 해리스 중위에게도 특별히 감사를 표하고 싶다.

내 제자들은 그들이 생각하는 이상으로 내게 많은 것을 가르쳐주었다. 오스낫 자미르, 나 장, 애슐리 체스모어, 케이트 글리스크, 케이틀린 도니쉬, 라이준 리, 아디티 굽타, 징첸 장, 보스코 쳉, 키유 카이, 니빈 알리 살레 드로셰, 알리사 핀타 브린, 조 맥스웰, 이선경, 캐디 오서바우어와 헤일리 랄. 배움에 대한 열정으로 내게 영감을 불어넣어 주고 날 항상 긴장하게 만들어줘서 고마워!

내 이웃 스테이시 스튜어트, 제시 케이스, 베키 앤더슨은 요즘 세상에서 어린아이를 키우는 게 어떤 의미인지 가르쳐주었다. 나를 이웃으로 받아들여준 펀힐의 엄마들에게 감사드린다. 그리고 사랑하는 친구 리사 실버버그 스테이플스, 스테파니 레바인, 젠 로빈스, 할리 브래드 파버, 엘리스 레스와 엘리 월퍼트, 항상 나를 응원해줘서 고마워. 우리 아이들이 모두 건강하고, 인정 많고, 행복한 사람으로 성장하길 바랄게.

마지막으로 가족들에게 감사하다. 사촌 미키 쇼는 처음부터 나와 이 책을 응원했다. 재능 있는 일러스트레이터인 쇼의 그림이 실린 책이 나오기를 기대한다. 시누이 나오미는 편집자로 일하면서 아이 둘을 돌보는 가운데 이 책의 기획안을 어떻게 쓸지 도와주었다.

부부의 연을 맺은 지 57년이 지났지만 여전히 사랑에 빠져 있는 부모님(나오미와 제프리 그린우드)은 나와 형제들에게 대화의 중요성을 알려주었다. 덕분에 우린 정기적으로 만나 서로의 안부를 확인한다. 시부모님이 보여준 정직과 자신들이 소중하다고 여기는 가치관을 따르는 모습은 항상 마음속에 남아 있다.

그리고 조니, 나를 끊임없이 사랑해 주고, 믿어 주고, 영감을 주고, 나를 웃게 해줘서 고마워요. 당신과 우리 아이들 에이머스, 메이탈, 미미, 테이마는 내가 매일을 행복하게 살아갈 수 있게 해주는 힘이에요. 우리가 함께 나눈 웃음, 눈물, 기쁨 덕분에 오늘 내가 여기 있을 수 있어요.

애들아, 너희들이 성장하는 걸 지켜보는 건 최고의 행복이야. 우리가 나눈 대화들이 너희를 인정 많고, 끈기 있고, 유능한 사람으로 성장하는 데 도움이 되기를 바랄게.

2020년 1월

미니애폴리스에서

마음이 단단한 아이로 키우는
엄마의 말

| 초판 1쇄 | 발행일 | 2021년 6월 10일 |
| 초판 2쇄 | 발행일 | 2021년 6월 20일 |

지은이　　아비가일 게위르츠
옮긴이　　이선주
펴낸이　　유성권

편집장　　양선우
책임편집　윤경선　　　　편집　　신혜진 임용옥
해외저작권　정지현　　　홍보　　최예름 정가량　　　디자인　박정실
마케팅　　김선우 강성 최성환 박혜민 김민지
제작　　　장재균　　　　물류　　김성훈 고창규

펴낸곳　　㈜이퍼블릭
출판등록　1970년 7월 28일, 제1-170호
주소　　　서울시 양천구 목동서로 211 범문빌딩 (07995)
대표전화　02-2653-5131 | 팩스 02-2653-2455
메일　　　loginbook@epublic.co.kr
인스타그램　https://www.instagram.com/book_login
포스트　　post.naver.com/epubliclogin
홈페이지　www.loginbook.com

로그인은 ㈜이퍼블릭의 어학·자녀교육·실용 브랜드입니다.